現代数学シリーズ 第20巻

谷島 賢二／松本 幸夫／山田 澄生 編集

岡 睦雄 著

複素および
混合超曲面特異点
入門

丸善出版

妻マリ子，息子哲也と靖秀に献げる

まえがき

　特異点の最大の道標的研究は，E. Brieskorn が 1966 年にいわゆる Pham-Brieskorn 多項式という単純な多項式のリンクとしてエキゾチック球面を発見したことと，Milnor が 1968 年に名著 "Singular Points of Complex Hypersurfaces" で複素超曲面特異点のリンクの研究手段として Milnor 束理論を発表したことであろう．以後，複素超曲面特異点のリンクの研究が多くの研究者の興味を引き，1970 年代以降いろいろな方向に研究が発展加速していった．当時学部 4 年生だった私も，指導教官だった青本和彦氏から紹介されて特異点の魅力に取り込まれ，以来今日にいたるまで微力ながら研究を続けてきた．当時は Milnor の教科書以外に，あまり入門的な教科書がなかったが，今日では特異点理論を勉強する立派な教科書も多い．例えば [8, 48, 16] を参照にされたい．ゆえにこの本を書くにあたって多少存在意義を悩んだところであるが，組織立った日本語の教科書としては，あまり見当たらないので，これから特異点を勉強したい日本人学生に少しでも役に立つかもしれないと思い直して，松本幸夫氏のお勧めを引き受けることにした．同氏の勧めがなければ，ものぐさな私がこの本を執筆する決意は決してなかったと思う．ゆえに松本氏に感謝いたします．

　この本の構成は以下のようである．第 1 部では複素解析超曲面の Milnor 束の理論をかいつまんで解説した後，非退化 Newton 境界とその特異点の解消理論（トーリック爆発射）を具体的な記述で解説した．非退化 Newton 境界を持つ超曲面特異点の集合はたいへん大きなクラスで，その具体的な特異点解消は特異点理論の研究に重要であると信じるゆえである．トーリック

viii　　まえがき

爆発射を具体的に構成する上で重要な，双対 Newton 図形の自然な正則単体分割の方法も解説した．

　その後で射影曲線の補空間の基本群の理論，Alexander 多項式，Zariski 対といった話題を解説する．続いて双対曲線とその幾何学を説明する．具体的な射影曲線の構成やその幾何学は重要であるが，そのために双対曲線の方法は具体的な特異点を含む射影曲線の構成にたいへん有用である．

　単純特異点の理論，交点理論，特異点の開折 (unfolding) といった話題は重要であるが紙面の都合で割愛した．Milnor 束の基礎とその応用に焦点を絞ったためである．

　第 1 部の予備知識としてはトポロジー，微分多様体の基礎と 1 変数関数論の初歩的知識，自由群と関係式などの初歩知識があれば十分で，代数幾何学の知識は最小限で理解できるはずである．

　第 2 部では最近研究が加速している混合特異点の理論の入門的解説を行う．混合特異点とは実余次元 2 の完全交差実代数多様体を複素特異点の立場から研究を進める著者の提案する方法である．そのために第 1 部で説明した複素解析的特異点の理論をまず学習することが必要である．

　概ね主だった定理には証明をつけたが，ほかで参照するのが難しくないものは，多少証明を省略しているところもある．

　この著書の内容構成はあまり標準的なものではないかも知れない．著者の好みと偏見で書かれているところも多いことを承知して，入門的なセミナーや修士の自習書として使用していただければ幸いである．

2017 年 12 月

　　　　　　　　　　　　　　　　　　　　　　　　　　　著者しるす

目　次

まえがき　　　　　　　　　　　　　　　　　　　　　　　　　vii

第 I 部　複素解析的超曲面特異点　　　　　　　　　　　1

第 1 章　準　備　　　　　　　　　　　　　　　　　　　　3

1.1　代数的集合 3

   1.1.1　非特異点と特異点 3

1.2　解析的集合 4

   1.2.1　解析的多様体 5

   1.2.2　臨界点 5

1.3　集合の芽と関数の芽 7

1.4　Ehresmann の定理 8

   1.4.1　モノドロミー 9

   1.4.2　特性多項式とゼータ関数 10

   1.4.3　ゼータ関数 $\zeta(t)$ 10

   1.4.4　被約ゼータ関数 $\tilde{\zeta}(t)$ 10

1.5　錐　と　結 10

   1.5.1　錐 11

   1.5.2　結 11

x 目 次

第2章 解析的集合の局所構造 　　13

2.1 滑 層 分 割 13

　　2.1.1 正則性条件 14

2.2 コントロールされたベクトル場と Thom の第1アイソトピー
補題 15

　　2.2.1 管状近傍 15

　　2.2.2 コントロールされた管状近傍 16

　　2.2.3 コントロールされたベクトル場 17

　　2.2.4 1パラメーター変換群 18

2.3 Thom の第1アイソトピー補題 18

2.4 Thom の第2アイソトピー補題 19

　　2.4.1 自明な写像図式 19

　　2.4.2 Thom の (a_f) 条件： 19

　　2.4.3 図式の (a_f) 条件 20

　　2.4.4 Thom の第2アイソトピー補題と広中の補題 20

2.5 特異点の局所構造，錐構造定理 21

2.6 曲線選択補題 22

第3章 Milnor ファイバー束 　　25

3.1 内積，勾配ベクトル 26

3.2 Milnor 束 27

3.3 第1，第2 Milnor 束の同値性 31

3.4 Morse 特異点 33

3.5 リンクと Milnor ファイバーのホモトピー型 35

　　3.5.1 加藤–松本の定理 38

3.6 アフィン超曲面のトポロジー 38

3.7 Wang 完全列 41

3.8 Milnor 数の代数的解釈 44

　　3.8.1 写像度の安定性 44

3.9 特性多項式とゼータ関数 45

　　3.9.1 周期写像とゼータ関数 46

目　次　*xi*

3.10　擬斉次多項式 47

　　3.10.1　重さベクトルの正規化 47

　　3.10.2　(3.32) の略証 52

3.11　ジョイン定理 55

3.12　孤立特異点の Morse 化 65

第 4 章　特異点の解消　**69**

4.0.1　解析的集合の特異点の解消 69

4.0.2　関数の特異点解消 69

4.1　通常爆発射 70

　　4.1.1　非特異接錐 71

4.2　被 約 曲 線 72

　　4.2.1　交点数の計算 73

　　4.2.2　孤立特異点を持つ曲面 74

4.3　A'Campo の定理 74

第 5 章　Newton 境界と非退化特異点　**77**

5.1　記　　号 78

5.2　非退化特異点 78

　　5.2.1　非退化性の Zariski 開集合性 82

5.3　馴れた非退化関数 83

5.4　有理多面体的錐分割 85

5.5　単体的錐分割 86

5.6　正則単体的錐分割 86

5.7　トーリック準同型写像 87

5.8　正則な単体的錐分割とトーリック爆発射 87

　　5.8.1　例外デバイザーたちの交差条件 90

5.9　Σ^* の利便性 90

5.10　トーリック爆発射の基本定理 90

　　5.10.1　$\hat{\pi}$ の固有性の証明 91

5.11　双対 Newton 図形 97

xii 目 次

5.11.1 利便な正則単体錐細分 98
5.12 非退化超曲面のトーリック爆発射による特異点解消 99
5.13 モノドロミーのゼータ関数 101
5.13.1 大域的非退化多項式 101
5.13.2 横断的超曲面 103
5.13.3 管状 Milnor 束（第 2 表現）とモノドロミー . . . 104
5.14 正則細分の方法 106
5.14.1 帰納法の出発点：1 次元の辺（錐としては 2 次元） . . 106
5.15 特異点解消グラフ 110
5.15.1 交点数 110
5.15.2 平面曲線の特異点解消グラフ 111
5.15.3 特異点解消複雑指数 (resolution complexity) . . . 111
5.15.4 曲面特異点の双対グラフ 112
5.15.5 相似拡大 115

第 6 章 射影超曲面と基本群 117

6.1 Zariski, Hamm-Lê 切断定理 117
6.2 van Kampen-Zariski のペンシル方法 118
6.2.1 現代版 van Kampen 補題 120
6.2.2 標準的関係式 1 122
6.2.3 標準的関係式 2 124
6.2.4 標準的関係式 3 124
6.2.5 ホモロジー群 $H_1(\mathbb{P}^2 - C)$ 125
6.2.6 $\pi_1(\mathbb{P}^2 - C)$ と $\pi_1(\mathbb{C}^2 - C)$ の関係 125
6.3 Milnor ファイバーとの関係 126
6.4 Zariski 対 127
6.4.1 C' の具体的構成 127
6.4.2 計算の詳細 128
6.5 退化族と基本群 131
6.5.1 Milnor 数一定族 131
6.6 Alexander 多項式 133

目　次　*xiii*

	6.6.1　射影曲線の Alexander 多項式	134
6.7	Fox 計算法	137
6.8	その他の諸結果	138
	6.8.1　岡–坂本の定理	138
	6.8.2　可換な基本群	140
	6.8.3　非可換基本群	140
	6.8.4　トーラス型曲線	141
6.9	ジョイン型曲線の基本群	142
	6.9.1　定理 6.19 の証明.	145
	6.9.2　サテライトグラフの例	148
6.10	巡回被覆変換	148

第 7 章　双 対 曲 線　　155

7.1	双対曲線 $\check{C} \subset \check{\mathbb{P}}^2$ の定義多項式	156
	7.1.1　$\check{C}$ の次数.	156
7.2	Puiseux 展開	156
	7.2.1　特性指数	158
7.3	特異点の Gauss 像	159
7.4	変　曲　点	159
	7.4.1　特異点の Gauss 像 (ds-1)	162
	7.4.2　特別な接線からくる特異点 (ds-2)	167
7.5	位相不変性	168
7.6	双対曲線の例と応用	169
	7.6.1　3 次曲線の双対曲線	169
	7.6.2　4 次曲線の双対曲線	170
7.7	Fermat 曲線と最大ノーダル曲線	171
7.8	Gauss 写像	171
7.9	ノーダル曲線の構成	173

第 II 部　混合特異点　　　175

第 8 章　混合解析関数の芽　　　177

8.1　混合特異点 178

8.2　Newton 境界 181

8.3　Newton 境界と非退化性 181

　　8.3.1　例 182

8.4　極擬斉次多項式とラディアル擬斉次多項式 182

8.5　強義混合擬斉次多項式 184

8.6　混合擬斉次多項式の大域 Milnor 束 185

8.7　ジョイン定理 186

8.8　単体的混合擬斉次多項式 187

　　8.8.1　例 188

第 9 章　Milnor 束　　　195

9.1　非自明な座標部分空間和 195

9.2　管状 Milnor 束 I（孤立特異点の場合） 198

9.3　球面 Milnor 束 199

9.4　Milnor 束 II（非孤立特異点を持つ場合） 203

9.5　強義混合擬斉次多項式を面関数を持つ混合関数 213

　　9.5.1　特異点解消 213

　　9.5.2　極型爆発射，実爆発射 213

第 10 章　Thom 不等式と混合射影曲線　　　217

10.1　強義混合擬斉次混合多項式 217

　　10.1.1　Milnor ファイバーと射影曲線 219

10.2　混合射影曲線 221

　　10.2.1　補助アフィン曲線 221

10.3　2 つの射影曲線 222

　　10.3.1　ジョイン型曲線 222

　　10.3.2　ねじれジョイン型多項式 223

10.4　与えられた種数と極次数を持つ射影混合曲線の構成 227

10.4.1	極次数 1 の曲線	228
10.4.2	補足	228
10.5	自明なリンク	229
10.6	混合特異点と正則関数特異点の比較	230
10.6.1	Milnor ファイバーの連結性	230
10.6.2	連結性が知られている例	231
10.6.3	リンクのトポロジーとレンズ方程式	232

参 考 文 献   **235**

索 引   **245**

第 I 部

複素解析的超曲面特異点

第1章 準 備

$\mathbb{K}$ は以下，実数体 $\mathbb{R}$ か複素数体 $\mathbb{C}$ とする．

1.1 代数的集合

$V \subset \mathbb{K}^n$ が代数的集合 (algebraic set) とは，（有限個の）多項式 $f_1, \ldots, f_k \in \mathbb{K}[X_1, \ldots, X_n]$ が存在して

$$V = \{\mathbf{x} = (x_1, \ldots, x_n) \in \mathbb{K}^n \mid f_j(\mathbf{x}) = 0, \ j = 1, \ldots, k\}$$

と記述されるときをいう．仮に有限個でないとしても $I(V) = \{f \in \mathbb{K}[X_1, \ldots, X_n] \mid f|_V \equiv 0\}$ とおくと，Hilbert の基底定理より $I(V)$ は有限生成のイデアルである．したがって $I(V)$ が $f_1, \ldots, f_k$ で生成されているとしてよい．1 次微分形式 $df_1(\mathbf{x}), \ldots, df_k(\mathbf{x})$ の張る部分ベクトル空間の次元を $\rho(\mathbf{x}) := \mathrm{rank}\langle df_1(\mathbf{x}), \ldots, df_k(\mathbf{x})\rangle$ とする．$\rho(\mathbf{x})$ がイデアルの生成元系 $f_1, \ldots, f_k$ のとり方に依らないことはすぐわかる．同様に $\rho(V)$ を $\max\{\rho(\mathbf{y}) \mid \mathbf{y} \in V\}$ と定義する．言い換えれば，1 次微分形式 $df_1(\mathbf{y}), \ldots, df_k(\mathbf{y})$ の V 上で張る部分ベクトル空間の最大次元のことである．代数的集合は後で述べる解析的集合でもある．

1.1.1 非特異点と特異点

代数的集合 V の点 $\mathbf{x} \in V$ が正則点，または非特異点 (regular point, non-

4 第1章 準 備

singular point) とは $\rho(\mathbf{x}) = \rho(V)$ となるときをいう (Milnor [52]). そうで
ない点を特異点 (singular point) という.

後で述べる解析的集合にも同様な定義ができる. 特異点の全体を $\Sigma(V)$ で
表すと明らかに $\Sigma(V)$ は V の真に含まれる部分代数的集合となる. われわ
れの主な目的は局所的な特異点の幾何学の研究だからどちらでもよいのだ
が, この定義によると次元の低い成分の非特異な点は特異点とみなすことに
なる. 次の2つの Whitney による定理が基本的である (Whitney [106]).

定理 1.1 V を $\mathbb{K}$-代数的集合とする. そのとき $V - \Sigma(V)$ は滑らかな $n - \rho$
次元の $\mathbb{K}$-解析的多様体である.

定理 1.2 $V \supset W$ を2つの代数的集合とする. 差集合 $V - W$ は有限個の
連結成分を持つ.

ここで $\mathbb{K}^n$ には通常の Euclid 空間の距離で位相が入っている. したがっ
て代数的集合や解析的集合にはその部分空間としての位相を考えている.
Milnor [52] の Appendix A に簡明な証明がある.

定義 1.3 代数的集合が**既約**とは真に小さい2つの代数的集合の和で表され
ないときをいう. 既約な代数的集合を**代数多様体** (algebraic variety) とい
う.

特異点を含むこともあるので,「多様体」というのには少し抵抗がある.

1.2 解析的集合

U を $\mathbb{K}^n$ の開集合, U 上で定義された関数 $f : U \rightarrow \mathbb{K}$ が **$\mathbb{K}$-解析関数**
($\mathbb{K}$-analytic function) とは, 任意の点 $\mathbf{p} \in U$ に対しある正数 ε と $\mathbf{p}$ を中
心とした収束半径が ε より大きい冪級数 $g(\mathbf{x}) = \sum_\nu a_\nu (\mathbf{x} - \mathbf{p})^\nu$ が存在
して, $f|_{\mathrm{Int}\, B_\varepsilon}(\mathbf{p}) = g$ となるときをいう. ここで $\mathbf{p} = (p_1, \ldots, p_n)$, $\nu = (\nu_1, \ldots, \nu_n)$ とすると, $(\mathbf{x} - \mathbf{p})^\nu := (x_1 - p_1)^{\nu_1} \cdots (x_n - p_n)^{\nu_n}$ であり,

$$B_\varepsilon(\mathbf{p}) := \{\mathbf{x} \in \mathbb{K}^n \mid \|\mathbf{x} - \mathbf{p}\| \leq \varepsilon\}$$
$$\mathrm{Int}\, B_\varepsilon(\mathbf{p}) := \{\mathbf{x} \in \mathbb{K}^n \mid \|\mathbf{x} - \mathbf{p}\| < \varepsilon\}.$$

をそれぞれ $\mathbf{p}$ 中心の半径 ε の閉円板，開円板とする．

$V \subset U$ が U の**解析的集合**とは，任意の点 $\mathbf{p} \in U$ に対し正数 ε と $\mathbf{p}$ を中心とした半径が ε の円板内で定義された有限個の解析関数 $f_1, \ldots, f_k$ が存在して

$$V \cap \mathrm{Int}(B_\varepsilon(\mathbf{p})) = \{\mathbf{x} \in \mathrm{Int}(B_\varepsilon(\mathbf{p})) \mid f_i(\mathbf{x}) = 0,\ i = 1, \ldots, k\}$$

となるときをいう．$\mathbb{K} = \mathbb{R}$ のとき実解析的集合，$\mathbb{C}$ のとき複素解析的集合という．

1.2.1 解析的多様体

M が n 次元 $\mathbb{K}$-解析的多様体とは M はパラコンパクト位相空間で次のような座標系 $\{(U_\alpha, \phi_\alpha),\ \alpha \in A\}$ が存在するときをいう．$\{U_\alpha,\ \alpha \in A\}$ は局所有限な M の開被覆で，ϕ_α は $\mathbb{K}^n$ の原点を含む開円板 V_α への位相同型写像であり，任意の対 $(\alpha, \beta),\ U_\alpha \cap U_\beta \neq \emptyset$ に対して

$$\phi_\beta \circ \phi_\alpha^{-1} : \phi_\alpha(U_\alpha \cap U_\beta) \to \phi_\beta(U_\alpha \cap U_\beta)$$

が $\mathbb{K}$-解析的位相同型写像 (すなわち $\phi_\beta \circ \phi_\alpha^{-1}, \phi_\alpha \circ \phi_\beta^{-1}$ がともに $\mathbb{K}$-解析写像) となるときをいう．$\mathbf{p} \in U_\alpha$ が $\phi_\alpha(\mathbf{p}) = \mathbf{0}$ のとき，(U_α, ϕ_α) を $\mathbf{p}$ を中心とする座標系という．$\mathbb{K} = \mathbb{R}$ のとき実解析多様体，$\mathbb{K} = \mathbb{C}$ のとき複素多様体という．

1.2.2 臨 界 点

V を m 次元 $\mathbb{K}$-解析的多様体，$f : V \to \mathbb{K}$ を $\mathbb{K}$-解析的関数とする．点 $\mathbf{p} \in V$ が f の**臨界点**とは，$\mathbf{p}$ を含む局所座標系 (U_α, ϕ_α) に関して f のすべての偏微分 $\partial f/\partial u_j, j = 1, \ldots, n$ が $\phi_\alpha(\mathbf{p})$ で零となるときをいう (ここで合成関数 $f \circ \phi_\alpha^{-1} : \phi_\alpha(U_\alpha) \to \mathbb{K}$ と f を同一視している)．このとき $f(\mathbf{p})$

6 第1章 準 備

を点 $\mathbf{p}$ での**臨界値** (critical value) という．臨界点の集合を $\Sigma(V)$ で表す．f の勾配ベクトル (gradient vector) を

$$\operatorname{grad} f(\mathbf{u}) := \left(\frac{\partial f}{\partial u_1}(\mathbf{u}), \dots, \frac{\partial f}{\partial u_m}(\mathbf{u}) \right)$$

と定義すると，f が点 $\mathbf{p}$ での臨界値を持つことと $\operatorname{grad} f(\mathbf{p}) = \mathbf{0}$ と同値である．ここで $\partial f/\partial u_j$ は $\partial f \circ \phi^{-1}/\partial u_j$ のこと（この定義は正確には $\mathbb{K} = \mathbb{R}$ のときのもので，$\mathbb{K} = \mathbb{C}$ のときは複素共役をとる．詳しい定義は 3.1 を参照せよ）．f の定める 1-微分形式 $df = \sum_{i=1}^{m} \frac{\partial f}{\partial u_i} du_i$ が $\mathbf{p}$ で零となるといってもよい．

補題 1.4（**Milnor, [52]**）　代数的集合 V:

$$V = \{\mathbf{x} \in \mathbb{K}^n \mid f_1(\mathbf{x}) = \cdots = f_k(\mathbf{x}) = 0\}$$

と整数 $\rho := \rho(V)$ を上のように定義し，$V_1 := V - \Sigma(V)$ とおく．g を多項式としてその制限写像 $g : V_1 \to \mathbb{K}$ を考える．$g|_{V_1}$ の臨界点の集合と $\Sigma(V)$ の和集合を $C(g)$ とすると，

$$C(g) = \{\mathbf{x} \in \mathbb{V} \mid \operatorname{rank}_{\mathbf{x}} J(f_1, \dots, f_k, g)(\mathbf{x}) \le \rho\}$$
$$= \{\mathbf{x} \in \mathbb{V} \mid df_1(\mathbf{x}), \dots, df_k(\mathbf{x}), dg(\mathbf{x})\ \text{が}\ 1\ \text{次従属}\ \}$$

で与えられる．ここで $J(f_1, \dots, f_k, g)$ は Jacobi 行列（次の行列）である．

$$\begin{pmatrix} \frac{\partial f_1}{\partial x_1} & \cdots & \frac{\partial f_1}{\partial x_n} \\ \vdots & \ddots & \vdots \\ \frac{\partial f_k}{\partial x_1} & \cdots & \frac{\partial f_k}{\partial x_n} \\ \frac{\partial g}{\partial x_1} & \cdots & \frac{\partial g}{\partial x_n} \end{pmatrix}$$

系 1.5　$g : V_1 \to \mathbb{K}$ の臨界値は有限個である．

証明　定理 1.2 より $C(g) - \Sigma(V)$ の連結成分は有限個．したがって連結成分上で g は一定値を示せばよい．$\mathbf{p} \in C(g) - \Sigma(V)$ と $\mathbf{p}$ を通る任意の解析曲線 $\mathbf{w}(t), -1 \le t \le 1$ をとると，$f_j(\mathbf{w}(t)) \equiv 0, j = 1, \dots, k$ から

$$\frac{df_j(\mathbf{w}(t))}{dt} = \sum_{i=1}^{n} \frac{\partial f_j}{\partial z_i}(\mathbf{w}(t))\frac{dw_i(t)}{dt}$$

$$= df_j\left(\frac{d\mathbf{w}}{dt}\right) \equiv 0, \quad j = 1, \dots, k.$$

一方 $\mathbf{w}(t)$ は正則点上の曲線だから，$\langle df_1(\mathbf{w}(t)), \dots, df_k(\mathbf{w}(t))\rangle$ は ρ 次元であるので，例えば $df_1, \dots, df_\rho$ が $\mathbf{p}$ の近傍で 1 次独立と仮定して，適当なスカラー関数 $\lambda_1, \dots, \lambda_\rho$ を使って

$$dg(\mathbf{w}(t)) = \sum_{i=1}^{\rho} \lambda_i(t)df_i(\mathbf{w}(t))$$

と書けるので

$$\frac{dg}{dt}(\mathbf{w}(t)) = dg\left(\frac{d\mathbf{w}}{dt}(t)\right) = \sum_{i=1}^{\rho} \lambda_i(t)\mathbf{w}(t)df_i\left(\frac{d\mathbf{w}}{dt}\right) \equiv 0.$$

これは $g(\mathbf{w}(t)) \equiv 0$ を意味する． $\qquad\square$

1.3 集合の芽と関数の芽

$\mathbb{K}^n$ 上の点 p を固定する． p を含む部分集合全体

$$\mathbb{K}_p^n = \{S \subset \mathbb{K}^n \mid p \in S\}$$

に同値関係を次のように入れる．

$$S \sim T \iff \exists U\ (p \text{ を含む開集合}),\ U \cap S = U \cap T.$$

この同値類を集合の芽 (germ) といい，(S, p) で表す．代数的集合の芽，解析的集合の芽も同様に定義される．

関数 $f : U \to K$, $g : V \to K$（U, V は p の近傍）に対しても関数 f, g が点 p の芽として同値であることを適当な近傍 $W \subset U \cap V$ で $f|W = g|W$ となると定義する．同値であれば $f \sim g$ で表す． $K = \mathbb{C}$，関数を正則関数に制限したとき p での正則関数の芽の全体を $\mathcal{O}_p$ と書く． $K = \mathbb{R}$，関数を解析関数に制限したとき p での解析関数の芽の全体を $\mathcal{A}_p$ と書く．重要な性質

8 第1章 準 備

は次のものである.

定理 1.6（[**27**]） $\mathcal{O}_p$ は素元分解環かつ Noether 環である.

したがって解析的集合の芽に関しては, 既約性, 既約成分等は代数的集合と同様に議論できる. V を $\mathbb{C}^n$ の原点での複素解析的集合の芽とする. V の **0** でのイデアルを

$$\mathcal{I}(V, \mathbf{0}) := \{f \in \mathcal{O}_\mathbf{0} \mid f|V \equiv 0\}$$

で定義する. Noether 性から十分小さな近傍 U 上で V のイデアルの生成元 $f_1, \ldots, f_k$ がとれる. 点 **0** が正則点（非特異点）とはヤコビアンの階数 $\mathrm{rank}\, J(f_1, \ldots, f_k)(\mathbf{x})$ が **0** で極大となるときをいう. この定義では一般には V の次元の小さい成分の正則点も特異点となって代数的集合の定義とずれることに注意する（しかし本書では超曲面のみを扱うので両定義は一致する）. 以後, 局所理論のときはこの定義を使用する.

$\mathcal{O}_p$ の詳しいことは Gunning-Rossi [27] を見よ. Wall [105] にも簡明な説明がある. 以後この本の中では断らない限り, 局所構造に関しての命題はすべて, 芽として考えている.

1.4 Ehresmann の定理

写像 $\varphi : E \to B$ が**固有**とは任意コンパクト集合 $K \subset B$ の逆像 $\varphi^{-1}(K)$ がコンパクトになるときをいう. 次の定理は与えられた写像の局所自明性を判定するのに重要でよく使われる.

定理 1.7（[**108**]） E, B を微分可能な多様体とする. ここで E は境界を持ってもよい. $\varphi : E \to B$ を固有な微分可能な写像とし, $\varphi|_{\partial E} : \partial E \to B$, $\varphi : E \to B$ はいずれも沈め込み (submersion)（すなわち任意の点 $y \in E$ において接束間の写像 $d\varphi_y : T_y E \to T_{\varphi(y)} B$ が全射）であるとする. このとき, $\varphi : E \to B$ は局所自明なファイバー束である.

注意 1.8 $\varphi : E \to B$ が局所自明なファイバー束とは微分多様体 F が存在して, 任意の $p \in B$ に対して開近傍 U と微分位相同型写像 $\psi : \varphi^{-1}(U) \to$

$U \times F$ が存在して $\varphi = \pi_1 \circ \psi$ となるときをいう. ここで π_1 は第 1 成分への射影である. このとき $F \cong \varphi^{-1}(p)$ である.

1.4.1 モノドロミー

$\varphi : E \to B$ を局所自明なファイバー束, 底空間 B の定点 (基点) b_0 を固定して, ファイバーを $F = \varphi^{-1}(b_0)$ とし基本群 $\pi_1(B)$ を考える. $\omega \in \pi_1(B, b_0)$ に対して滑らかなループ $\ell : (S^1, 1) \to (B, b_0)$ で局所はめ込みになっているもので ω を表現する. 引き戻し多様体

$$E_\ell := \{(x, \theta) \in E \times \mathbb{R} \mid \varphi(x) = \ell(e^{i\theta})\}$$

を考える. 自明な射影を $p_1 : E_\ell \to E$, $p_2 : E_\ell \to S^1$, $p_2(x, \theta) = e^{i\theta}$ とする. S^1 を $\mathbb{C}$ の単位円と見て, 偏角 θ を局所座標にとる. E_ℓ 上のベクトル場 $\mathcal{V}$ で次の性質を満たすものをとる. $dp_2(\mathcal{V}(x)) = \partial/\partial\theta$ かつ $\mathcal{V}$ は任意の有界角領域 $\{\theta \mid r_1 \leq \theta \leq r_2\}$ 上積分可能. そのようなベクトル場 $\mathcal{V}$ を ℓ 上の水平持ち上げという. ファイバー束の局所自明性から任意の有界角領域 $\{\theta \mid -\tau \leq \theta \leq \tau\}$ 上で積分可能な持ち上げが存在する. すなわち任意の $\tau > 0$ をとると, 滑らかな C^∞ 写像 $\psi : F \times (-\tau, \tau) \to E_\ell$ が存在して

$$\frac{d\psi(p, \theta)}{d\theta} = \mathcal{V}(\psi(p, \theta)) \in T_{\psi(p,\theta)} E_\ell, \ p \in F, \ \theta \in (-\tau, \tau)$$

$$\psi(p, 0) = p \quad \text{かつ} \quad p_2(\psi(p, \theta)) = e^{i\theta} \in S^1, \ \theta \in (-\tau, \tau)$$

とできる $F_b = \varphi^{-1}(b)$ を $b \in B$ 上のファイバーとする. $h_\theta : F = F_{b_0} \to F_{\ell(\theta)}$ を $h_\theta(x) = \psi(x, \theta)$ とおくと, h_θ のアイソトピー類は $\mathcal{V}$ に依らずに定まる. $h := h_{2\pi} : F \to F$ を幾何的モノドロミーという. したがって $h_* : H_j(F) \to H_j(F)$, $h^* : H^j(F) \to H^j(F)$ は一意的に定まるので, これを ω に対応したモノドロミーという. これから基本群から $H_j(F)$ の同型写像の群 $\mathrm{Iso}(H_j(F))$ への準同型写像 $\pi_1(B) \to \mathrm{Iso}(H_j(F))$, $\omega \mapsto h_*$ が得られる. これを j 次ホモロジー群へのモノドロミー表現という.

1.4.2 特性多項式とゼータ関数

特別な場合として S^1 上のファイバー束 $\varphi : E \to S^1$ を考える．自然な反時計向きの生成元に対応するモノドロミー $h_* : H_j(F) \to H_j(F)$ を単にモノドロミーという．F が有限 CW 複体のホモトピー型を持つとき，ねじれを消して $H_j(F;\mathbb{Q})$ に関してモノドロミー $h_* : H_j(F;\mathbb{Q}) \to H_j(F;\mathbb{Q})$ の特性多項式を $P_j(t)$ で表す．すなわち $h_* - t\,\mathrm{Id} : \mathrm{H_j(F)} \to \mathrm{H_j(F)}$ を任意の基底で行列表現したときの行列式である．特性多項式は基底に依存しないことはよく知られている．

1.4.3 ゼータ関数 $\zeta(t)$

モノドロミー $h : F \to F$ の**ゼータ関数** $\zeta(t)$ をここでは Milnor に従って

$$\zeta(t) = P_0(t)^{-1} P_1(t) \cdots P_n(t)^{(-1)^{n-1}}$$

と定義する．ここで n は F のホモトピー次元．定義から，$\deg P_i$ は F の i 次のベッチ数と一致するから F のオイラー数 $\chi(F)$ は次の等式を満たす．

$$-\deg \zeta(t) = \chi(F). \tag{1.1}$$

1.4.4 被約ゼータ関数 $\tilde{\zeta}(t)$

被約ゼータ関数 $\tilde{\zeta}(t)$ を $\zeta(t)(t-1)$ で定義する．すなわち被約ホモロジー $\tilde{H}_*(F)$ に関するゼータ関数と定義する．

注意 1.9 有理関数 $R(t) = P(t)/Q(t)$ の次数は $\deg P - \deg Q$ で定義される．

1.5 錐 と 結

X, Y を位相空間とする．

1.5.1 錐

I を単位区間 $[0,1] \subset \mathbb{R}$ とする. 積空間 $X \times I$ において $X \times 0$ を 1 点につぶした集合で, 位相は積空間の商位相を入れた空間を **錐** (cone) といい, $\mathrm{Cone}(X)$ で表す. (x,t) の同値類を $[x,t]$ で表す. $\iota : X \hookrightarrow \mathrm{Cone}(X)$, $x \mapsto [x,1]$ を考えると, ι により X は $\mathrm{Cone}(X)$ の部分空間とみなせる. また $\mathrm{Cone}(X)$ は頂点 $[*,0]$ に可縮である.

位相空間の対 (X,Y) に関しては $\mathrm{Cone}(Y)$ は自然に $\mathrm{Cone}(X)$ の部分空間とみなせるから, 空間と部分空間対を $\mathrm{Cone}(X,Y) := (\mathrm{Cone}(X), \mathrm{Cone}(Y))$ で定義する.

1.5.2 結

X と Y の **結** (join) $X * Y$ とは $X \times Y \times I$ の商空間で同値関係を次のように入れたものである.

$$(x,y,0) \sim (x',y,0), \quad \forall x, \forall x' \in X, \ \forall y \in Y,$$
$$(x,y,1) \sim (x,y',1), \quad \forall y, \forall y' \in Y, \ \forall x \in X.$$

結は可縮ではなくその $\mathbb{Z}$ 係数ホモロジー群は次で与えられる.

補題 1.10（**Milnor [51]**）

$$\tilde{H}_{j+1}(X * Y) = \sum_{k+s=j} \tilde{H}_k(X) \otimes \tilde{H}_s(Y) + \sum_{k+s=j-1} \mathrm{Tor}(\tilde{H}_k(X), \tilde{H}_s(Y)).$$

例 1.11 $X = S^p$, $Y = S^q$ なら $X * Y \cong S^{p+q+1}$ （位相同型）.

第2章 解析的集合の局所構造

　初学者は最初は §2.1 から §2.4 はとばして，次章に行っても当分特に差し支えない.

2.1 滑 層 分 割

　解析的集合（あるいは解析的集合の芽）V が特異点を持つとき，特異点集合を $\Sigma(V)$ で表す．$\Sigma(V)$ の特異点 $\Sigma(\Sigma(V))$ と順次特異点集合をとっていくと

$$V \supset \Sigma(V) \supset \Sigma(\Sigma(V)) \supset \cdots$$

という部分空間の列ができて，次元は単調に減少するので有限でストップする．これを**特異点集合列による滑層分割**という．この空間列はすでに色々な情報を含んでいるが，さらに正確な情報を得るためには次のような概念が必要となる.

　M を滑らかな多様体とする．$\mathcal{S}$ を局所有限な M の部分多様体の族 $\cup_{X \in \mathcal{S}} X = M$ とする．$\mathcal{S}$ が**滑層分割** (stratification) とは

- $\forall X, Y \in \mathcal{S}, \ X \neq Y \implies X \cap Y = \emptyset,$
- 境界条件：任意の $X \in \mathcal{S}$ に対し $\partial X := \bar{X} - X$ は $\mathcal{S}$ の**滑層** (stratum) の有限個の和集合で表せる．すなわち $\partial X = \cup_{Y \in \mathcal{S}, Y \subset \partial X} Y.$

を満たすときをいう.

14 第 2 章 解析的集合の局所構造

2.1.1 正則性条件

2 つの滑層 X, Y で $\partial X \supset Y$ と仮定する．(X, Y) に関する (a) 条件とは，$\forall y \in Y$ に対し X の点列 $\{x_\nu, \nu = 1, 2, \dots\}$ で $\lim_{\nu \to \infty} x_\nu = y$，$\lim_{\nu \to \infty} T_{x_\nu} X = \tau$ とすると，$T_y Y \subset \tau$ となるときをいう．(X, Y) に関する (b) 条件とは次の条件を満たすときをいう．任意の $y \in Y$ と X の点列 $\{x_\nu\}$，Y の点列 $\{y_\nu\}$ で次を満たすものをとる．

- $\lim_{\nu \to \infty} x_\nu = y$, $\lim_{\nu \to \infty} y_\nu = y$,
- $\lim_{\nu \to \infty} T_{x_\nu} X = \tau$, $\lim_{\nu \to \infty} \overline{x_\nu y_\nu} = \ell$

このとき $\ell \subset \tau$ が常に成り立つことを意味する．ここで $\overline{x_\nu y_\nu}$ は 2 点 x_ν, y_ν を通る直線を表す．

滑層分割 $\mathcal{S}$ が正則性条件

- $\mathcal{S}$ は Whitney (a) 条件をすべての対 (X, Y) とすべての $y \in Y$ で満たす
- $\mathcal{S}$ は Whitney (b) 条件をすべての対 (X, Y) とすべての $y \in Y$ で満たす

とき **Whitney 正則滑層分割**という．

命題 2.1（[**50**]） Whitney (b) 正則性が成り立てば Whitney (a) 正則性も成立する．

証明 $\mathcal{S}$ が Whitney (b) 正則性を満たすとする．滑層対 (X, Y) が点 $y \in Y$ で (a) 正則性を満たさないと仮定しよう．点列 $\exists x_\nu \in X$, $x_\nu \to y \in Y$ で $T_{x_\nu} X \to \tau$ だが $T_y Y \not\subset \tau$ と仮定する．$\exists \ell \in T_y Y$, $\ell \not\subset \tau$ とできる．Y の点列 $\{y_m\}$ で $\mathrm{dist}(\ell, \overline{yy_m}) < 1/m$, $y_m \to y$ をとる．（$\mathrm{dist}(\ell, \ell')$ の定義に関しては [107] を見よ．）$x_\nu \to y$ だから $\exists \nu(m)$ $(\nu(m) \gg m)$, $\mathrm{dist}(\overline{yy_m}, \overline{x_{\nu(m)} y_m})$ $< 1/m$．この部分列 $\{x_{\nu(m)}\}$ は仮定より $T_{x_{\nu(m)}} X \to \tau$, $\overline{x_{\nu(m)} y_m} \to \ell$ だが $\ell \not\subset \tau$ で (b) 正則性に反する．ここで接ベクトルとその生成する直線は同一視している．距離はグラスマン多様体 $G(n, 1)$ での標準的なもの ([107])． □

2.2 コントロールされたベクトル場と Thom の第 1 アイソトピー補題 **15**

注意 2.2 $\dim M = n$ のとき, $X_{\max} := M \setminus \bigcup_{X \in \mathcal{S}, \dim X < n} X$ は滑層なので上の正則性条件は $X = X_{\max}$ のときは自然に成立しているので, 実際は $V = \sum_{\dim X < n} X$ の分割に関する条件である.

V が複素解析的集合のとき, $\mathcal{S}$ が解析的滑層分割とは, $\forall X \in \mathcal{S}$ に対し $\bar{X}$ が複素解析的集合であることを要求することが多い.

$\mathbb{K} = \mathbb{R}$ で V が半代数的 (semi-algebraic) なら $\forall X \in \mathcal{S}$ に対し $\bar{X}$ が半代数的集合とすることが普通である. 半代数的や実代数的集合に関しては [9, 96] を参照せよ.

注意 2.3 特異点集合列による滑層分割は必ずしも Whitney 正則条件を満たさない.

例 2.4 Whitney の雨傘 : $V = \{(x, y, z) \in \mathbb{C}^3 \mid f(x, y, z) := x^2 - y^2 z = 0\}$ を考えよう. $\Sigma(V) = \{(0, 0, t) \mid t \in \mathbb{C}\}$. $\mathcal{S} = \{V - \Sigma(V), \Sigma(V)\}$ は滑層分割だが Whitney (a) を満たさない. 実際, 点列 $p_n = (0, 1/n, 0)$ を考えると, $\operatorname{grad} f(p_n) = (0, 0, -p_n^2)$ だから $T_{p_n} V = xy$ 平面で当然 $\lim_{n \to \infty} T_{p_n} V = xy$ 平面で z 軸を含まない.

次は滑層分割に関する Whitney ([107]) の基本的な結果である.

定理 2.5（Th19.2, [107]） V を複素解析的集合とし, $\mathcal{S}$ を正則性条件を満たすとは限らない解析的滑層分割とすると, 適当な細分で正則な解析的滑層分割にできる.

2.2 コントロールされたベクトル場と Thom の 第 1 アイソトピー補題

この章は Mather [50] に従う. 詳細は [50] を参照せよ.

2.2.1 管 状 近 傍

M を滑らかな多様体, X を部分多様体とする. $r = \operatorname{codim}_M X$ とする.

16 第 2 章 解析的集合の局所構造

X の M での**管状近傍** T とは次のような 3 対 $(E, \varepsilon, \varphi)$ をいう.

1. X 上の C^∞ 内積つき r 次元ベクトル束 $\pi : E \to X$ が与えられている. $\varepsilon : X \to \mathbb{R}_+$ は X 上の正値関数, $B_\varepsilon := \{v \in E \mid \|v\| < \varepsilon(\pi(v))\} \subset E$ とおく.

2. X を含む M の開集合 U が与えられ, φ は $\varphi : B_\varepsilon \to U$ への微分位相同型写像である. しかも零セクション $\zeta : X \to E$ で X を E の部分空間とみなすと, $\varphi|X = \mathrm{id}$.

これによって U と B_ε を同一視して, $\tilde{\pi} := \pi \circ \varphi^{-1} : U \to X$ は ε-円板束とみなす. 以下 $U = |B_\varepsilon|$ と表す.

2.2.2 コントロールされた管状近傍

$\mathcal{S}$ を M の Whitney 滑層分割とする. すべての滑層 $X \in \mathcal{S}$ に関して管状近傍 T_X と, 射影 $\tilde{\pi}_X : |T_X| \to X$ と距離関数 $\rho_X : |T_X| \to \mathbb{R}$ が与えられ, 次の性質を任意の滑層対 (X, Y), $\bar{X} \supset Y$ $(\partial X \supset Y$ と同値$)$ に対して満たすとき, **コントロールデータ**という. ここで $\tilde{\pi}_X$ は合成写像

$$\pi_X \circ \varphi_X^{-1} : |T_X| \xrightarrow{\varphi_X^{-1}} T_X \xrightarrow{\pi_X} X$$

である. $\forall m \in |T_Y| \cap |T_X|$ に対して

$$\tilde{\pi}_Y(\tilde{\pi}_X(m)) = \tilde{\pi}_Y(m),$$
$$\rho_Y(\tilde{\pi}_X(m)) = \rho_Y(m)$$

が成立する. ここで T_X, $|T_X|$ は上の定義でそれぞれ B_ε, U に対応する.

写像 $f : M \to P$ (P は C^∞ 多様体) と M の滑層分割 $\mathcal{S}$ が与えられたとき, コントロールデータ $\{(T_X, \tilde{\varphi}_X, \rho_X) \mid X \in \mathcal{S}\}$ が f と**可換**とは,

$$f(\tilde{\pi}_X(m)) = f(m), \quad \forall m \in |T_X|$$

なるときをいう. 以下に, 基本的な性質を述べる.

命題 2.6 (Prop 7.1, [50]) $\mathcal{S}$ を M の Whitney 滑層分割で P が多様体,

$f : M \to P$ がすべての $X \in \mathcal{S}$ に関して $f|_X : X \to P$ が沈め込みなら，$\mathcal{S}$ のコントロールデータで f と可換なものが存在する．

2.2.3 コントロールされたベクトル場

$\{\eta_X \mid X \in \mathcal{S}\}$ が滑層分割ベクトル場 (stratified vector field) とは各 X で η_X が X 上の滑らかなベクトル場のときをいう．コントロールされた管状近傍 $\mathcal{J} = \{(T_X, \tilde{\pi}_X, \rho_X)\}$ がすでに与えられているとき，滑層分割ベクトル場 $(\eta_X), X \in \mathcal{S}$ がコントロールされたベクトル場 (controlled vector field) とは任意の $Y \in \mathcal{S}$ に関して管状近傍を必要に応じて小さく取り替えれば（すなわち $\exists T'_Y \subset T_Y$ に制限すれば），任意の滑層 $X, \bar{X} \supset Y$ に関して（記号 $|T_{Y,X}| := |T_Y| \cap X$, $\tilde{\pi}_{Y,X} := \tilde{\pi}_Y|_{|T_{Y,X}|}$, $\rho_{Y,X} := \rho_Y|_{|T_{Y,X}|}$ を用意して）

$$(\eta_X(\rho_{Y,X}))(v) = 0, \quad \forall v \in |T'_Y| \cap X \tag{2.1}$$

$$(\tilde{\pi}_{Y,X})_* \eta_X(v) = \eta_Y(\tilde{\pi}_{Y,X}(v)), \quad \forall v \in |T'_Y| \cap X. \tag{2.2}$$

(2.1) は η_X がレベル曲面 $\rho_{Y,X}^{-1}(r), 0 < \forall r \ll \epsilon$ に接していることを示している．(2.2) は $\tilde{\pi}_{Y,X}$ に関して η_X が η_Y の $\tilde{\pi}_{Y,X}$ に関してリフトであることを示している．

$f : M \to P$ がコントロールされた沈め込み (controlled submersion) とは

- $f|X : X \to P$ が任意の滑層 X に対し沈め込みであり，
- $\exists T'_X \subset T_X$（十分小さくとれば）次の図式は可換：

命題 2.7 (Prop 7.1, [50]) ベクトル場のコントロールされた持ち上げの存在) $f : M \to P$ がコントロールされた沈め込みなら，P 上の任意のベクトル場 ζ に対して，M 上のコントロールされたベクトル場 η が存在して

18 第 2 章 解析的集合の局所構造

$f_* \eta(v) = \zeta(f(v)), \forall v \in M$ とできる.

2.2.4 1パラメーター変換群

V を位相空間とし, V の位相同型の族 $\{\alpha_t \,|\, t \in \mathbb{R}\}$ が $\alpha_{t+s}(v) = \alpha_t(\alpha_s(v)), \forall v \in M$ かつ $\alpha_0 = \mathrm{id}_M$ を満たすとき, 1パラメーター変換群という.

$(V, \mathcal{S}, \mathcal{T})$ を V 上のコントロールされた Whitney 滑層分割および管状近傍系とする.

命題 2.8 η がコントロールされた滑層分割ベクトル場で完備なら, η で生成される1パラメーター変換群 $\{\alpha_t \,|\, t \in \mathbb{R}\}$ がただ1つ存在する. すなわち α_t は各滑層を保ち,

$$\frac{d}{dt}(\alpha_t(v)) = \eta(\alpha_t(v)), \quad \forall v \in V.$$

完備性は例えば V がコンパクトなら従う. 上の議論をまとめると, 次が示せる.

命題 2.9 P を多様体, $f : V \to P$ を固有なコントロールされた沈め込みとする. そのとき $f : V \to P$ は局所自明なファイバー束である.

固有の仮定がないとベクトル場の積分が $\mathbb{R}$ 上に定義されるとは限らない.

2.3 Thom の第1アイソトピー補題

次の命題は **Thom の第1アイソトピー補題**とよばれ, よく使われる.

補題 2.10 M, P は多様体, S は Whitney 滑層分割された M の部分空間, $f : M \to P$ は滑らかな写像で, $f|S : S \to P$ は固有な写像とする. 任意の滑層 $X \subset S$ に関して $f|X : X \to P$ は沈め込みであるとする. このとき $f|S : S \to P$ は局所自明なファイバー束である.

証明にはコントロールされた管状近傍と滑層分割されたベクトル場を使う.

命題 2.6, 命題 2.7, 命題 2.9 を使って示せるが省略する. 証明は [50, 24] を参照せよ.

2.4 Thom の第 2 アイソトピー補題

2.4.1 自明な写像図式

次の写像の図式を考える.

$$T \xrightarrow{\ f\ } S \qquad g' := g \circ f \qquad (2.3)$$

（図式: $T \xrightarrow{f} S$, $S \xrightarrow{g} Z$, $T \xrightarrow{g'} Z$）

f が $\boldsymbol{Z}$ 上で自明とは部分位相空間 $T_0 \subset T$, $S_0 \subset S$ が存在して f は写像 $f_0 : T_0 \to S_0$ を引き起こし

$$T \approx T_0 \times Z, \quad S \approx S_0 \times Z$$

で上の図式が次の図式と同一視できるときをいう. ここで $\approx$ は位相同型を表す. Z は C^∞ 多様体である.

$$T_0 \times Z \xrightarrow{\ f_0 \times \mathrm{id}\ } S_0 \times Z$$

（図式: $T_0 \times Z \xrightarrow{p_1} Z$, $S_0 \times Z \xrightarrow{p_2} Z$）

ここで p_1, p_2 は自明な射影である.

2.4.2 Thom の (a_f) 条件:

$\mathcal{T}$ を T の Whitney 滑層分割とし写像 $f : T \to W$（f, W 滑らか）を考える. 各滑層 $X \in \mathcal{T}$ の上で $f|X$ はヤコビアンは階数一定と仮定する. $\bar{X} \supset Y$ を満たす滑層対 (X, Y) に対し, $\boldsymbol{f}$ が対 $(\boldsymbol{X}, \boldsymbol{Y})$ に関して Thom の $(\boldsymbol{a_f})$ 条件を満たすとは, 次を満たすときをいう;

20 第 2 章 解析的集合の局所構造

任意の点列 $x_i \in X, i = 1, 2, \dots, y \in Y$, s.t. $\lim\limits_{i \to \infty} x_i = y$, $\lim\limits_{i \to \infty} \mathrm{Ker}\, d(f|X)_{x_i}$ $= \tau$ に対して $\mathrm{Ker}\, d(f|Y)_y \subset \tau$ が成立する.

2.4.3 図式の (a_f) 条件

次に図式 (2.3) で多様体 T, S がそれぞれ $\mathcal{T}$, $\mathcal{S}$ で Whitney 滑層分割されている場合を考える.

$$T \xrightarrow{\ f\ } S \qquad$$

$$T \xrightarrow{\ f\ } S$$
$$\searrow_{g'} \quad \downarrow_{g} \qquad g' := g \circ f$$
$$Z$$

f が（Z 上）**Thom** の (a_f) **条件**を満たすとは次の条件を満たすときをいう.

1. $g' = g \circ f, g$ が固有な写像.
2. 任意の滑層 $X \in \mathcal{S}$ で $g|X$ は沈め込み.
3. 任意の滑層 $X' \in \mathcal{T}$ に対し, $f(X') \subset \exists X \in \mathcal{S}$ かつ $f|X' : X' \to X$ は沈め込み.
4. 任意の $\mathcal{T}$ の滑層対 (X, Y) で $\bar{X} \supset Y$ に対し, f は (X, Y) に関して (a_f) 条件を満たす.

2.4.4 Thom の第 2 アイソトピー補題と広中の補題

命題 2.11（**Thom の第 2 アイソトピー補題**, [50]） 上の状況で f が (a_f) 条件を満たすなら, g は Z 上局所自明である.

一般には (a_f) 条件を満たす滑層分割の存在は難しいが, われわれの目的には次の命題で十分である.

命題 2.12（**広中, Corollary 1, p.248, [31]**） $f : E \to C$ を複素代数多様体 E から非特異代数曲線 C への代数的写像とする. このとき E を Whitney 滑層分割して (a_f) 条件を満たすようにできる.

2.5 特異点の局所構造, 錐構造定理

V を解析的集合とし, 点 $\xi \in V$ をとる. 半径 r の円板 $B_r(\xi)$ と球面 $S_r(\xi)$ を次のように定義する.

$$B_r(\xi) = \{\mathbf{x} \in \mathbb{K}^n \mid \|\mathbf{x} - \xi\| \leq r\}, \quad S_r(\xi) = \{\mathbf{x} \in \mathbb{K}^n \mid \|\mathbf{x} - \xi\| = r\}.$$

$\mathbb{K} = \mathbb{C}$ なら $\dim_{\mathbb{R}} B_r(\xi) = 2n$, $\mathbb{K} = \mathbb{R}$ なら $\dim B_r(\xi) = n$ である. 特に次元を明記したいときは $B_r^{2n}(\xi)$ などと書く.

$$V_r(\xi) = V \cap B_r(\xi), \quad K_r(\xi) = V \cap S_r(\xi)$$

とおく. 代数的集合は解析的集合でもあるから, 以下 V を実解析的集合 $\dim_{\mathbb{R}} V = \rho$ としよう.

まず ξ が非特異点なら適当な近傍で V は部分多様体だから十分小さな $r > 0$ に関して $(B_r(\xi), V_r(\xi))$, $(S_r(\xi), K_r(\xi))$ はそれぞれ (B^n, B^ρ), $(S^{n-1}, S^{\rho-1})$ に位相同型で $\mathrm{Cone}(S_r(\xi), K_r(\xi)) \cong (B_r(\xi), V_r(\xi))$ が成立している. Milnor の次の定理はこれが特異点を持っても成立していることを示している.

定理 2.13(錐構造定理, **Milnor**, **[52]**) $\xi \in V$ が特異点とする. ある正数 r_0 が存在して任意の $0 < r \leq r_0$ で位相同型

$$\mathrm{Cone}(S_r(\xi), K_r(\xi)) \cong (B_r(\xi), V_r(\xi))$$

が成立する.

証明 関数 $\phi : (B_r(\xi), V_r(\xi)) \to [0, r]$, $\mathbf{w} \mapsto \|\mathbf{w}\|$ を考える. 孤立特異点なら r を十分小さくとって, $S_s \cap V$, $0 < s \leq r$ が横断的になるとしておけば, ϕ は Ehresmann の定理より $(0, r]$ 上で自明なファイバー束となる. これより主張は従う.

一般の場合は V の Whitney 正則滑層分割をとり, 自然な写像 $\psi : B_r(\xi) \setminus \{\mathbf{0}\} \to (0, r]$, $\psi(\mathbf{x}) = \|\mathbf{x}\|$ を考える. r を十分小さくとれば, ψ は固有な写

22 第2章 解析的集合の局所構造

像で, $\{\mathbf{0}\}$ 以外の滑層 X で $\psi|X : X \to (0,r]$ は沈め込みである. Thom の第1アイソトピー補題を使えば主張が得られる. □

この定理によって, $K_\varepsilon := V \cap S_\varepsilon(\xi)$ の微分位相構造は $0 < \varepsilon \ll 1$ に依らずに位相同型を除いて一意的に決まる. これを解析的集合の超曲面の芽 (V,ξ) のリンクとよぶ.

2.6 曲線選択補題

次の補題は特異点の局所構造を調べるときにたいへん重要な役割をする. われわれは簡単のため代数的な場合に制限して Milnor [52] に沿って証明を述べる. 解析関数の場合は Hamm [28] を参照せよ.

V を $\mathbb{R}^n$ の代数的集合とし, U を有限個の多項式 $g_1,\dots,g_\ell$ で次のように定義される開集合とする.

$$U = \{\mathbf{x} \in \mathbb{R}^n \mid g_1(\mathbf{x}) > 0,\dots,g_\ell(\mathbf{x}) > 0\}.$$

補題 2.14（曲線選択補題 (Curve Selection Lemma) [52, 28]） 原点 $\mathbf{0}$ が $V \cap U$ の閉包に含まれるとする. すなわち $\mathbf{0} \in \overline{V \cap U}$. そのとき実解析的曲線 $p : [0,\varepsilon] \to \mathbb{R}^n$ が存在して

$$p(0) = \mathbf{0}, \quad p(t) \in V \cap U,\ t > 0$$

とできる.

略証（Milnor [52]）：

場合 1：$\dim V = 1$ で既約と仮定しよう. $I(V) = (f_1,\dots,f_k)$ とする.

1. V が $\mathbb{C}$ 上の代数曲線の制限なら Puiseux 展開の議論により, $s = \min\{i \mid V \not\subset \{x_i = 0\}\}$ とする. $\mathbf{0}$ の十分小さな近傍で V は解析冪級数を使って

$$x_i(t) = \begin{cases} 0, & i < s \\ t^\mu, & i = s \\ \displaystyle\sum_{j=1}^\infty a_{i,j}t^j, & s < i \le n \end{cases} \quad , \quad t \in \mathbb{C}, \ |t| \le \varepsilon \tag{2.4}$$

と書ける．例えば $n = 2$ なら van der Waerden [102], §14 を参照せよ．

2. $\mathbb{K} = \mathbb{R}$ のとき：$V_{\mathbb{C}} = \{f_1 = \cdots = f_k = 0\}$ を考えると，ある既約成分 W があってその上で $f_1, \ldots, f_k$ のヤコビアンのランクが $n - 1$．したがってこの成分は $\mathbb{C}$ 上既約で 1 次元．上の (2.4) のようにパラメーター表示されているとすると，$W \cap \mathbb{R}^n = V$ だから $\mathbf{x}(t) \in V$ なら $t^\mu \in \mathbb{R}$ だから t は正の数直線 $\mathbb{R}_+$ の 2μ 乗根の 1 つの半直線の上 $\{s\xi \mid s \ge 0, \ \xi^{2\mu} = 1\}$ を動き，$a_{i,j}\xi^j$ はすべて実数値．仮定よりこの半直線（の 1 つの）上で $\mathbf{x}(s) \in U \cap V$, $0 < s \le \varepsilon$, $\mathbf{x}(0) = \mathbf{0}$ となる．

場合 2：$\dim V > 1$ のときは仮定を満たす V の部分代数集合 $V' \subset V$ で $\mathbf{0} \in \overline{V' \cap U}$ がとれることを示そう．

実際，特異点集合 $\Sigma(V) \cap U$ が原点を孤立点としているとしてよい．そうでなければ $V' = \Sigma(V)$ とすればよい．$r(\mathbf{x}) := \|\mathbf{x}\|^2$, $g(\mathbf{x}) := g_1(\mathbf{x}) \cdots g_\ell(\mathbf{x})$ を考える．$n - \rho$ を V の原点での局所次元とする．系 1.5 より r は $V \setminus \Sigma(V)$ で臨界値を持たないとしてよい．すなわち，$r_0 > 0$ が存在して $0 < r \le r_0$ なら $\mathrm{rank}(df_1, \ldots, df_k, dr) = \rho + 1$ で $S_r \pitchfork V$．

また $\mathbf{0} \in \overline{V \cap U \cap \mathbb{R}^{*n}}$ と仮定してもよい．さて V' を

$$V' = \{\mathbf{x} \in V \mid \mathrm{rank}_{\mathbf{x}}(df_1, \ldots, df_k, dr, dg) \le \rho + 1\}$$

とおけば，V' は V の真部分代数的集合で，V' も仮定の条件を満たす．

実際 $V \cap U \cap S_r \ne \emptyset$ なる r に対して，$V \cap U \cap S_r$ 上で g が最大値をとる点を考えれば，V' の点となる（g の定義から $g|\partial U = 0$）．

$V' = V$ のときは，g の代わりに $x_i g$ を考えて V_i を考えるとよい．

最後に $V = V' = V_1 = \cdots = V_n$ のときが心配だが，そのときはまず $V' = V = V_1$ から

$$dg, d(x_i g) \in (df_1, \ldots, df_k, dr)_{\mathbb{R}}$$

で，$V = V_i$ と $d(x_i g) = x_i dg + g dx_i$ と $g \neq 0$ から

$$dx_i \in (df_1, \ldots, df_k, dr)_{\mathbb{R}}, \quad i = 1, \ldots, n$$

となり，$\mathrm{rank_x}(df_1, \ldots, df_k, dr) = \mathrm{rank_x}(dx_1, \ldots, dx_n) = n$ となり，これより $\dim V = 1$ となる．この場合 $\dim V = 1$ はすでに考察している (ここで $(v_1, \ldots, v_k)_{\mathbb{R}}$ は $v_1, \ldots, v_k$ が $\mathbb{R}$ 上で生成するベクトル空間)．

証明の詳細は Milnor [52] を見よ．

第3章 Milnorファイバー束

$f(\mathbf{z})$ を n 変数の複素解析関数とし，原点で特異点を持つとする．$r > 0$ を十分小さくとり，$\delta > 0$ を r より十分小さくとって，次の2つの写像を考える．

$$(\text{I}) \qquad \varphi : S_r \setminus K_r \to S^1, \qquad \begin{cases} \varphi(\mathbf{z}) = f(\mathbf{z})/|f(\mathbf{z})|, \\ K_r = f^{-1}(0) \cap S_r \end{cases} \tag{3.1}$$

$$(\text{II}) \qquad f : E(r, \delta)^* \to D(\delta)^*, \quad \delta \ll r, \tag{3.2}$$

$$\begin{cases} E(r, \delta)^* = \{\mathbf{z} \in \mathbb{C}^n \mid \|\mathbf{z}\| \le r,\ 0 < |f(\mathbf{z})| \le \delta\}, \\ D(\delta)^* = \{\eta \in \mathbb{C} \mid 0 < |\eta| \le \delta\} \end{cases} \tag{3.3}$$

$$\text{または} \tag{3.4}$$

$$(\text{II})' \qquad f : \partial E(r, \delta)^* \to S_\delta^1, \quad \delta \ll r, \tag{3.5}$$

$$\begin{cases} \partial E(r, \delta)^* = \{\mathbf{z} \in \mathbb{C}^n \mid \|\mathbf{z}\| \le r,\ |f(\mathbf{z})| = \delta\}, \\ S_\delta^1 = \{\eta \in \mathbb{C} \mid |\eta| = \delta\} \end{cases} \tag{3.6}$$

(I) と (II)$'$ がともに局所自明なファイバー束となり互いに同値（(II), (II)$'$ はホモトピー同値）になることを示そう．これらのファイバー束をそれぞれ球面 Milnor 束（第1型），管状 Milnor 束（第2型）という．まず証明に重要な Hamm-Lê の重要な補題をまず示す．

補題 3.1（**Hamm-Lê [29]**） f を原点で必ずしも孤立しない臨界点 (criti-

26 第3章 Milnor ファイバー束

cal point) を持つ解析関数とする．正の数 r_0 が存在して，任意の正数 $0 <$ $r_1 \leq r_0$ に対し，十分小さな正数 δ (r_0, r_1 に依存する) をとれば，任意の $0 < |t| \leq \delta$ に関してファイバー $f^{-1}(t)$ は各球面 S_r, $r_1 \leq r \leq r_0$ と横断的に交わる．

証明 この補題は原点が孤立特異点のときは，球面 S_r, $0 < r \leq r_0$ がファイバー $f^{-1}(0)$ と横断的になるように r_0 をとれば，コンパクト性の議論からただちに従う．

一般の場合は写像 $f : \mathbb{C}^n \to \mathbb{C}$ に対して（f が多項式として）命題2.12を使って (a_f) 条件を満たす滑層分割 $\mathcal{S}$ を $B_{r_0} \cap f^{-1}(0)$ に与えておいて，$r_0 > 0$ を任意の球面 S_r, $0 < r \leq r_0$ が $f^{-1}(0)$ の各滑層に横断的になるようにとっておく．$0 < r_1 \leq r_0$ を固定すれば，δ の存在は，背理法で次のように示せる：まず点 $\mathbf{z} \in S_r$ で球面と $f^{-1}(t)$ が横断的でないことは $T_{\mathbf{z}}f^{-1}(t)$ $\subset T_{\mathbf{z}}S_r$ と同値であることに注意しておく．もし横断的でない点列 $\{\mathbf{z}^{(\nu)}\}$ がとれて $r_1 \leq \|\mathbf{z}^{(\nu)}\| \leq r_0$ で $\mathbf{z}^{(\nu)} \to \mathbf{z}_0 \in W \in \mathcal{S}$,

$$T_{\mathbf{z}^{(\nu)}}f^{-1}(f(\mathbf{z}^{(\nu)})) \subset T_{\mathbf{z}^{(\nu)}}S_{\|\mathbf{z}^{(\nu)}\|}, \quad T_{\mathbf{z}^{(\nu)}}f^{-1}(f(\mathbf{z}^{(\nu)})) \to \tau$$

とすると

$$T_{\mathbf{z}_0}W \subset \tau \subset T_{\mathbf{z}_0}S_{|\mathbf{z}_0|}$$

となり，$S_{|\mathbf{z}_0|}$ と滑層 W の横断性に矛盾．ここで最初の包含関係は (a_f) 条件から従う． $\square$

f が多項式でないときは広中の命題2.12は使えないが，Lojasiewicz 不等式を使った別証明が Hamm-Lê[29] にある．

3.1 内積，勾配ベクトル

$\mathbb{C}^n$ の複素内積は次のように定義される．

$$(\mathbf{z}, \mathbf{w}) = z_1\bar{w}_1 + \cdots + z_n\bar{w}_n, \ \mathbf{z}, \mathbf{w} \in \mathbb{C}^n$$

$\mathbb{R}^{2n}$ の Euclid 内積は区別して $(\mathbf{v}, \mathbf{w})_{\mathbb{R}}$ と書くことにする．$\mathbf{z} = \mathbf{x} + i\mathbf{y}$, $\mathbf{w} =$

$\mathbf{u} + i\mathbf{v}$ $\mathbf{x}, \mathbf{y}, \mathbf{u}, \mathbf{v} \in \mathbb{R}^n$ なら

$$(\mathbf{z}, \mathbf{w})_{\mathbb{R}} = \sum_{j=1}^{n} (x_j u_j + y_j v_j).$$

$\mathbf{z} \in \mathbb{C}^n$ は $(\mathbf{x}, \mathbf{y}) \in \mathbb{R}^{2n}$ と同一視する.

滑らかな関数 $f : \mathbb{R}^{2n} \to \mathbb{R}$ と正則関数 $g : \mathbb{C}^n \to \mathbb{C}$ に対し勾配ベクトル $\operatorname{grad} f(\mathbf{x}, \mathbf{y})$, $\operatorname{grad} g(\mathbf{z})$ をそれぞれ

$$\operatorname{grad} f(\mathbf{x}, \mathbf{y}) = \left(\frac{\partial f}{\partial x_1}, \ldots, \frac{\partial f}{\partial x_n}, \frac{\partial f}{\partial y_1}, \ldots, \frac{\partial f}{\partial y_n} \right)$$

$$\operatorname{grad} g(\mathbf{z}) = \left(\overline{\frac{\partial g}{\partial z_1}}, \ldots, \overline{\frac{\partial g}{\partial z_n}} \right)$$

で定義する. $\mathbb{K}^n$ の接ベクトル束 $T\mathbb{K}^n$ は自明な束なので以下 $T_{\mathbf{a}}\mathbb{K}^n$, $\mathbf{a} \in \mathbb{K}^n$ を自然に $\mathbb{K}^n$ と同一視する. 実超曲面 $V = f^{-1}(0) \subset \mathbb{R}^{2n}$ と複素超曲面 $W = g^{-1}(0)$ を考えると非特異点 $\mathbf{z} = (\mathbf{x}, \mathbf{y})$ における接空間は

$$T_{(\mathbf{x}, \mathbf{y})} V = \{ \mathbf{v} \in \mathbb{R}^{2n} \mid (\mathbf{v}, \operatorname{grad} f(\mathbf{x}, \mathbf{y}))_{\mathbb{R}} = 0 \} \tag{3.7}$$

$$T_{\mathbf{z}} W = \{ \mathbf{w} \in \mathbb{C}^n \mid (\mathbf{w}, \operatorname{grad} g(\mathbf{z})) = 0 \} \tag{3.8}$$

と記述される.

証明 証明はほぼ同じであるので (3.8) を示す. 滑らかな曲線 $\mathbf{z}(t)$, $\mathbf{z}(0) = \mathbf{z}$, $\frac{d\mathbf{z}}{dt}(0) = \mathbf{w}$ をとる.

$$\frac{dg(\mathbf{z}(t))}{dt}\bigg|_{t=0} = \sum_{i=1}^{n} \frac{dg}{dz_i}(\mathbf{z}) \frac{dz_i}{dt}(0)$$
$$= (\mathbf{w}, \operatorname{grad} g(\mathbf{z})).$$

すなわち $\mathbf{w} \in T_{\mathbf{z}} W$ なら $(\mathbf{w}, \operatorname{grad} g(\mathbf{z})) = 0$. 逆も同様である. $\square$

3.2　Milnor 束

管状 Milnor 束（第2Milnor 束）$f : E(r; \delta)^* \to D(\delta)^*$ は局所自明なファイバー束であることは, Ehresmann の定理と上の補題 3.1 より従うが, 球

28 第 3 章 Milnor ファイバー束

面 Milnor 束（第 1Milnor 束）については $\varphi : S_r \setminus K_r \to S^1$ が固有写像でないので主張は自明ではない．以下これを考えよう．

補題 3.2（[52]）　$\mathbf{z} \in S_\varepsilon \setminus K_\varepsilon$ が $\varphi = f/|f| : S_\varepsilon \setminus K_\varepsilon \to S^1$ の臨界点である必要十分条件は $i\,\mathrm{grad}\log f(\mathbf{z})$ と $\mathbf{z}$ が $\mathbb{R}$ 上で 1 次従属であることである．

補題 3.3　正の数 ε_1 が存在して任意の $\mathbf{z} \in B_{\varepsilon_1} \setminus f^{-1}(0)$ に対して $i\,\mathrm{grad}\log f(\mathbf{z})$ と $\mathbf{z}$ が $\mathbb{R}$ 上で 1 次独立である．特に φ は沈め込み写像になる．

　φ がファイバー束であることを示すには，さらに強い主張が必要となる．

補題 3.4（[52]）　正の数 $\varepsilon_2 \le \varepsilon_1$ が存在して任意の $\mathbf{z} \in B_{\varepsilon_2} \setminus f^{-1}(0)$ に対して $i\,\mathrm{grad}\log f(\mathbf{z})$ と $\mathbf{z}$ が $\mathbb{C}$ 上で 1 次独立でなければ，$\mathrm{grad}\log(\mathbf{z}) = \lambda \mathbf{z}$ と書いたとき $|\arg \lambda| \le \pi/4$ となる．特に $i\,\mathrm{grad}\log f(\mathbf{z})$ と $\mathbf{z}$ が $\mathbb{R}$ 上で 1 次独立である．

証明　曲線選択補題の使い方を学ぶために有用であると思うので，Milnor の証明を示す．補題 3.4 を示す．まず $\varphi(\mathbf{z}) = \exp(i\theta)$ と書くと，

$$\log f(\mathbf{z}) = \log |f(\mathbf{z})| + i\theta$$

となることを思い出そう．これより曲線 $p(t) \in \mathbb{C}^n \setminus f^{-1}(0)$ に対して

$$\frac{d}{dt}(-i\log f(p(t))) = \left(\frac{dp(t)}{dt}, i\,\mathrm{grad}\log f(p(t)) \right)$$

これより上の等式の実部をとって，

$$\frac{d\theta(p(t))}{dt} = \frac{d}{dt}\Re(-i\log f(p(t))) \tag{3.9}$$

$$= \Re\left(\frac{dp(t)}{dt}, i\,\mathrm{grad}\log f(p(t)) \right) \tag{3.10}$$

これから $\mathbf{z} = p(0)$ で φ が臨界点となるのは，$T_{\mathbf{z}}S_r = \{\mathbf{v} \in \mathbb{C}^n \mid (\mathbf{v}, \mathbf{z})_\mathbb{R} = 0\}$ を考慮すれば $\mathbf{z}, i\,\mathrm{grad}\log f(\mathbf{z})$ が $\mathbb{R}$ 上で 1 次従属であること必要十分条件であることがわかる．さて，補題 3.4 を示すために背理法と曲線選択補題（補題 2.14）を用いて示す．仮に $\mathbf{z}, i\,\mathrm{grad}\log f(\mathbf{z})$ が $\mathbb{C}$ 上 1 次従属である点

が原点で孤立していないとする. 次の開集合を考える. $\lambda'(\mathbf{z}) := (\text{grad}\, f(\mathbf{z}),$ $\bar{f}(\mathbf{z})\mathbf{z})$ とおいて

$$U_1 := \{\mathbf{z} \in \mathbb{C}^n \mid \Re(1+i)\lambda'(\mathbf{z}) < 0\},$$
$$U_2 := \{\mathbf{z} \in \mathbb{C}^n \mid \Re(1-i)\lambda'(\mathbf{z}) < 0\}$$

$\lambda'(\mathbf{z})$ の実部, 虚部は実変数 $\mathbf{x}$, $\mathbf{y}$ の実解析的関数である. $\text{grad}\,\log f(\mathbf{z}) = \lambda\mathbf{z}$ かつ $|\arg\lambda| > \pi/4$ と仮定する. ここで偏角を $(-\pi, \pi]$ でとっている. すると

$$\Re((1+i)\lambda) < 0 \quad \text{または} \quad \Re((1-i)\lambda) < 0.$$

いずれでも同じなので $\Re((1+i)\lambda) < 0$ を仮定しよう.

$$\text{grad}\,\log f(\mathbf{z}) = \lambda\mathbf{z} \implies \text{grad}\, f(\mathbf{z}) = \bar{f}(\mathbf{z})\lambda\mathbf{z},$$
$$\lambda'(\mathbf{z}) = (\text{grad}\, f(\mathbf{z}),\ \bar{f}(\mathbf{z})\mathbf{z}) = |f(\mathbf{z})|^2\lambda\|\mathbf{z}\|^2$$

だから, $\arg\lambda = \arg\lambda'(\mathbf{z})$. すなわち $\lambda'(\mathbf{z}) \in U_1$.

W を $\mathbf{z}, \text{grad}\, f(\mathbf{z})$ が $\mathbb{C}$ 上 1 次従属なる複素解析的集合とする. $\mathbf{0} \in \overline{U_1 \cap W}$ と仮定して曲線選択補題を使う. 実解析的曲線 $[0, \varepsilon] \to \mathbb{C}^n$, $t \mapsto \mathbf{z}(t)$,

$$\text{grad}\,\log f(\mathbf{z}(t)) = \lambda(t)\mathbf{z}(t),\ |\arg\lambda(t)| > \pi/4$$

と書けたとしよう. ここで $\mathbf{z}(0) = 0$, $f(\mathbf{z}(t)) \neq 0$, $t > 0$ で $\mathbf{z}(t) \in U_1$ と仮定する. Taylor 展開を考えて,

$$\mathbf{z}(t) = \mathbf{a}t^p + (\text{高次項}),\ \mathbf{a} \in \mathbb{C}^n \setminus \{\mathbf{0}\},\ p > 0$$
$$f(\mathbf{z}(t)) = \alpha t^q + (\text{高次項}),\ \alpha \in \mathbb{C}^*,\ q > 0$$
$$\text{grad}\, f(\mathbf{z}(t)) = \mathbf{b}t^r + (\text{高次項}),\ \mathbf{b} \in \mathbb{C}^n \setminus \{\mathbf{0}\},\ r > 0$$
$$\lambda(t) = \lambda_0 t^c + (\text{高次項}),\ \lambda_0 \neq 0$$

これより

30　第 3 章　Milnor ファイバー束

$$\frac{df(\mathbf{z}(t))}{dt} = q\alpha t^{q-1} + (\text{高次項})$$

$$= \left(\frac{d\mathbf{z}(t)}{dt}, \operatorname{grad} f(\mathbf{z}(t)) \right)$$

$$= p(\mathbf{a}, \mathbf{b})t^{p+r-1} + (\text{高次項}).$$

一方仮定より，$\mathbf{b} = \bar{\alpha}\lambda_0\mathbf{a}$ だから $(\mathbf{a}, \mathbf{b}) = \bar{\lambda_0}\alpha\|\mathbf{a}\|^2 \neq 0$ であり，$q = p + r$ でなければならないので $q\alpha = p(\mathbf{a}, \mathbf{b})$ となる．ゆえに $\mathbf{b} = \lambda_0\overline{(\mathbf{a}, \mathbf{b})}\mathbf{a}q/p$,

$$0 < (\mathbf{b}, \mathbf{b}) = \lambda_0|(\mathbf{a}, \mathbf{b})|^2 q/p.$$

これは $\arg \lambda_0 = 0$ を意味するので，$\lim_{t \to 0} \arg \lambda(t) = 0$ となって矛盾．　□

球面 Milnor 束の証明の完成：$0 < r \leq \varepsilon_2$ なら $\varphi : S_r \setminus K_r \to S^1$ は局所自明なファイバー束なることを示そう．φ は沈め込み写像だが，固有ではないので，Ehresmann の定理はそのままでは使えない．補題 3.4 を使って，S^1 の標準ベクトル $\partial/\partial\theta$ の水平持ち上げとなるベクトル場 $\mathcal{V}$ でコンパクト区間上積分可能なものをつくればよい．1 の分解の手法で局所的につくって，貼り合わせればよい．まず次の式を思い出そう．

$$\frac{d\log|f(\mathbf{z}(t))|}{dt} = \Re\frac{d\log f(\mathbf{z}(t))}{dt} \tag{3.11}$$

$$= \Re\left(\frac{d\mathbf{z}(t)}{dt}, \operatorname{grad}\log f(\mathbf{z}(t)) \right). \tag{3.12}$$

(1) $\mathbf{z} \in S_r \setminus K_r$ で $\mathbf{z}, i\operatorname{grad}\log f(\mathbf{z})$ が $\mathbb{C}$ 上独立ならば，その点のある近傍 $U(\mathbf{z})$ で $\mathbf{z}', i\operatorname{grad}\log f(\mathbf{z}')$ が $\mathbb{C}$ 上 $\forall\mathbf{z}' \in U(\mathbf{z})$ で独立となるようにとって，

$$\Re(\mathcal{V}(\mathbf{z}), \mathbf{z}) = 0, \ (\mathcal{V}(\mathbf{z}), i\operatorname{grad}\log f(\mathbf{z})) = 1$$

となるようにつくる．

(2) $\lambda\mathbf{z} = \operatorname{grad}\log f(\mathbf{z})$ ならば $\lambda = a + bi$ とおくと $a \geq |b|$. $\mathcal{V}(\mathbf{z}) = i\mathbf{z}$ とおくと，$\mathcal{V}(\mathbf{z}) \in T_\mathbf{z} S_r$ で

$$\Re(\mathcal{V}(\mathbf{z}), i \operatorname{grad} \log f(\mathbf{z})) = \Re \bar{\lambda} \|\mathbf{z}\|^2$$

$$|\Re(\mathcal{V}(\mathbf{z}), \operatorname{grad} \log f(\mathbf{z}))| = |\Im \lambda| \|\mathbf{z}\|^2 = |b| \|\mathbf{z}\|^2$$

$$\leq |a| \|\mathbf{z}\|^2 \leq \Re(\mathcal{V}(\mathbf{z}), i \operatorname{grad} \log f(\mathbf{z}))$$

すなわち

$$\Re(\mathcal{V}(\mathbf{z}), i \operatorname{grad} \log f(\mathbf{z})) \leq \Re(\mathcal{V}(\mathbf{z}), i \operatorname{grad} \log f(\mathbf{z})).$$

最後の不等式が成り立つような小さい近傍 $U(\mathbf{z})$ をとって $\mathcal{V}$ を定義する．$S_\varepsilon \backslash K_\varepsilon$ の開被覆 $\mathcal{U} = \{U(\mathbf{z}) \mid \mathbf{z} \in S_\varepsilon \backslash K_\varepsilon\}$ の局所有限な細分をとって，それに 1 の分解の手法で貼り合わせ，関数倍をして $\Re(\mathcal{V}(\mathbf{z}),\ i \operatorname{grad} \log f(\mathbf{z})) = 1$ に正規化すると，$|\Re(\mathcal{V}(\mathbf{z}), \operatorname{grad} \log f(\mathbf{z}))| \leq 1$ で有限角領域区間上積分が存在する．この積分を使って局所自明構造が入る．

別証明 補題 3.1 を使うともっと易しい．ϵ を小さく固定し，$r_0 = \epsilon = r_1$ として 補題 3.1 の $\delta > 0$ があって，$0 \neq |f(\mathbf{z})| \leq \delta$, $\mathbf{z} \in S_\epsilon$ で $\mathbf{z}$, $\operatorname{grad} f(\mathbf{z})$ は $\mathbb{C}$ 上独立となるので，$|f(\mathbf{z})| \leq \delta$ では $(\mathcal{V}(\mathbf{z}), i \operatorname{grad} \log f(\mathbf{z})) = 1$ とできるので，積分曲線は $|f(\mathbf{z})| \leq \delta$ で $f(\mathbf{z})$ の絶対値を変えない．これより主張は従う．

3.3 第 1，第 2 Milnor 束の同値性

上の 2 つの Milnor 束が同値であることを示そう．すなわち次のファイバー束が同値を示そう．

$$\text{(I)} \quad \varphi : S_r \backslash N(K_r) \to S^1,$$

$$\text{(II)} \quad f : \partial E(r, \delta)^* \to S_\delta^1$$

ここで $N(K_r) = \{\mathbf{z} \in S_r \mid |f(\mathbf{z})| < \delta\}$, $r \leq \varepsilon_2$, $\delta \ll \varepsilon_2$ で補題 3.1 が成立するようにとっている．$E = B_r \backslash \operatorname{Int} E(r, \delta)$ としてここにベクトル場 $\mathcal{Y}$ を次のように構成する．

(1) $\mathbf{z}$, $i \operatorname{grad} \log f(\mathbf{z})$ が $\mathbb{C}$ 上独立ならば，その点の近傍で

$$\Re(\mathcal{Y}(\mathbf{z}), \mathbf{z}) > 0, \ (\mathcal{Y}(\mathbf{z}), \operatorname{grad} \log f(\mathbf{z})) > 0$$

となるようにつくる. この不等式は積分曲線に沿って, $\|\mathbf{z}\|$, $|f(\mathbf{z})|$ が単調増加で $\arg f(\mathbf{z})$ は不変 (すなわち $\Re(\mathcal{Y}(\mathbf{z}), i\,\mathrm{grad}\log f(\mathbf{z})) = 0$) であることを示す.

(2) $\lambda\mathbf{z} = \mathrm{grad}\log f(\mathbf{z})$ ならば $\lambda = a + bi$ とおくと $a \geq |b|$, $a > 0$ に注意する. $\mathcal{Y}(\mathbf{z}) = \mathrm{grad}\log f(\mathbf{z})$ とおくと,

$$\Re(\mathcal{Y}(\mathbf{z}), i\,\mathrm{grad}\log f(\mathbf{z})) = 0$$

$$\Re(\mathcal{Y}(\mathbf{z}), \mathrm{grad}\log f(\mathbf{z})) > 0$$

$$\Re(\mathcal{Y}(\mathbf{z}), \mathbf{z}) = a\|\mathbf{z}\|^2 > 0$$

(1), (2) の構成を 1 の分解でつなぎ合わせた滑らかな $\mathcal{Y}$ の積分を使って, 写像

$$\psi : \partial E(r, \delta)^* \to S_r \setminus N(K_r)$$

を, $\mathbf{z} \in \partial E(r, \delta)^*$ に対して, そこから出発する積分曲線が S_r に到達する点 $\mathbf{z}'$ を対応させるように定義する. ψ は可微分写像である. 積分曲線上で $\|\mathbf{z}\|$, $|f(\mathbf{z})|$ は単調増加で $\arg f(\mathbf{z})$ は変化しないので次の図式は可換となる.

$$
\begin{array}{ccc}
\partial E(r, \delta)^* & \xrightarrow{\ \psi\ } & S_r \setminus N(K_r) \\
{\scriptstyle f}\downarrow & & \downarrow{\scriptstyle \varphi} \\
S^1_\delta & \xrightarrow[\ 1/\delta\ ]{} & S^1
\end{array}
$$

注意 3.5 (1) で使った Milnor 束 $\varphi : S_r \setminus N(K_r) \to S^1$ と $\varphi : S_r \setminus K_r \to S^1$ はホモトピー的にはもちろん同値だが, $\varphi : N(K_r) \setminus K_r \to S^1$ は各ファイバーは $(f^{-1}(\delta) \cap S_r) \times (0, \delta)$ と同型で, このことを使えば, $\varphi : S_r \setminus \overline{N(K_r)} \to S^1$ は $\varphi : S_r \setminus K_r \to S^1$ と可微分同値で, 上の証明は $\varphi : S_r \setminus \overline{N(K_r)} \to S^1$ と $f : \mathrm{Int}(\partial E(r, \delta)^*) \to S^1_\delta$ が同値であることも示している. ここで

$$\mathrm{Int}(\partial E(r, \delta)^*) = \partial E(r, \delta)^* \setminus S_r \cap \partial E(r, \delta)^*.$$

定義 3.6 補題 3.1 で保証された ε_2 を Milnor 束の**安定半径**という.

命題 3.7 任意の $0 < r \leq \varepsilon_2$ に対し Milnor 束 $\varphi : S_r \setminus K_r \to S^1$ は r に依らず同型なファイバー束となる.

証明 [70] にならった証明をする. 上で証明した同値性から, 第 2 Milnor 束

$$f : \partial E(r,\delta)^* \to S_\delta^1, \quad \delta \ll r \leq \varepsilon_2$$

が r, δ に依存しないことを示せばよい.

(1) r を固定して $\delta' < \delta$ をとると,

$$E(r,\delta,\delta') = \{\mathbf{z} \mid \delta' \leq |f(\mathbf{z})| \leq \delta, \ \|\mathbf{z}\| \leq r\}$$

として

$$f : E(r,\delta,\delta') \to D(\delta,\delta') = \{\eta \in \mathbb{C} \mid \delta' \leq |\eta| \leq \delta\}$$

はファイバー束なので, その境界への制限

$$f : \partial E(r,\delta)^* \to S_\delta^1, \quad f : \partial E(r,\delta') \to S_{\delta'}^1$$

は同値.

(2) $0 < r' < r \leq \varepsilon_2$ に対して, δ を補題 3.1 のようにとると, $\partial E(r,r',\delta)$ $= \{\mathbf{z} \mid r' \leq \|\mathbf{z}\| \leq r, \ |f(\mathbf{z})| = \delta\}$ とおくと, $\partial E(r,r',\delta) = W(r,\delta) \times [r',r]$ となるから同値性が従う. ここで $W(r,\delta) = \{\mathbf{z} \mid \|\mathbf{z}\| = r, \ |f(\mathbf{z})| = \delta\}$. $\square$

3.4 Morse 特異点

$f(\mathbf{z})$ が原点で孤立特異点を持ち, Hesse 行列

$$\left(\frac{\partial^2 f}{\partial z_i \partial z_j}\right)(\mathbf{0})$$

が非特異のとき, **非退化特異点**または **Morse** 特異点という. Morse の補題によって, 適当な局所正則座標で $f(\mathbf{z}) = z_1^2 + \cdots + z_n^2$ と思ってよい.

命題 3.8 (**[32]**) f が Morse 特異点のとき, Milnor ファイバーは単位ベクトル束 $T^{(1)}S^{n-1}$ と同一視される. 特に Milnor ファイバー F は球面 S^{n-1}

34 第3章 Milnor ファイバー束

とホモトピー同値. モノドロミー $h_* : H_{n-1}(F) \to H_{n-1}(F)$ は同一視 $H_{n-1}(F) \cong \mathbb{Z}$ のもとで n が偶数か奇数に応じて $h_*(1) = 1$ または -1.

ここで $T^{(1)}S^{n-1}$ は接ベクトル空間 TS^{n-1} の長さ 1 未満の円板束. すなわち

$$T^{(1)}S^{n-1} = \{(\mathbf{u}, \mathbf{v}) \in S^{n-1} \times \mathbb{R}^n \mid (\mathbf{u}, \mathbf{v}) = 0,\ \|\mathbf{v}\| < 1\}.$$

証明 後述（定理 3.29）の同一視で Milnor ファイバーは超曲面

$$V = f^{-1}(1)$$

と微分位相同型で, モノドロミーは $h : V \to V, \mathbf{z} \mapsto -\mathbf{z}$ と思える. $z_j = x_j + iy_j$ と書き, $\mathbf{x} = (x_1, \ldots, x_n), \mathbf{y} = (y_1, \ldots, y_n) \in \mathbb{R}^n$ とおくと,

$$\mathbf{z} \in V \iff \sum_{j=1}^n (x_j^2 - y_j^2) = 1, \quad \sum_{j=1}^n x_j y_j = 0$$

すなわち

$$(\mathbf{x}, \mathbf{y})_{\mathbb{R}} = 0,\ \|\mathbf{x}\|^2 = \|\mathbf{y}\|^2 + 1$$

特に $\|\mathbf{x}\| \geq 1$. 次の対応を考える. $\psi : f^{-1}(1) \to T^{(1)}S^{n-1}, \mathbf{z} = (\mathbf{x}, \mathbf{y}) \mapsto (\mathbf{u}, \mathbf{v}), \mathbf{u} = \mathbf{x}/\|\mathbf{x}\|,\ \mathbf{v} = \mathbf{y}/\|\mathbf{x}\|$.

逆対応 $\varphi : T^{(1)}S^{n-1} \to f^{-1}(1)$ は, $\mathbf{x} = \mathbf{u}/\sqrt{1 - \|\mathbf{v}\|^2}, \mathbf{y} = \mathbf{v}/\sqrt{1 - \|\mathbf{v}\|^2}$ で与えられる. 実際容易に確かめられるが

$$\varphi(\psi(\mathbf{z})) = \varphi((\mathbf{x}/\|\mathbf{x}\|, \mathbf{y}/\|\mathbf{x}\|)) = \mathbf{z}$$
$$\psi(\varphi(\mathbf{u}, \mathbf{v})) = \psi((\mathbf{u}/\sqrt{1 - \|\mathbf{v}\|^2}, \mathbf{v}/\sqrt{1 - \|\mathbf{v}\|^2})) = (\mathbf{u}, \mathbf{v}).$$

モノドロミー写像は $h : S^{n-1} \to S^{n-1},\ \mathbf{x} \mapsto -\mathbf{x}$ であるから主張はただちに従う. □

$T^{(1)}S^{n-1}$ の零セクションに対応する $n-1$ 球面で代表されるホモロジー類 ω は自然に $H_{n-1}(F)$ の生成元となる. これを Morse 特異点の消滅サイクル (vanishing cycle) という. 具体的には実球面

$$\omega = \{(\mathbf{x}, \mathbf{0}) \mid \|\mathbf{x}\| = 1\}$$

と思える.

3.5 リンクと Milnor ファイバーのホモトピー型

ε を安定半径とする. Milnor 束 $\varphi : S_\varepsilon \setminus K_\varepsilon \to S^1$ に対して Milnor ファイバーを F, リンクを $K_\varepsilon = f^{-1}(0) \cap S_\varepsilon$ とする. 次の性質が成り立つ.

定理 3.9 ([52]) 1. リンク K_ε は $(n-3)$-連結である.

2. F は平行化可能で $n-1$ 次元の CW 複体のホモトピー型を持つ.

3. $\mathbf{0}$ が孤立特異点とすると, F は球面 S^{n-1} のブーケのホモトピー型を持つ.

注意 3.10 連結な位相空間 X, Y に対しそれぞれ一点 $x_0 \in X, y_0 \in Y$ を固定し X, Y の交わらない和空間をとり x_0, y_0 を同一視した空間を X, Y のブーケと呼ぶ.

証明 Milnor([52]) の証明に沿って説明する. まず関数

$$a : S_\varepsilon \setminus K_\varepsilon \to \mathbb{R}, \quad \mathbf{z} \mapsto \log|f(\mathbf{z})|$$

とそのファイバー $F_\theta = \varphi^{-1}(e^{i\theta})$ への制限を a_θ で表す.

主張 3.11 (1) a の臨界点は $\mathbf{z}$, grad $\log f(\mathbf{z})$ が $\mathbb{R}$ 上で 1 次従属な点.

(2) a_θ の臨界点は $\mathbf{z}$, grad $\log f(\mathbf{z})$ が $\mathbb{C}$ 上で 1 次従属な点.

(3) $\delta \ll \varepsilon$ を補題 3.1 のようにとると, a, a_θ は $(-\infty, \log \delta]$ で臨界点を持たない.

主張 (1), (2) は (3.12) および (3.9) より従う. (3) は補題 3.1 より従う.

主張 3.12 $\mathbf{z}_0 \in F_\theta$ が a_θ の臨界点なら $T_{\mathbf{z}_0} F_\theta$ は $\mathbb{C}^n$ の部分空間として複素構造を持つ.

なぜなら grad $\log f(\mathbf{z}_0) = \lambda \mathbf{z}_0$ と書け, $\Re \lambda > 0$ であるので

36 第 3 章 Milnor ファイバー束

$$\mathbf{v} \in T_{\mathbf{z}_0} F_\theta \iff \Re(\mathbf{v}, \mathbf{z}_0) = 0, \ \Re(\mathbf{v}, i \operatorname{grad} \log f(\mathbf{z}_0)) = 0 \tag{3.13}$$

$$\iff (\mathbf{v}, \mathbf{z}_0) = 0. \tag{3.14}$$

$N(K_\varepsilon)$ は K_ε の近傍系をなすので，K_ε とホモトピー同値である．

次に関数 a, a_θ は Morse 関数とは限らず，退化した臨界点を持つかもしれないが，a_θ の臨界点での指数 (Morse index) を計算しよう．ここでは指数はヘシアンから決まる 2 次形式の負定値最大次元部分空間の次元のことである．ここで n 変数の滑らかな関数 $f(x_1, \ldots, x_n)$ の $\mathbf{x} = \mathbf{a}$ でのヘシアンとは正方行列 $\left(\frac{\partial^2 f}{\partial x_i \partial x_j}(\mathbf{a}) \right)$ のことをいう．いま $\mathbf{z}_0$ を a_θ の臨界点として $\mathbf{z}_0$ を始点とする滑らかな曲線 $p : [0, b) \to F_\theta \subset S_\varepsilon \setminus K_\varepsilon$ を考える．$\mathbf{v} = \frac{dp}{dt}(0)$ とおく．$\log f(p(t)) = \log |f(p(t))| + i\theta$ より，

$$\frac{da_\theta(p(t))}{dt} = \sum_{j=1}^n \frac{dp_j}{dt} \frac{\partial \log f}{dz_j} \tag{3.15}$$

$$\frac{d^2 a_\theta(p(t))}{dt^2} = \sum_{j=1}^n \frac{d^2 p_j}{dt^2} \frac{\partial \log f}{dz_j} + \sum_{j,k} \frac{\partial^2 \log f}{\partial z_j \partial z_k} \frac{dp_j}{dt} \frac{dp_k}{dt} \tag{3.16}$$

$$H(a_\theta)(\mathbf{v}, \mathbf{v}) = \left(\frac{d^2 p}{dt^2}(0), \operatorname{grad} \log f(\mathbf{z}_0) \right) + \sum_{j,k} D_{j,k} v_j v_k \tag{3.17}$$

ここで $D_{j,k} := \frac{\partial^2 \log f}{\partial z_j \partial z_k}(\mathbf{z}_0)$ とおいた．

第 1 項を解釈しよう．まず仮定より

$$\operatorname{grad} \log f(\mathbf{z}_0) = \lambda \mathbf{z}_0, \ \Re \lambda > 0.$$

したがってヘシアンから決まる 2 次形式は次のように定まる．

$$H(a_\theta)(\mathbf{v}, \mathbf{v}) = \left(\frac{d^2 p}{dt^2}(0), \lambda \mathbf{z}_0 \right) + \sum_{j,k} D_{j,k} v_j v_k.$$

これより

$$\Re(\lambda) H(a_\theta)(\mathbf{v}, \mathbf{v}) = |\lambda|^2 \Re \left(\frac{d^2 p}{dt^2}(0), \mathbf{z}_0 \right) + \Re \sum_{j,k} \lambda D_{j,k} v_j v_k.$$

一方，$\Re(p(t), p(t)) \equiv \varepsilon$ から

$$\Re\left(\frac{d^2 p(t)}{dt^2}, p(t)\right) + \Re\left(\frac{dp(t)}{dt}, \frac{dp(t)}{dt}\right) = 0$$

この等式を $t = 0$ で使うと次の等式を得る.

$$\Re(\lambda) H(a_\theta)(\mathbf{v}, \mathbf{v}) = \Re \sum_{j,k} \lambda D_{j,k} v_j v_k - \|\lambda \mathbf{v}\|^2 \tag{3.18}$$

主張 3.13 (1) $\mathbf{z}_0$ が a_θ の臨界点なら,そのヘシアンの指数 ($=$ 負定値な最大部分空間の次元) は $n-1$ 以上である.

(2) $\mathbf{z}_0$ が a の臨界点なら,同じくヘシアンの指数は $n-1$ 以上である.

証明: V を負定値最大空間とし,W を正半定値空間とする.すなわち $T_{\mathbf{z}_0} F_\theta \cong V \oplus W$.線形写像

$$\psi : W \to T_{\mathbf{z}_0} F_\theta, \quad \psi(\mathbf{v}) = i\mathbf{v}$$

を考えると,$\mathbf{v} \in W, \mathbf{v} \neq \mathbf{0}$ なら (3.18) より第 1 項は正.したがって $\Re(\lambda) H(a_\theta)(i\mathbf{v}, i\mathbf{v}) < 0$ となり,$\psi(\mathbf{v}) \in V$.これより,$\dim V \geq \dim W$ で $\dim V \geq n-1$ を得る.最後に $\mathbf{z}_0$ が a の臨界点なら,当然 a_θ の臨界点だから,a の指数も $\mathrm{Ind}\, a|_{\mathbf{z}=\mathbf{z}_0} \geq n-1$ となる.

定理 3.9 の証明: a, a_θ は非退化臨界点のみとは限らないが,非退化臨界点のみを持つ $\tilde{a}, \tilde{a}_\theta$ に任意に近い C^2 近似に直せる.さらに $\tilde{a}|N(K_\varepsilon) = a|N(K_\varepsilon)$ としてよい.Morse 指数は Hesse 行列の負の固有値の数だから,$\tilde{a}$ の臨界点での Morse 指数は $n-1$ 以上である.S_ε は $N(K_\varepsilon)$ から出発して指数 $n-1$ 以上のハンドルをくっつけたホモトピー型を持つので,$\pi_j(S_\varepsilon, N(K_\varepsilon)) = 0, j \leq n-2$.対 $(S_\varepsilon, N(K_\varepsilon))$ のホモトピー群の完全列 ([98]) を使って K_ε は $(n-3)$-連結.

F_θ のホモトピーは $-\tilde{a}_\theta$ を Morse 関数としてみれば,Morse 指数は $\leq 2(n-1) - (n-1) = n-1$ より従う.F_θ が平行化可能なることは $TF_\theta \oplus \varepsilon^2$ で $T\mathbb{C}^n|F_\theta$ で自明なことより,Milnor-Kervaire ([37]) の §3.4 より従う.

最後に孤立特異点の場合を考える.$S_\varepsilon - \bar{F}_\theta \cong F_\theta \times (\theta, \theta + 2\pi) \simeq F_\theta$ に注意する.$n \geq 3$ のときは a_θ を $\bar{F}_\theta$ の Morse 関数として使うと $\bar{F}_\theta$ は $\partial F_\theta \cong K_\varepsilon$ から出発して指数 $\lambda, \lambda \geq n-1$ のハンドルを付け加えて得られるので $\pi_1 \bar{F}_\theta = \pi_1(K_\varepsilon)$ から従う.$n = 2$ のときは $-s_\theta$ を Morse 関数として使う.

38 第3章 Milnor ファイバー束

$\bar{F}_\theta$ は S_ε の中で $D^{2(n-1)}$ から出発して $\lambda \leq n-1$ のハンドルをいくつか加えて得られる. 一方出発点の $S_\varepsilon \setminus D^{2(n-1)}$ は単連結で, 余次元が 3 以上の指数に対応するハンドルを加えても補空間の基本群は変わらない. よって $n \geq 3$ のときは $n-1 \leq 2n-4$ だから $S_\varepsilon \setminus \bar{F}_\theta \simeq F$ は単連結である. $\bar{F}_0 = F_0 \cup K_\varepsilon$ は境界つき多様体になる. Alexander 双対性

$$H_j(F_\theta) \cong H^{2n-j-2}(S_\varepsilon \setminus \bar{F}_\theta) \cong H^{2n-j-2}(F_\theta)$$

から $\tilde{H}_j(F_\theta) = 0$, $j \leq n-2$ だから主張は Whitehead の定理（例えば Spanier [97], p.399）からただちに従う. $\qquad\square$

定義 3.14 f が原点で孤立特異点を持つとき, $h_* : H_{n-1}(F) \to H_{n-1}(F)$ の特性多項式を以後 $\Delta(t)$ で表す. ゼータ関数は等式 $\zeta(t)(t-1) = \Delta(t)^{(-1)^n}$ を満たす.

3.5.1 加藤–松本の定理

$f(\mathbf{z})$ を原点で非孤立臨界点を持つ正則関数としよう. $V = f^{-1}(0)$, $\Sigma(V) = \{\mathbf{z} \mid \frac{\partial f}{\partial z_j}(\mathbf{z}) = 0, \ j = 1,\ldots,n\}$ とする. $s = \dim \Sigma(V)_0$ とおく. このとき孤立特異点のときの Milnor の連結性に関する結果は次のように拡張される.

定理 3.15 ([34]) f, V, s を上のようにとると, f の Milnor ファイバー F は $(n-s-2)$-連結である.

3.6 アフィン超曲面のトポロジー

上の a_θ の Morse 指数の計算と似ているが, Andreotti-Frankel の定理を紹介しよう. $f_1(\mathbf{z}),\ldots,f_\ell(\mathbf{z})$ を多項式または原点の近く U で定義された解析関数として, 代数的集合 $V = \{f_i(\mathbf{z}) = 0, \ 1 \leq i \leq \ell\}$ または円板内での解析的集合 $V = \{\mathbf{z} \in B_r^{2n} \mid f_i(\mathbf{z}) = 0, \ 1 \leq i \leq \ell\}$ を考える. $I(V)$ は $f_1,\ldots,f_\ell$ で生成されるとして, V は完全交差で特異点を持たないとする. すなわち任意の $p \in V$ においてヤコビ行列 $(\frac{\partial f_i}{\partial z_j}(p))_{1 \leq i \leq \ell, 1 \leq j \leq n}$ が階数

ℓ を持つとする. f が解析関数の場合はさらに V は U の中に含まれるボール B_r^{2n} との交わりとし, $\partial B_r \cap V$ も非特異と仮定する.

定理 3.16（Andreotti-Frankel,[3]） V は高々 $n-\ell$ 次元の CW 複体のホモトピー型を持つ.

特に管状 Milnor 束のファイバー $F = f^{-1}(\eta) \cap B_r$ に上の定理を応用して次を得る.

系 3.17 Milnor ファイバーは $n-1$ 次元の CW 複体のホモトピー型を持つ.

証明には Morse 関数を使う. $\varphi : V \to \mathbb{R}_+$ を $\mathbb{C}^n$ 上で定義された C^∞ 関数の制限として V 上の C^∞ 関数を考える. φ は実変数 $x_1, \ldots, x_n, y_1, \ldots, y_n$ の関数だが, $x_j = (z_j + \bar{z}_j)/2$, $y_j = -i(z_j - \bar{z}_j)/2$ を代入して $\mathbf{z}, \bar{\mathbf{z}}$ の関数と思える (混合関数). このとき φ が実数値関数であることから

$$\frac{\partial \varphi}{\partial \bar{z}_j} = \overline{\frac{\partial \varphi}{\partial z_j}}, \quad j = 1, \ldots, n$$

が成り立つ. 詳しいことは第 II 部を参照せよ.

補題 3.18 $\mathbf{p} \in V$ を $\varphi|_V$ の臨界点とする. φ のヘシアンは次のように書ける.

$$H_{\mathbf{p}}(\varphi|V)(\mathbf{Z}) = \Re\left(\sum_{j,k} a_{j,k} Z_j Z_k\right) + 2\Re\left(\sum_{j,k} \frac{\partial^2 \varphi}{\partial z_j \partial \bar{z}_k}(\mathbf{p}) Z_j \bar{Z}_k\right)$$

ここで $\mathbf{Z} = (Z_1, \ldots, Z_n) \in \mathbb{C}^n$, $(a_{j,k})$ は複素行列である. さらに φ に付随する 2 次形式

$$\mathbf{Z} \mapsto \Re\left(\sum_{j,k} \frac{\partial^2 \varphi}{\partial z_j \partial \bar{z}_k}(\mathbf{p}) Z_j \bar{Z}_k\right)$$

が非負ならば（すなわち φ が多重劣調和関数ならば）

$$H_{\mathbf{p}}(\varphi|V)(\mathbf{Z}) = \Re\left(\sum_{j,k} a_{j,k} Z_j Z_k\right) + 2\left(\sum_{j,k} \frac{\partial^2 \varphi}{\partial z_j \partial \bar{z}_k}(\mathbf{p}) Z_j \bar{Z}_k\right)$$

40 第3章 Milnor ファイバー束

で $\mathrm{Ind}_{\mathbf{p}}(\varphi|_V) \leq \dim_{\mathbb{C}} V$ を満たす.

証明 $\mathbf{Z} \in T_{\mathbf{p}}V$ をとり，$\mathbf{z}(t)$ を V の $\mathbf{p}$ を通る曲線で，$\dfrac{d\mathbf{z}}{dt}(0) = \mathbf{Z}$ とする．φ が実数値なので

$$\frac{d\varphi(\mathbf{z}(t))}{dt} = \sum_{j=1}^{n} \frac{dz_j}{dt} \frac{\partial \varphi(\mathbf{z}(t))}{\partial z_j} + \sum_{j=1}^{n} \frac{d\bar{z}_j}{dt} \frac{\partial \varphi(\mathbf{z}(t))}{\partial \bar{z}_j}$$

$$= 2\Re \left(\sum_{j=1}^{n} \frac{dz_j}{dt} \frac{\partial \varphi(\mathbf{z}(t))}{\partial z_j} \right)$$

もう一度微分して $t = 0$ とおくと

$$\left. \frac{d^2 \varphi(\mathbf{z}(t))}{dt^2} \right|_{t=0} = 2\Re \left(\sum_{j,k=1}^{n} Z_j Z_k \frac{\partial^2 \varphi(\mathbf{p})}{\partial z_j \partial z_k} \right) +$$

$$2\Re \left(\sum_{j,k=1}^{n} Z_j \bar{Z}_k \frac{\partial^2 \varphi(\mathbf{p})}{\partial z_j \partial \bar{z}_k} \right) + 2\Re \left(\sum_{j=1}^{n} \frac{d^2 z_j}{dt^2}(0) \frac{\partial \varphi(\mathbf{p})}{\partial z_j} \right) \quad (3.19)$$

第2項は複素ヘシアンとよばれる項である．第3項を読みとろう．V は滑らかで $I(V) = (f_1, \ldots, f_\ell)$ と仮定したので $\mathrm{grad}\, f_1(\mathbf{p}), \ldots, \mathrm{grad}\, f_\ell(\mathbf{p})$ は $\mathbb{C}$ 上 1 次独立で $\dim_{\mathbb{C}} V = n - \ell$. 補題 1.4 から，

$$\mathrm{grad}_{\mathbb{C}} \varphi(\mathbf{p}) = \lambda_1 \mathrm{grad}\, f_1(\mathbf{p}) + \cdots + \lambda_\ell \mathrm{grad}\, f_\ell(\mathbf{p}) \quad (3.20)$$

ここで $\lambda_1, \ldots, \lambda_\ell \in \mathbb{C}$ と書ける．

他方等式 $f_\alpha(\mathbf{z}(t)) \equiv 0$ を微分して

$$\sum_{j=1}^{n} \frac{\partial f_\alpha}{\partial z_j} \frac{dz_j}{dt} \equiv 0$$

もう一度微分して $t = 0$ とおくと

$$\sum_{j,k=1}^{n} \frac{\partial^2 f_\alpha}{\partial z_j \partial z_k}(\mathbf{p}) Z_j Z_k + \left(\frac{d^2 \mathbf{z}}{dt^2}(0), \mathrm{grad}\, f_\alpha(\mathbf{p}) \right) = 0$$

したがって (3.19) の最後の項は

$$\left(\frac{d^2\mathbf{z}}{dt^2}(0), \mathrm{grad}_{\mathbb{C}}\,\varphi(\mathbf{p})\right) = 2\Re\left(\sum_{\alpha=1}^{\ell} \bar{\lambda}_\alpha \left(\frac{d^2\mathbf{z}}{dt^2}(0), \mathrm{grad}\,f_\alpha(\mathbf{p})\right)\right)$$

$$= -2\Re\left(\sum_{\alpha=1}^{\ell} \bar{\lambda}_\alpha \sum_{j,k} \frac{\partial^2 f_\alpha}{\partial z_j \partial z_k}(\mathbf{p})Z_j Z_k\right) \quad (3.21)$$

したがって

$$a_{j,k} = 2\frac{\partial^2 \varphi(\mathbf{p})}{\partial d z_j \partial z_k} - 2\sum_{\alpha=1}^{\ell} \bar{\lambda}_\alpha \frac{\partial^2 f_\alpha}{\partial z_j \partial z_k}(\mathbf{p})$$

とおけば最初の主張が得られる. 2番目の主張は φ が多重劣調和だと第2項は非負. $T_- \subset T_{\mathbf{p}}V$ を最大負定値部分空間とすると零でない $\mathbf{Z} \in T_-$ に対して $H_{\mathbf{p}}(\varphi|V)(\mathbf{Z}) \geq 0$ から $\Re\left(\sum_{j,k} a_{j,k} Z_j Z_k\right) < 0$. $H_{\mathbf{p}}(\varphi|V)(i\mathbf{Z}) > 0$. これから iT_- は正定値. ゆえに $\mathrm{Ind}_{\mathbf{p}}(\varphi|V) \leq \dim_{\mathbb{R}} V/2 = \dim_{\mathbb{C}} V$. これで補題は示された.

定理の証明のために φ としては原点から（または原点の近くから）の距離の2乗関数 $\varphi(\mathbf{z}) = \sum_{i=1}^{n} z_i \bar{z}_i$ をとればよい. このときヘシアンは次のようになる.

$$H_{\mathbf{p}}(\varphi|V)(\mathbf{V}) = V_1 \bar{V}_1 + \cdots + V_n \bar{V}_n \geq 0, \ \mathbf{V} = (V_1, \ldots, V_n) \in T_{\mathbf{p}}V.$$

$\square$

3.7　Wang 完全列

リンクの（コ）ホモロジー群などのトポロジーの情報を計算するには Wang 完全列が有効なのでそれを説明する. Alexander 双対性より K_ε のホモロジーはその補空間 $E := S_\varepsilon \setminus K_\varepsilon$ のホモロジーを知ればよい. S^1 上の局所自明なファイバー束 $\pi : E \to S^1$ があり, そのファイバーを F, 幾何的モノドロミー写像を固定してそれを $h : F \to F$ とする. 全空間 E は $F \times [0, 2\pi]$ の両端をモノドロミー写像

$$h : F \times \{2\pi\} \to F \times \{0\}, \quad \mathbf{z} \mapsto h(\mathbf{z})$$

で $(\mathbf{z}, 2\pi) \sim (h(\mathbf{z}), 0)$ で同一視した商空間とみなせる．$\varphi : E \to S^1$ を，S^1 を区間 $[0, 2\pi]$ の両端 $0, 2\pi$ を同一視した商空間とみなして，自然な射影 $F \times [0, 2\pi] \to [0, 2\pi]$ から自然に引き起こされる写像とする．$E_1 = \varphi^{-1}([0, \pi])$，$E_2 = \varphi^{-1}([\pi, 2\pi])$，$F_\theta = \varphi^{-1}(\theta)$ とおくと，$E_1 \simeq F_0$，$E_2 \simeq F_{2\pi} = F_0$，$F_\pi \hookrightarrow E_1 \simeq F_0$ で同一視し，$E = E_1 \cup E_2$ で

$$H_j(E_1 \cap E_2) = H_j(F_0) \oplus H_j(F_\pi) = H_j(F_0) \oplus H_j(F_0),$$

$$H_j(E_1) \oplus H_j(E_2) = H_j(F_0) \oplus H_j(F_{2\pi}) = H_j(F_0) \oplus H_j(F_0)$$

Mayer-Vietoris 完全列を使うと

$$
\begin{array}{ccccccc}
\longrightarrow & H_j(E_1 \cap E_2) & \xrightarrow{a} & H_j(E_1) \oplus H_j(E_2) & \xrightarrow{b} & H_j(E) & \longrightarrow \\
& \downarrow{\cong} & & \downarrow{\cong} & & \downarrow{\mathrm{id}} & \\
\longrightarrow & H_j(F_0) \oplus H_j(F_\pi) & \xrightarrow{\alpha} & H_j(F_0) \oplus H_j(F_{2\pi}) & \xrightarrow{\beta} & H_j(E) & \longrightarrow \\
& \downarrow{\mathrm{id} \oplus h_\pi^{-1}} & & \downarrow{\mathrm{id} \oplus \mathrm{id}} & & \downarrow{\mathrm{id}} & \\
\longrightarrow & H_j(F_0) \oplus H_j(F_0) & \xrightarrow{\alpha'} & H_j(F_0) \oplus H_j(F_0) & \xrightarrow{\beta'} & H_j(E) & \longrightarrow
\end{array}
$$

ここで $h_\pi : F_0 \to F_\pi$ は自然な写像 $F \times \{0\} \to F \times \{\pi\}, (z, 0) \mapsto (z, \pi)$ に対応する．α' は

$$\alpha'(v, w) = (v + w, h_* v + w), \quad v, w \in H_j(F_0)$$

で定義され

$$M = \{(0, w) \mid v \in H_j(F_0)\}, \quad N = \{(v, -v) \mid v \in H_j(F_0)\}$$
$$M' = \{(v, v) \mid v \in H_j(F_0)\}, \quad N' = \{(0, v) \mid v \in H_j(F_0)\}$$

とおくと

$$H_j(F_0) \oplus H_j(F_0) \cong M \oplus N \cong M' \oplus N'.$$

この基底を使って α' を見ると，

$$\alpha' : M \cong M', \quad \alpha' : N \to N', \quad v \mapsto (0, h_* v - v)$$

となる．これを言い換えれば次の完全列を得る．

命題 3.19 次の完全列を得る. ここで $F = F_0$ で $\iota : F_0 \to E$ は包含写像.

$$\cdots \longrightarrow H_{j+1}(E) \longrightarrow H_j(F) \xrightarrow{h_* - \mathrm{id}} H_j(F) \xrightarrow{\iota_*} H_j(E) \longrightarrow \cdots$$

Wang 完全列を使って, Milnor 束 $\varphi : E \to S^1$, $E = S_\varepsilon \setminus K$ を考えると, リンク多様体 K_ε がホモロジー球面かどうかの判定条件が与えられる.

系 3.20 (Theorem 8.5, [52]) V が原点で孤立特異点を持つとする. K_ε がホモロジー球面である必要十分条件は特性多項式を $\Delta(t)$ として $\Delta(1) = \pm 1$ で与えられる. さらに $n \neq 3$ なら K_ε は位相的球面になることと同値である. K_ε が $\mathbb{Q}$-ホモロジー球面である必要十分条件は $\Delta(1) \neq 0$ となる.

証明 Alexander 双対性より $H_j(S_\varepsilon \setminus K_\varepsilon) \cong H^{2n-j-2}(K_\varepsilon)$. 一方 Wang 完全列より $\tilde{H}_j(S_\varepsilon \setminus K_\varepsilon) = 0$, $j \neq n, n-1$ で完全列

$$0 \to H_n(S_\varepsilon \setminus K_\varepsilon) \to H_{n-1}(F) \xrightarrow{h_* - \mathrm{id}} H_{n-1}(F) \to H_{n-1}(S_\varepsilon \setminus K_\varepsilon) \to 0$$

より

$$H_n(S_\varepsilon \setminus K_\varepsilon) = H_{n-1}(S_\varepsilon \setminus K_\varepsilon) = 0 \iff h_* - \mathrm{id} : \text{同型} \iff \Delta(1) = \pm 1.$$

同様に

$$H_n(S_\varepsilon \setminus K_\varepsilon ; \mathbb{Q}) = H_{n-1}(S_\varepsilon \setminus K_\varepsilon ; \mathbb{Q}) = 0 \iff h_* - \mathrm{id} \text{ が } \mathbb{Q} \text{ 上で同型}$$
$$\iff \Delta(1) \neq 0.$$

$\square$

注意 3.21 $n = 3$ のときは K_ε は 3 次元多様体で, Mumford の結果 ([56]) によって, 原点が孤立特異点なら $\pi_1(K_\varepsilon)$ は非自明な群となる. $n \geq 4$ なら K は単連結でエキゾチック球面が現れることがある. 例えば $n = 5$ で $f = z_1^2 + z_2^2 + z_3^2 + z_4^3 + z_5^{6k-1}$ のとき $1 \leq k \leq 28$ のとき $\Delta(1) = 1$ で 7 次元エキゾチック球面がすべて現れる ([52], [11]). 特性多項式は定理 3.29 から次式で与えられる.

$$\Delta(t) = \frac{(t^{3(6k-1)} - 1)(t - 1)}{(t^3 - 1)(t^{6k-1} - 1)}$$

44 第 3 章 Milnor ファイバー束

3.8 Milnor 数の代数的解釈

$f(\mathbf{z})$ が原点で孤立臨界点を持つとする．そのとき，定理 3.9 で見たように，Milnor ファイバー F は $(n-1)$ 次元のみに非自明ホモロジーを持つ．原点での Milnor 数 $\mu = \mu(f,\mathbf{0})$ を $\mu(f,\mathbf{0}) := b_{n-1}(F)$ と定義する．ここで $b_{n-1}(F)$ は $(n-1)$ 次 Betti 数．正則関数の芽の環 $\mathcal{O}$ を使って代数的 Milnor 数を

$$\mu_a = \dim \mathcal{O} \Big/ \left(\frac{\partial f}{\partial z_j}\right)$$

で定義する．分母は偏微分たちで生成されるイデアルである．Hilbert の零点定理（例えば [26, 27] を参照）よりこの商は有限次元のベクトル空間である．次の Milnor の定理は基本的である．

定理 3.22 ([**52**]) $\mu = \mu_a$.

証明は省略するが，Milnor 数 μ は正規化したヤコビアン写像

$$J : S_\varepsilon^{n-1} \to S^{n-1}, \ \mathbf{z} \mapsto df(\mathbf{z})/\|df(\mathbf{z})\|,$$
$$df(\mathbf{z}) := \left(\frac{\partial f}{\partial z_1}, \dots, \frac{\partial f}{\partial z_n}\right)$$

の写像度と一致することを使った位相的な証明のほかに，Brieskorn ([12]) の de Rham コホモロジーを使った証明もある．

3.8.1 写像度の安定性

後で Morse 化の議論に使うために，写像度の安定性について述べよう．$\varphi : B_r \to \mathbb{C}^n$ が $\mathbf{0} \in \varphi^{-1}(\mathbf{0})$ を孤立点として持つ C^∞ 写像とする．十分小さな ρ をとり，$B_\rho \setminus \{\mathbf{0}\}$ で φ は零とならないとして，正規化した写像 $\varphi/|\varphi| : S_\rho^{2n-1} \to S^{2n-1}, \ \mathbf{z} \mapsto \varphi(\mathbf{z})/\|\varphi(\mathbf{z})\|$ に関する写像度を $\mu(\varphi;\mathbf{0})$ で表す．ρ に依らないことは自明であろう．いま $\varphi_t(\mathbf{z})$ を半径 r の円板上で定義された写像の族 $\varphi_t : B_r^{2n} \to \mathbb{C}^n, 0 \le t \le 1$ で

1. $\|\mathbf{z}\| = r$ なら $\varphi_t(\mathbf{z}) \neq (0, \ldots, 0)$, $0 \leq t \leq 1$.
2. $t = 0$ のとき $\varphi_0 = \varphi$.
3. $\varphi_1^{-1}(\mathbf{0}) \cap B_r = \{\mathbf{p}_1, \ldots, \mathbf{p}_s\}$.

このとき次の等式が成り立つ.

補題 3.23

$$\sum_{j=1}^{s} \mu(\varphi_1; \mathbf{p}_j) = \mu(\varphi; \mathbf{0}).$$

証明 まず正規化した写像の族 $\Phi_t = \varphi_t/\|\varphi_t\|$ を $S_r \to S_1$ に制限してホモトピーをつくれば $\mu(\varphi_0; \mathbf{0})$ は Φ_1 の S_r に制限した写像度と一致する. 次に各 $\mathbf{p}_j$ について十分小さい円板 $B_\varepsilon(\mathbf{p}_j)$ をとれば, $B_\varepsilon(\mathbf{p}_j) \cap B_\varepsilon(\mathbf{p}_k) = \emptyset$, $j \neq k$ で $B_\varepsilon(\mathbf{p}_j) \subset \mathrm{Int}(B_r)$ とできる. $X = B_r \setminus \cup_{j=1}^{s} \mathrm{Int}(B_\varepsilon(\mathbf{p}_j))$ とおくと, $\partial X = S_r - \cup_{j=1}^{s} S_\varepsilon(\mathbf{p}_j)$ である. 次に正規化した写像は $\Phi_1 : X \to S_1$ に拡張できるから, $H_{2n-1}(X)$ の中でホモロジー類 $[\partial B_r]$ は和 $\sum_{j=1}^{s}[\partial B_\varepsilon(\mathbf{p}_j)]$ と一致するから $\Phi_1|S_r$ の写像度は $\sum_{j=1}^{s} \mu(\varphi_1; \mathbf{p}_j)$ となる. 以上を合わせれば主張が得られる. $\square$

系 3.24 f_t, $0 \leq t \leq 1$ を B_r で定義された孤立特異点を持つ正則関数の族とし, f_0 は原点に唯一の臨界点を持ち, f_1 は $\{\mathbf{p}_1, \ldots, \mathbf{p}_s\} \subset \mathrm{Int}(B_r)$ に臨界点を持つとする. このとき $\mu(f_0; \mathbf{0}) = \sum_{j=1}^{s} \mu(f_1; \mathbf{p}_j)$. ここで $\mu(f; \mathbf{p})$ は f の $\mathbf{p}$ での Milnor 数である.

3.9　特性多項式とゼータ関数

Milnor 束 $\varphi : S_\varepsilon \setminus K_\varepsilon \to S^1$ に対して F を Milnor ファイバー, $h : F \to F$ を幾何的モノドロミーとする. すでに定義したようにモノドロミーのゼータ関数は $h_{*j} : H_j(F; \mathbb{Q}) \to H_j(F; \mathbb{Q})$ の特性多項式 $P_j(t)$ の交代積として定義される.

$$\zeta(t) = P_0(t)^{-1} P_1(t) \cdots P_{n-1}^{(-1)^n}(t). \tag{3.22}$$

46 第3章 Milnor ファイバー束

特に孤立特異点の場合は $P_{n-1}(t) = \Delta(t)$ と $P_0(t)$ のみ非自明で $P_0(t) = t - 1$, $\deg \Delta(t) = \mu$ だから次の等式が成立する.

$$\zeta(t) = (t-1)^{-1}\Delta(t)^{(-1)^n}, \quad \deg \zeta(t) = (-1)^n \mu - 1 = -\chi(F). \quad (3.23)$$

3.9.1 周期写像とゼータ関数

多様体 F 上の連続写像 $h : F \to F$ に対して Weil ゼータ関数は h^j の Lefschetz 数を χ_j とおいて

$$\zeta(t) = \exp \sum_{j=1}^{\infty} \chi_j \frac{t^j}{j} \quad (3.24)$$

で定義される ([52]). ここで連続写像 $g : F \to F$ の Lefschetz 数 $\chi(g)$ は $\chi(g) = \sum_{j=0}^{m}(-1)^j \mathrm{Tr}(g_j)$, ここで $g_j : H_j(F) \to H_j(F)$, $m = \dim F$ は g から引き起こされる準同型であることを思い出そう.

特に h が周期 p の写像のときは $\chi_j = \chi(F^{(j)})$ で与えられる. ここで $F^{(j)} := \{\mathbf{z} \in F \mid h^j(\mathbf{z}) = \mathbf{z}\}$ は $h^j := h \circ \cdots \circ h$ (j 回 h の合成) の固定点集合である. 整数 r_d を帰納的に次式

$$\chi_j = \sum_{d|j} d r_d \quad (3.25)$$

で定義すると, $\zeta(t)$ は次の有理関数で与えられる ([52]).

$$\zeta(t) = \prod_{d|j} (1 - t^d)^{-r_d} \quad (3.26)$$

さらにこれは (3.22) に一致する. $d > p$ なら $r_d = 0$ だし $\gcd(d, p) = 1$ なら $r_d = 0$ に注意する. 特に $h : F \to F$ が周期 p で, 自由な $\mathbb{Z}/p\mathbb{Z}$-作用のときは $\chi_{pk} = \chi(F)$, $\chi_j = 0$, $j \not\equiv 0 \bmod p$ だから次のように簡単になる.

$$\zeta(t) = (1 - t^p)^{-\chi(F)/p}. \quad (3.27)$$

3.10 擬斉次多項式

$a_1, \ldots, a_n, c$ を正の整数で $\gcd(a_1, \ldots, a_n) = 1$, $c \neq 0$ とする. 多項式 $f(z_1, \ldots, z_n) = \sum_\nu b_\nu \mathbf{z}^\nu$ (ここで $\nu = (\nu_1, \ldots, \nu_n)$, $\mathbf{z}^\nu = z_1^{\nu_1} \cdots z_n^{\nu_n}$) が **重さベクトル** (weight vector) $\mathbf{a} := (a_1, \ldots, a_n)$ で次数 c の**擬斉次多項式** (weighted homogeneous polynomial) とは次の条件を満たすときをいう.

$$b_\nu \neq 0 \implies \sum_{i=1}^n a_i \nu_i = c.$$

通常は $a_i \geq 0$ を満たす場合が多いが a_i を負の整数まで考えるときは**広義擬斉次多項式**ということにする. c は零でない整数と常に仮定している.

3.10.1 重さベクトルの正規化

$\tilde{a}_i := a_i/c$ とおき $\tilde{\mathbf{a}} := (\tilde{a}_1, \ldots, \tilde{a}_n) = (a_1/c, \ldots, a_n/c) \in \mathbb{Q}^n$ を正規化した**重さベクトル** (normalized weight vector) という.

次の等式が成り立つ:

$$b_\nu \neq 0 \text{ のとき} \quad \sum_{i=1}^n a_i \nu_i = c, \quad \text{言い換えると} \quad \sum_{i=1}^n \tilde{a}_i \nu_i = 1.$$

定義 3.25 擬斉次多項式 f に付随した $\mathbb{C}^*$-作用を次のように定義する.

$$t \circ \mathbf{z} = (t^{a_1} z_1, \ldots, t^{a_n} z_n)$$

このとき f は次の等式を満たす.

$$f(t \circ \mathbf{z}) = t^c f(\mathbf{z}) \tag{3.28}$$

上の式を変数 z_j で微分して

$$t^{a_j} \frac{\partial f}{\partial z_j}(t \circ \mathbf{z}) = t^c \frac{\partial f}{\partial z_j}(\mathbf{z})$$

を得る. すなわち

48 第3章 Milnor ファイバー束

命題 3.26 f が重さ $\mathbf{a} := (a_1, \ldots, a_n)$ で, 次数 c の擬斉次多項式なら $\frac{\partial f}{\partial z_j}$ は同じ重さ $\mathbf{a} := (a_1, \ldots, a_n)$ で次数 $c - a_j$ の擬斉次多項式である.

例 3.27 $a_1, \ldots, a_n$ を正の整数として多項式 $f(\mathbf{z}) = z_1^{a_1} + z_2^{a_2} + \cdots + z_n^{a_n}$ を Pham-Brieskorn 多項式という. $c = \mathrm{lcm}(a_1, \ldots, a_n)$ とすると, $f(\mathbf{z})$ は擬斉次多項式で重さは $(c/a_1, \ldots, c/a_n)$, 次数は c とできる. 正規化した重さベクトルは簡単に $\tilde{\mathbf{a}} = (1/a_1, \ldots, 1/a_n)$ で与えられる.

定義 3.28 有理関数 $R(t) = P(t)/Q(t)$ に対してそれぞれ

$$P(t) = a(t - \alpha_1)^{\nu_1} \cdots (t - \alpha_m)^{\nu_m}, \ Q(t) = b(t - \beta_1)^{\mu_1} \cdots (t - \beta_r)^{\mu_r},$$
$$a, b \neq 0$$

と因数分解されるとき, デバイザー $\mathrm{div}(R(t))$ を群環 $\mathbb{Z} \cdot \mathbb{C}^*$ の元として

$$\mathrm{div}(R(t)) = \sum_{k=1}^{m} \nu_k \cdot \alpha_k - \sum_{j=1}^{r} \mu_j \cdot \beta_j$$

と定義する. ここで $\mathbb{Z} \cdot \mathbb{C}^*$ は乗法群 $\mathbb{C}^*$ の群環である. 元 $\gamma \in \mathbb{Z} \cdot \mathbb{C}^*$ をとると

$$\gamma = \sum_{\text{有限和}} n_j \cdot \delta_j, \ n_j \in \mathbb{Z}, \ \delta_j \in \mathbb{C}^*$$

と書ける. 逆に $\omega \in \mathbb{Z} \cdot \mathbb{C}^*$ に対して, スカラー倍を除いて有理関数 $f(t) \in \mathbb{C}(t)$ で $\mathrm{div}(f) = \omega$ を満たすものが一意的に定まる.

計算上重要な元 Λ_n, E_n を定義する. $\omega_n := \exp(2\pi i/n)$ とおく.

$$\Lambda_n := \sum_{j=0}^{n-1} \omega_n^j, \quad E_n := \Lambda_n/n.$$

厳密には根と係数を区別して $\Lambda_n = \sum_{j=0}^{n-1} 1 \cdot \omega_n^j$ と書くべきであろうが, 上のように略記する. 次の公式はよく使われる.

$$\Lambda_a \Lambda_b = (a, b) \Lambda_{[a,b]}, \quad E_a E_b = E_{[a,b]}. \tag{3.29}$$

ここで $(a,b) := \gcd(a,b)$, $[a,b] := \mathrm{lcm}(a,b)$. $f(z_1,\dots,z_n)$ を広義擬斉次多項式とし,その重さを $(a_1,\dots,a_n)$,次数を c とする.正規化重さベクトルを

$$\tilde{\mathbf{a}} = (\tilde{a}_1,\dots,\tilde{a}_n),\ \tilde{a}_j = a_j/c = v_j/u_j(\text{既約}),\ w_j := \tilde{a}_j^{-1},\ j = 1,\dots,n$$

とおく.モノドロミーは

$$h : F \to F,\ h(\mathbf{z}) = \exp(2\pi i/c) \circ \mathbf{z}$$
$$= \left(z_1 \exp\left(2\pi i \frac{v_1}{u_1} \right),\dots, z_n \exp\left(2\pi i \frac{v_n}{u_n} \right) \right)$$

となる.このとき次が成立する.

定理 3.29

1. f は次の等式(Euler 等式)を満たす.

$$cf(\mathbf{z}) = \sum_{i=1}^{n} a_i z_i \frac{\partial f}{\partial z_i}.$$

特に多項式写像 $f : \mathbb{C}^n \to \mathbb{C}$ の臨界値は 0 のみ可能であって,

$$f : \mathbb{C}^n - f^{-1}(0) \to \mathbb{C}^* \tag{3.30}$$
$$f : \mathbb{C}^{*n} - f^{-1}(0) \to \mathbb{C}^* \tag{3.31}$$

は局所自明なファイバー束である.

2. さらに $a_1,\dots,a_n,\ c > 0$ とする.そのとき
   (a) 第 1Milnor 束 $f/|f| : S_\varepsilon \setminus K_\varepsilon \to S^1$ は任意の半径の球面 S_ε, $\varepsilon > 0$,で定義されて,上のファイバー束の S_δ^1, $\forall \delta > 0$ への制限 $f : f^{-1}(S_\delta^1) \to S_\delta^1$ と同値である.特に Milnor ファイバーは超曲面 $f^{-1}(1)$ と位相同型である.
   (b) 超曲面 $f^{-1}(0)$ は原点に強変位レトラクトである.

3. (Milnor-Orlik, [54]) さらに $a_1,\dots,a_n,\ c > 0$ で原点が孤立特異点なら,リンク $K_\varepsilon := f^{-1}(0) \cap S_\varepsilon$ は任意の $\varepsilon > 0$ で非特異であって,被約モノドロミー $h_* : \tilde{H}_{n-1}(F) \to \tilde{H}_{n-1}(F)$ の特性多項式 $\Delta(t)$ のデバイザー

は次で与えられる.

$$\operatorname{div}(\Delta(t)) = \left(\frac{1}{v_1}\Lambda_{u_1} - 1\right)\cdots\left(\frac{1}{v_n}\Lambda_{u_n} - 1\right) \tag{3.32}$$

ここで $1 = 1\cdot 1 \in \mathbb{Z}\cdot\mathbb{C}^*$. 特に Milnor 数は次のように重さから決まる.

$$\mu = \prod_{i=1}^{n}(c/a_i - 1) = \prod_{i=1}^{n}(w_i - 1) = \prod_{i=1}^{n}\left(\frac{u_i}{v_i} - 1\right).$$

定義 3.30 (3.30) を**大域ファイバー束**, (3.31) を**トーリック Milnor 束**という. Newton 非退化な特異点の計算にはトーリック Milnor 束がきわめて有用である.

証明 主張 1 は Euler 等式 $f(t^{a_1}z_1,\ldots,t^{a_n}z_n) = t^c f(\mathbf{z})$ を t で微分して $t = 1$ とおけば得られる. (3.30) が局所自明なファイバー束であることは $\mathbb{C}^*$ 作用を使って次のように証明できる. $U \subset \mathbb{C} - \{0\}$ を単連結な領域としその内点 η_0 を固定する. $F = f^{-1}(\eta_0)$ として U 上自明写像を

$$\psi : F \times U \to f^{-1}(U), \quad \psi(\mathbf{z}, \eta) = (\eta/\eta_0)^{1/c} \circ \mathbf{z}$$

と定義すればよい. 単連結の仮定から c 乗根は 1 を含む領域 $U/\eta_0 := \{\eta/\eta_0 \,|\, \eta \in U\}$ 上の 1 価関数として定まる. (3.31) は ψ が $\mathbb{C}^{*n}$ を保つことから従う.

主張 2-(a) の最初の主張は可換図式

$$
\begin{array}{ccc}
S_{\varepsilon_1} \setminus K_{\varepsilon_1} & \xrightarrow{\;f/|f|\;} & S^1 \\
{\scriptstyle\psi}\downarrow & & \downarrow{\scriptstyle\mathrm{id}} \\
S_{\varepsilon_2} \setminus K_{\varepsilon_2} & \xrightarrow[\;f/|f|\;]{} & S^1
\end{array}
\;, \quad \psi(\mathbf{z}) = s \circ \mathbf{z},\; \exists s > 0,\; \|s \circ \mathbf{z}\| = \varepsilon_2
$$

より従う. 後半も同様に $\psi : f^{-1}(S_\delta^1) \to S_\varepsilon \setminus K_\varepsilon$ を $\mathbf{z} \in f^{-1}(S_\delta^1)$ に対して一意的に定まる正数 $s = s(\mathbf{z})$, $\|s \circ \mathbf{z}\| = \varepsilon$ を使って $\psi(\mathbf{z}) = s \circ \mathbf{z}$ と定義すればよい.

主張 2-(b): ホモトピー $k_t : f^{-1}(0) \to f^{-1}(0)$ を $k_t(\mathbf{z}) = t \circ \mathbf{z}$, $0 \le t \le 1$ と定義すると, $k_1 = \mathrm{id}$ で k_0 は原点への縮約である. 重さがすべて正でな

いと原点への縮約とはならないことに注意する.

主張 3：命題 3.26 によって，$\mathbf{0} \neq \mathbf{z} \in f^{-1}(0)$ で $\frac{\partial f}{\partial z_j}(\mathbf{z}) \neq 0$ なら $\mathbf{z}$ の $\mathbb{C}^*$-軌道で $\frac{\partial f}{\partial z_j}$ は零でない．これより $f^{-1}(0) \backslash \{\mathbf{0}\}$ は非特異．$f^{-1}(0)$ と S_r $(0 < \forall r)$ の横断性を示す．もし $\mathbf{0} \neq \mathbf{z} \in f^{-1}(0)$ で球面と横断的でないとすれば複素数 $\lambda \in \mathbb{C}^*$ があって

$$\operatorname{grad} f(\mathbf{z}) = \lambda \mathbf{z} \quad \text{すなわち，} \frac{\partial f}{\partial z_j} = \bar{\lambda} \bar{z}_j, \ j = 1, \ldots, n$$

だが，Euler 等式より

$$cf(\mathbf{z}) = \sum_{i=1}^{n} a_i z_i \frac{\partial f}{\partial z_i} = \bar{\lambda} \sum_{i=1}^{n} a_i |z_i|^2 \neq 0$$

となり矛盾となる．最後の等式は $\sum_{i=1}^{n} a_i |z_i|^2 > 0$ から従う．

特性多項式のデバイザーの公式の証明は少し長いので後回しにする．Milnor 数に関しては $\mu(f; \mathbf{0})$ は正規化したヤコビアン写像：

$$J : S^{2n-1} \to S^{2n-1}, \quad \mathbf{z} \mapsto df(\mathbf{z}) / \|df(\mathbf{z})\|$$

の写像度に等しいがそれを

$$\psi : \mathbb{C}^n \to \mathbb{C}^n, \quad \mathbf{z} \mapsto (z_1^{a_1}, \ldots, z_n^{a_n})$$

でリフトして球面に制限すると

$$J \circ \psi : S^{2n-1} \to S^{2n-1}, \quad \mathbf{z} \mapsto df(z_1^{a_1}, \ldots, z_n^{a_n}) / \|df(z_1^{a_1}, \ldots, z_n^{a_n})\|$$

であるが $\frac{\partial f}{\partial z_j}(z_1^{a_1}, \ldots, z_n^{a_n})$ は命題 3.26 によって次数 $c - a_j$ の斉次多項式であるから，Bezout の定理を使うと

$$(c - a_1)(c - a_2) \cdots (c - a_n) = \text{写像度} (J \circ \psi) = a_1 \cdots a_n \times \text{写像度} (J)$$

だから，主張はすぐに従う．Bezout の定理に関しては例えば，[26] の 172 ページを参照せよ． □

3.10.2 (3.32) の略証

証明は [54] に従うが少し説明を追加した．正規化した重さを $\mathbf{w} = (w_1, \ldots, w_n)$, $w_i = a_i/c = v_i/u_i$（既約有理数）とおく．Milnor 束のモノドロミーは（重さベクトルから定義される）$\mathbb{C}^*$-作用を使って $h : F \to F$ で

$$h(\mathbf{z}) = \exp(2\pi i/c) \circ \mathbf{z} = (\exp(2\pi i v_1/u_1)z_1, \ldots, \exp(2\pi i v_n/u_n)z_n)$$

として定義される．h は周期写像で $h^c = \mathrm{id}$ である．h^m の固定点集合は

$$F(h^m) = \mathbb{C}^J \cap F, \quad J = \{j \mid m \equiv 0 \bmod u_j\}.$$

主張 3.31 $f|\mathbb{C}^J$ は孤立特異点を持つ.

証明 この主張は自明ではないが [54] には証明がない．まず $f|\mathbb{C}^J \not\equiv 0$ を示そう．簡単のため $J = \{1, \ldots, s\}$ とする．$f|\mathbb{C}^J \equiv 0$ なら $f(\mathbf{z})$ は $\{z_j \mid j \in J\}$ のみの単項式を含まない．これを仮定して矛盾を示そう．孤立特異点の仮定より，$\exists j_1, \ldots, \exists j_s \in J$, $\exists k \notin J$ なる単項式 $M := z_{j_1}^{\nu_1} \cdots z_{j_s}^{\nu_s} z_k$ を持たねばならない．このとき正規化ベクトルを使うと

$$w_k = \frac{v_k}{u_k} = 1 - \sum_{i=1}^{s} \nu_i \frac{v_i}{u_i} = \frac{v_k'}{[u_1, \ldots, u_s]}$$

となり $u_k | [u_1, \ldots, u_s]$ でなくてはならない．ここで $[u_1, \ldots, u_s]$ は最小公倍数を表す．一方 $m \equiv 0 \bmod u_i$, $1 \le i \le s$ であるから $m \equiv 0 \bmod [u_1, \ldots, u_s]$. したがって $m \equiv 0 \bmod u_k$ となり $k \notin J$ に仮定に反する．したがって $f|\mathbb{C}^J \not\equiv 0$ が示された．しかるに $\mathbf{z} \in \mathbb{C}^J$ に対し，$f(h^m(\mathbf{z})) = f(\exp(2\pi i/c) \circ \mathbf{z}) = f(\mathbf{z})$ であるから，$\mathbf{z}_0 \in V \cap \mathbb{C}^{*J}$ をとると接平面 $T_{\mathbf{z}_0}V$ は $\mathrm{grad}\, f(\mathbf{z}_0)^\perp$ と記述される．一方 $\mathbb{C}^J \not\subset T_{\mathbf{z}_0}V$ なので $\mathrm{grad}\, f^J(\mathbf{z}_0) \ne \mathbf{0}$. ここで $f^J := f|\mathbb{C}^J \not\equiv 0$ が必要である．これより主張は従う． □

$\mathbf{w} = (w_1, \ldots, w_n) \in \mathbb{Q}^n$, $w_i = v_i/u_i$, $i \le n$（既約分数）に対し正の有理数 $\chi_j(\mathbf{w})$, $j = 1, 2, \ldots$ を

$$1 - \chi_m(\mathbf{w}) = \prod \{1 - w_i \mid m \equiv 0 \bmod u_i\} \tag{3.33}$$

で定義する．右辺は空集合なら $\chi_m = 0$ と理解する．もし $\mathbf{w}$ が孤立特異点を持つ擬斉次多項式の正規化した重さのときは帰納法の仮定を f^J に使って $\chi_m = \chi(F(h^m))$ に注意する．さらに整数の数列 $s_m(\mathbf{w})$ を次の帰納式

$$\chi_m(\mathbf{w}) = \sum_{j|m} s_j(\mathbf{w}) \tag{3.34}$$

で定義する．(3.25, 3.26) によって，f, F を上のように孤立特異点を持つ擬斉次多項式とすると

命題 3.32 特性多項式 $\Delta(t)$ のデバイザーは (3.26) より

$$\mathrm{div}(\Delta) = (-1)^n \left(1 - \sum_{j=1}^c s_j E_j \right) \tag{3.35}$$

s_m は (3.25) の記号で mr_m である．

証明 (3.32) の証明にとりかかる．

Step1. $\forall \mathbf{w} \in \mathbb{Q}^n$ に対し χ_m, $m \geq 1$ を (3.33) で定義し，s_j を (3.34) で帰納的に定義する．$\delta(w_1, \dots, w_n) \in \mathbb{Q} \cdot \mathbb{C}^*$ を (3.35) を使って次の式で定義する：

$$\delta(\mathbf{w}) := (-1)^n \left(1 - \sum_{j=1}^c s_j(\mathbf{w}) E_j \right).$$

任意の分割 $\{1, \dots, k\} \cup \{k+1, \dots, n\} = \{1, \dots, n\}$ に対して，$\mathbf{w} = (w_1, \dots, w_k)$, $\mathbf{w}' = (w_{k+1}, \dots, w_n)$, $\mathbf{w}'' = (w_1, \dots, w_n)$ としてそれらに対応する有理数たちを，$\chi_j = \chi_j(\mathbf{w})$, $\chi_j' = \chi(\mathbf{w}')$, $\chi_j'' = \chi_j(\mathbf{w}'')$, $s_j = s_j(\mathbf{w})$, $s_j' = s_j(\mathbf{w}')$, $s_j'' = s_j(\mathbf{w}'')$ で定義すると明らかに

$$(1 - \chi_j'') = (1 - \chi_j)(1 - \chi_j')$$

言い換えれば

54 第3章 Milnor ファイバー束

$$\chi_j'' = \chi_j + \chi_j' - \chi_j \chi_j'$$

が成り立つ. これから任意の整数 $m > 0$ に対し

$$\sum_{j|m} s_j'' = \sum_{j|m} s_j + \sum_{j|m} s_j' - \sum_{a|m}\sum_{b|m} s_a s_b'$$

が成立. これを使って m についての帰納法で

$$s_m'' = s_m + s_m' - \sum_{[a,b]=m} s_a s_b'$$

が従う. これと等式 $E_a E_b = E_{[a,b]}$ を使って, 公式

$$1 - \sum_m s_m'' E_m = \Big(1 - \sum_a s_a E_a\Big)\Big(1 - \sum_b s_b' E_b\Big)$$

$$\delta(w_1,\ldots,w_k)\delta(w_{k+1},\ldots,w_m) = \delta(w_1,\ldots,w_m).$$

を得る. 2番の式は1番目の式を書き直したものである. $m = 1$ のとき明らかに $\delta(w_j) = (w_j E_{u_j} - 1)$ で成り立っているので $\delta(w_j) = (w_j E_{u_j} - 1)$ を代入して公式 (3.32) を得る. $\qquad\square$

例 3.33 $f(\mathbf{z}) = z_1^{a_1} + \cdots + z_n^{a_n}$ とすると, 正規化重さベクトルは $\tilde{\mathbf{a}} = (1/a_1,\ldots,1/a_n)$ だから

$$\mu = \prod_{i=1}^n (a_i - 1), \quad \operatorname{div}\Delta = \prod_{i=1}^n (\Lambda_{a_i} - 1).$$

次章のジョイン定理も参照せよ.

例 3.34 $f(\mathbf{z}) = z_1^{a_1} z_2 + z_2^{a_2} z_3 + z_3^{a_3} z_1$ とすると,

$$\tilde{a}_1 = \frac{1 - a_3 + a_2 a_3}{1 + a_1 a_2 a_3}, \quad \tilde{a}_2 = \frac{1 - a_1 + a_1 a_3}{1 + a_1 a_2 a_3}, \quad \tilde{a}_3 = \frac{1 - a_2 + a_2 a_1}{1 + a_1 a_2 a_3}$$

(既約表示とは限らない) かつ $\mu = a_1 a_2 a_3$ だが特性多項式の計算は少し面倒. 例えば $a_1 = a_2 = a_3 = 2$ なら $\mu - 8$, $\operatorname{div}\Delta = (\Lambda_3 - 1)^3 = 3\Lambda_3 - 1$ で $\Delta(t) = (t^3 - 1)^3/(t - 1)$. $a_1 = 3$, $a_2 = a_3 = 2$ なら $\mu = 12$ で $\operatorname{div}\Delta =$

$(\frac{1}{3}\Lambda_{13} - 1)(\frac{1}{4}\Lambda_{13} - 1)(\frac{1}{5}\Lambda_{13} - 1) = \Lambda_{13} - 1$ で $\Delta(t) = (t^{13} - 1)/(t - 1)$.

3.11　ジョイン定理

$f_1(\mathbf{z})$ を変数 $\mathbf{z} = (z_1, \ldots, z_n)$ の原点の近傍で定義された解析関数，$f_2(\mathbf{w})$ を変数 $\mathbf{w} = (w_1, \ldots, w_m)$ の原点の近傍で定義された解析関数とする．$n + m$ 変数の解析関数 $f(\mathbf{z}, \mathbf{w}) = f_1(\mathbf{z}) + f_2(\mathbf{w})$ を $\mathbb{C}^{n+m}$ の原点の近傍で定義されたものと考える．f_1, f_2, f の Milnor ファイバーをそれぞれ F_1, F_2, F とし，モノドロミー写像をそれぞれ h_1, h_2, h とする．このとき次が成り立つ．

定理 3.35 ([95, 59, 94, 70])　F は F_1 と F_2 の結 $F_1 * F_2$ にホモトピックでこの同一視で h は $h_1 * h_2$ となる．特に f_1, f_2 が孤立特異点を持つときは f も孤立特異点を持ち，特性多項式 $\Delta(t)$ は f_1, f_2 の特性多項式 $\Delta_1(t)$, $\Delta_2(t)$ からデバイザーを使って次のように記述される．

$$\mathrm{div}(\Delta(t)) = \mathrm{div}(\tilde{\Delta}_1(t)) \, \mathrm{div}(\tilde{\Delta}_2(t)).$$

この定理は孤立特異点を持つ解析関数のとき，Sebastiani-Thom がホモロジーのレベルでこの定理を証明した ([95])．$f_1(\mathbf{z})$, $f_2(\mathbf{w})$ が擬斉次多項式のとき，特異点の次元に関係なく筆者がホモトピーのレベルで次の形で示し ([59])，さらに擬斉次多項式と限らない一般の場合，坂本が拡張した ([94])．ここでは擬斉次多項式のときを示そう．

定理 3.36（ジョイン定理 [59]）　f_1, f_2 を擬斉次多項式とし，その Milnor ファイバーを F_1, F_2．また重さベクトルと次数をそれぞれ $\mathbf{a} = (a_1, \ldots, a_n)$, $\mathbf{b} = (b_1, \ldots, b_m)$, d_1, d_2 とする．そのとき f は擬斉次多項式で，$d = \mathrm{lcm}(d_1, d_2)$, $r = d/d_1$, $s = d/d_2$ とおくと重さベクトル $(a_1 r, \ldots, a_n r, b_1 s, \ldots, b_m s)$（正規化重さベクトルは $(a_1/d_1, \ldots, a_n/d_1, b_1/d_2, \ldots, b_m/d_2)$），Milnor ファイバー F は $F_1 * F_2$ とホモトピックで，モノドロミーは $h_1 * h_2$ と同一視できる．

略証　大域的 Milnor 束を使って示す．

56 第3章 Milnor ファイバー束

$$F = \{(\mathbf{z}, \mathbf{w}) \in \mathbb{C}^{n+m} \mid f_1(\mathbf{z}) + f_2(\mathbf{w}) = 1\}$$
$$F_1 = \{\mathbf{z} \in \mathbb{C}^n \mid f_1(\mathbf{z}) = 1\}$$
$$F_2 = \{\mathbf{w} \in \mathbb{C}^m \mid f_2(\mathbf{w}) = 1\}.$$

f_1, f_2, f に付随する $\mathbb{C}^*$-作用はそれぞれ次のように与えられる.

$$t \circ_1 \mathbf{z} = (t^{a_1} z_1, \ldots, t^{a_n} z_n), \quad t \circ_2 \mathbf{w} = (t^{b_1} w_1, \ldots, t^{b_m} w_m),$$
$$t \circ (\mathbf{z}, \mathbf{w}) = (t^{a_1 r} z_1, \ldots, t^{a_n r} z_n, t^{b_1 s} w_1, \ldots, t^{b_m s} w_m) = (t^r \circ_1 \mathbf{z}, t^s \circ_2 \mathbf{w})$$

f_1, f_2, f の各モノドロミー h_1, h_2, h は

$$h_1(\mathbf{z}) = e^{2\pi i/d_1} \circ_1 \mathbf{z}, \quad h_2(\mathbf{w}) = e^{2\pi i/d_2} \circ_2 \mathbf{w}$$
$$h(\mathbf{z}, \mathbf{w}) = e^{2\pi i/d} \circ (\mathbf{z}, \mathbf{w}) = (h_1(\mathbf{z}), h_2(\mathbf{w})).$$

に注意しよう. まず大事な補助空間 $\tilde{F}$ を定義しよう. まず $F_1 \times f_2^{-1}(0)$, $f_1^{-1}(0) \times F_2 \subset F$ に注意する. $\tilde{F}$ は集合としては次の同値関係による商集合とする. $\tilde{F} = F/\sim$,

$$(\mathbf{z}, \mathbf{w}) \sim (\mathbf{z}', \mathbf{w}') \iff \begin{cases} \mathbf{z} = \mathbf{z}', \ \mathbf{w} = \mathbf{w}', & f_1(\mathbf{z}) \neq 0, 1 \text{ のとき} \\ \mathbf{z} = \mathbf{z}', & f_2(\mathbf{w}) = f_2(\mathbf{w}') = 0 \text{ のとき} \\ \mathbf{w} = \mathbf{w}', & f_1(\mathbf{z}) = f_1(\mathbf{z}') = 0 \text{ のとき}. \end{cases}$$

点 $(\mathbf{z}, \mathbf{w})$ の同値類を $[\mathbf{z}, \mathbf{w}]$ で表す. $f_1(\mathbf{z}) = 0$ または $f_2(\mathbf{w}) = 0$ のときはそれぞれ $[*, \mathbf{w}]$, $[\mathbf{z}, *]$ で表す. 射影を考えて

$$\pi_1 : \tilde{F} \setminus \{f_1(\mathbf{z}) = 0\} \to \mathbb{C}^n \setminus f_1^{-1}(0), \ [\mathbf{z}, \mathbf{w}] \mapsto \mathbf{z}$$
$$\pi_2 : \tilde{F} \setminus \{f_2(\mathbf{w}) = 0\} \to \mathbb{C}^m \setminus f_2^{-1}(0), \ [\mathbf{z}, \mathbf{w}] \mapsto \mathbf{w}$$

$\tilde{F}$ に π_1, π_2 が連続になる最弱位相を入れる. F のモノドロミーは同値関係を保っている.

補題 3.37 ([59])　自然な同値写像 $\pi : F \to \tilde{F}$ はホモトピー同値である.

証明　簡便のため $U := \mathbb{C} \setminus \{\eta \in \mathbb{R} \mid \eta \leq 0\}$ に対し偏角を $(-\pi, \pi)$ で選ぶことにして $\eta \in U$ に対し, 1価複素数値関数を

3.11 ジョイン定理 **57**

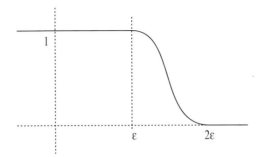

図 **3.1** 関数 $\rho(t)$

$$\xi(\eta) := \eta^{1/d}, \quad \xi_1(\eta) := \eta^{1/d_1} = \xi(\eta)^r, \quad \xi_2(\eta) := \eta^{1/d_2} = \xi(\eta)^s$$

で定義する．次に十分小さな ε をとって固定する．C^∞ 級補助関数 $\rho(t)$ を次のようにとる．$\rho(t)$ は $\varepsilon \leq t \leq 2\varepsilon$ で単調減少で

$$\rho(t) \equiv 1,\ t \leq \varepsilon, \quad \rho(t) \equiv 0,\ t \geq 2\varepsilon$$

を満たす．図 3.1 を見よ．2 つの部分空間を定義する．

$$N_1 := \{(\mathbf{z}, \mathbf{w}) \in F \mid |f_1(\mathbf{z})| \leq 2\varepsilon\}$$
$$N_2 := \{(\mathbf{z}, \mathbf{w}) \in F \mid |f_2(\mathbf{w})| \leq 2\varepsilon\}.$$

F のホモトピー $H: F \times [0,1] \to F$ を次のように定義する．

- $(\mathbf{z}, \mathbf{w}) \in N_2$ なら，$H_t(\mathbf{z}, \mathbf{w}) = (\mathbf{z}(t), \mathbf{w}(t))$ と書くと
$$\mathbf{w}(t) = \xi_2(1 - t\rho(|f_2(\mathbf{w})|)) \circ_2 \mathbf{w}$$
$$\mathbf{z}(t) = \xi_1(1 - f_2(\mathbf{w}(t)) \circ_1 \mathbf{z}.$$

$f_1(\mathbf{z}(t)) + f_2(\mathbf{w}(t)) = 1$ なることは次式から従う．

$$f_2(\mathbf{w}(t)) = (1 - t\rho(|f(\mathbf{w})|))f_2(\mathbf{w}), \quad f_1(\mathbf{z}(t)) = t\rho(|f_2(\mathbf{w})|)f_1(\mathbf{z}).$$

- $(\mathbf{z}, \mathbf{w}) \in N_1$ なら，$H_t(\mathbf{z}, \mathbf{w}) = (\mathbf{z}(t), \mathbf{w}(t))$

58 第3章 Milnor ファイバー束

$$\mathbf{z}(t) = \xi_1(1 - t\rho(|f_1(\mathbf{z})|)) \circ_1 \mathbf{z}$$

$$\mathbf{w}(t) = \xi_2(1 - f_1(\mathbf{z}(t)) \circ_2 \mathbf{w}.$$

- $(\mathbf{z}, \mathbf{w}) \in F \setminus (N_1 \cup N_2)$ なら $H_t(\mathbf{z}, \mathbf{w}) \equiv (\mathbf{z}, \mathbf{w})$.

H は次の性質を持っていることに注意する.

$$H_1(\mathbf{z}, \mathbf{w}) = \begin{cases} (\mathbf{0}, \mathbf{w}), & (\mathbf{z}, \mathbf{w}) \in f_1^{-1}(0) \times F_2 \\ (\mathbf{z}, \mathbf{0}), & (\mathbf{z}, \mathbf{w}) \in F_1 \times f_2^{-1}(0). \end{cases}$$

このホモトピーを使って $\tilde{H}_1 : \tilde{F} \to F$ が自然に連続写像として定義される. また $\tilde{H}_1 \circ \pi \simeq \mathrm{id}_F$ でそのホモトピーは H そのもので, また H は自然に $\tilde{F}$ のホモトピー

$$\tilde{H} : \tilde{F} \times [0,1] \to \tilde{F}$$

を引き起こす. $\tilde{H}([\mathbf{z}, \mathbf{w}], t) := [\mathbf{z}(t), \mathbf{w}(t)]$ で定義すればよい. $\tilde{F}$ の位相の入れ方から $\tilde{H}$ は連続写像となり, $\pi \circ \tilde{H}_1 \simeq \mathrm{id}_{\tilde{F}}$ を与える. □

$\tilde{F}$ の次の部分空間 F', F'' を考える.

$$F' := \{[\mathbf{z}, \mathbf{w}] \in \tilde{F} \mid f_1(\mathbf{z}),\ f_2(\mathbf{w}) \in \mathbb{R}\}$$

$$F'' := \{[\mathbf{z}, \mathbf{w}] \in \tilde{F} \mid 0 \le f_1(\mathbf{z}),\ f_2(\mathbf{w}) \le 1\}$$

F', F'' がモノドロミーで不変なことは自明である. さらに次の主張もいえる.

主張 3.38 F' は $\tilde{F}$ の強変位レトラクトである.

証明 強変位レトラクト $R_t : \tilde{F} \to \tilde{F}$ を (3.36), (3.37) を使って

$$R_t[\mathbf{z}, \mathbf{w}] = [\mathbf{z}(t), \mathbf{w}(t)]$$

で定義する. ここで $\mathbf{z}(t)$, $\mathbf{w}(t)$ は次のように決まる.

$f_1(\mathbf{z}) \ne 0, 1$ なら

$$r_t := \Re f_1(\mathbf{z}) + i(1-t)\Im f_1(\mathbf{z}) = f_1(\mathbf{z}) - it\Im f_1(\mathbf{z})$$

$$s_t := \Re f_2(\mathbf{w}) + i(1-t)\Im f_2(\mathbf{w}) = f_2(\mathbf{w}) - it\Im f_2(\mathbf{w})$$

とおくと，$r_t/f_1(\mathbf{z})$, $s_t/f_2(\mathbf{w}) \in U$ だから

$$\mathbf{z}(t) = \xi_1\left(\frac{r_t}{f_1(\mathbf{z})}\right) \circ_1 \mathbf{z} \tag{3.36}$$

$$\mathbf{w}(t) = \xi_2\left(\frac{s_t}{f_2(\mathbf{w})}\right) \circ_2 \mathbf{w} \tag{3.37}$$

と定義する．$f_1(\mathbf{z}) = 0$ or $f_1(\mathbf{z}) = 1$ なら $[\mathbf{z}(t), \mathbf{w}(t)] = [\mathbf{z}, \mathbf{w}]$ と定義する．このとき

$$f_1(\mathbf{z}(t)) = \Re f_1(\mathbf{z}) + i(1-t)\Im f_1(\mathbf{z}),$$

$$f_2(\mathbf{w}(t)) = \Re f_2(\mathbf{w}) + i(1-t)\Im f_2(\mathbf{w})$$

なので次式はすぐ従う．

$$f(\mathbf{w}(t), \mathbf{w}(t)) = (\Re f_1(\mathbf{z}) + i(1-t)\Im f_1(\mathbf{z})) + (\Re f_2(\mathbf{w}) + i(1-t)\Im f_2(\mathbf{w}))$$

$$= \Re(f_1(\mathbf{z}) + f_2(\mathbf{w})) + i(1-t)\Im(f_1(\mathbf{z}) + f_2(\mathbf{w})) \equiv 1.$$

$\tilde{F}$ の位相の入れ方からこの変位レトラクトは連続である．

主張 3.39 F' は F'' に強変位レトラクトする．

証明 ホモトピー $[\mathbf{z}(t), \mathbf{w}(t)]$ を

1. $f_1(\mathbf{z}) < 0$ なら，

$$\mathbf{z}(t) = \xi_1(1-t) \circ_1 \mathbf{z},$$

$$\mathbf{w}(t) = \xi_2\left(\frac{1 - f_1(\mathbf{z}(t))}{f_2(\mathbf{w})}\right) \circ_2 \mathbf{w}$$

2. $f_2(\mathbf{w}) < 0$ なら，

60 第3章 Milnor ファイバー束

$$\mathbf{w}(t) = \xi_2(1-t) \circ_2 \mathbf{w},$$
$$\mathbf{z}(t) = \xi_1\left(\frac{1 - f_2(\mathbf{w}(t))}{f_1(\mathbf{z})}\right) \circ_1 \mathbf{z}$$

3. それ以外なら，$\mathbf{z}(t) = \mathbf{z}$, $\mathbf{w}(t) = \mathbf{w}$

と定義すればよい．

主張 3.40 F'' と $F_1 * F_2$ は位相同型である．

証明 写像 $\psi : F_1 * F_2 \to F''$ を

$$\psi([\mathbf{z}, \mathbf{w}, t]) = \begin{cases} [\xi_1(t) \circ_1 \mathbf{z}, \xi_2(1-t) \circ_2 \mathbf{w}], & 0 < t < 1 \\ [*, \mathbf{w}], & t = 0 \\ [\mathbf{z}, *], & t = 1 \end{cases}$$

と定義すれば位相同型となる．逆写像 $\Phi : F'' \to F_1 * F_2$ は次で定義される．

$$\Phi([\mathbf{z}, \mathbf{w}]) = \begin{cases} \left[\xi_1\left(\dfrac{1}{f_1(\mathbf{z})}\right) \circ_1 \mathbf{z}, \xi_2\left(\dfrac{1}{f_2(\mathbf{w})}\right) \circ_2 \mathbf{w}, f_1(\mathbf{z})\right], & 0 < f_1(\mathbf{z}) < 1 \\ [*, \mathbf{w}, 0], & f_1(\mathbf{z}) = 0 \\ [\mathbf{z}, *, 1], & f_1(\mathbf{z}) = 1. \end{cases}$$

ここで $F_1 * F_2$ の元は $[\mathbf{z}, \mathbf{w}, t]$ で表している． □

応用として Pham-Brieskorn の定理を示そう．

定理 3.41 (Pham, Brieskorn [89, 11]) $f(\mathbf{z}) = z_1^{a_1} + \cdots + z_n^{a_n}$, $a_i \geq 2$
を考える．このとき，Milnor ファイバーは $\Omega_{a_1} * \cdots * \Omega_{a_n}$ にホモトピック
で Milnor 数は $\mu = (a_1 - 1)(a_2 - 1) \cdots (a_n - 1)$，特性多項式は

$$\mathrm{div}(\Delta(t)) = (\Lambda_{a_1} - 1)(\Lambda_{a_2} - 1) \cdots (\Lambda_{a_n} - 1).$$

ここで $\Omega_a = \{\xi \in \mathbb{C} \mid \xi^a = 1\}$，$1$ は $\mathbb{Z}\mathbb{C}^*$ の単位元．

証明 $n = 1$ のときは Milnor ファイバーは

$$\Omega_{a_1} = \{\xi \in \mathbb{C} \mid \xi^{a_1} = 1\} = \{\zeta_{a_1}^j \mid j = 0, \dots, a_1 - 1\}, \ \zeta_{a_1} := \exp(2\pi i/a_1),$$

でモノドロミーは $\zeta_{a_1}^j \mapsto \zeta_{a_1}^{j+1}$ （巡回置換）．したがって $h_* : \tilde{H}_0(\Omega_{a_1}) \to \tilde{H}_0(\Omega_{a_1})$ の特性多項式は $(t^{a_1} - 1)/(t - 1)$，デバイザーは $\Lambda_{a_1} - 1$．$f_1 = z_1^{a_1}$，$f_2 = z_2^{a_2} + \cdots + z_n^{a_n}$ とおき，対応するモノドロミーを h_1, h_2, $\psi : F \simeq F_1 * F_2$ とおく．主張は帰納法の仮定と次の可換図式から従う．

$$
\begin{array}{ccc}
\tilde{H}_{n-1}(F) & \xrightarrow{\ \ h_* \ \ } & \tilde{H}_{n-1}(F) \\
{\scriptstyle \psi_*} \downarrow & & \downarrow {\scriptstyle \psi_*} \\
\tilde{H}_0(F_1) \otimes \tilde{H}_{n-2}(F_2) & \xrightarrow{\ h_{1_*} \otimes h_{2_*} \ } & \tilde{H}_0(F_1) \otimes \tilde{H}_{n-2}(F_2)
\end{array}
$$

$\square$

例 3.42　Pham-Brieskorn 多項式 $f(\mathbf{z}) = z_1^{a_1} + z_2^{a_2} + \cdots + z_n^{a_n}$, $a_i \geq 2$ を考える．K_f を対応するリンク多様体とする．f に次のようにグラフ Γ_f を対応させる．頂点 $v_1, \dots, v_n$．辺：$\gcd(a_i, a_j) \geq 2$ のとき v_i, v_j を辺で結ぶ．Γ_f の連結成分 Γ_1 が **2-成分**とは $\forall v_i, v_j \in \Gamma_1$ に対し $\gcd(a_i, a_j) = 2$ となるときをいう．

定理 3.43　1. ([11]) K_f がホモロジー球面である必要十分条件は
- Γ_f が 2 個以上の孤立頂点を持つか，あるいは
- 1 個の孤立頂点と奇数個の頂点を持つ 2-成分を持つ．

2. ([16], 定理 3.5,[70]) K_f が $\mathbb{Q}$-ホモロジー球面である必要十分条件は
- Γ_f が 1 個以上の孤立頂点を持つか，または
- 奇数個の頂点を持つ 2-成分を持つ．

証明　系 3.20 より，モノドロミーの特性多項式を $\Delta(t)$ とすると K_f がホモロジー球面，有理ホモロジー球面になる条件はそれぞれ $\Delta(1) = \pm 1$, $\Delta(1) \neq 0$ で与えられることを使う．$\Delta = \sum_{\alpha \in \mathbb{C}^*} b_\alpha \alpha \in \mathbb{Z} \cdot \mathbb{C}^*$ のとき，1 の係数 b_1 を $\rho(\Delta)$ で表す．$b_\alpha \geq 0$, $\forall \alpha$ のとき，$\Delta \geq 0$ と書き，非負デバイザーという．

命題 3.44　1. $\rho(\sum_{j=1}^k c_j \Lambda_{s_j}) = \sum_{j=1}^k c_j$.

62 第3章 Milnor ファイバー束

2. $\Delta = \sum_{j=1}^{\nu} c_j \Lambda_{s_j}, \Xi = \sum_{k=1}^{\mu} d_k \Lambda_{t_k}$ ですべての j, k に関して s_j, t_k が互いに素のとき

$$\Delta\Xi = \sum_{j,k} c_j d_k \Lambda_{s_j t_k}, \quad \rho(\Delta\Xi) = \rho(\Delta)\rho(\Xi).$$

3. $h = \sum_{i=1}^{m} z_i^{a_i}$ のグラフが連結で 2-成分でなく $m \geq 2$ とする. h の特性多項式のデバイザーを Δ とすると $\Delta \geq 0$ で $\rho(\Delta) > 0$.

証明 最後の主張は自明でないが, 証明が少し複雑なので [70], 45 ページの命題に譲る. ∎

場合 1. a_n が孤立頂点とする. $z_1^{a_1} + \cdots + z_{n-1}^{a_{n-1}}$ の特性多項式のデバイザーを $\sum_i c_i \Lambda_{s_i}$ と書くと $\gcd(a_n, s_i) = 1$ だから f の特性多項式のデバイザーを Δ とすると

$$\Delta = \left(\sum_i c_i \Lambda_{s_i}\right)(\Lambda_{a_n} - 1) = \sum_i c_i(\Lambda_{s_i a_n} - \Lambda_{s_i}).$$

すなわち特性多項式に翻訳すると

$$\Delta(t) = \prod_i \left(\frac{1 - t^{s_i a_n}}{1 - t^{s_i}}\right)^{c_i}$$

$$\Delta(1) = \prod_i \left(\frac{s_i a_n}{s_i}\right)^{c_i} = a_n^{\sum_i c_i} \neq 0.$$

となり有理ホモロジー球面となる. さらにもし a_{n-1}, a_n が孤立頂点ならば, 同様に $z_1^{a_1} + \cdots + z_{n-2}^{a_{n-2}}$ の特性多項式のデバイザーを $\sum_i c_i \Lambda_{s_i}$ と書くと $\gcd(a_n, s_i) = \gcd(a_{n-1}, s_i) = \gcd(a_{n-1}, a_n) = 1$ だから f の特性多項式のデバイザーを Δ とすると

$$\Delta = \left(\sum_i c_i \Lambda_{s_i}\right)(\Lambda_{a_{n-1}} - 1)(\Lambda_{a_n} - 1)$$

$$= \left(\sum_i c_i \Lambda_{s_i}\right)(\Lambda_{a_{n-1}a_n} - \Lambda_{a_{n-1}} - \Lambda_{a_n} + 1)$$

$$= \sum_i c_i(\Lambda_{s_i a_{n-1} a_n} - \Lambda_{s_i a_{n-1}} - \Lambda_{s_i a_n} + \Lambda_{s_i})$$

$$\Delta(1) = \prod_i \frac{(s_i a_{n-1} a_n s_i)^{c_i}}{(s_i a_{n-1})^{c_i}(s_i a_n)^{c_i}} = 1.$$

となりホモロジー球面となる.

必要条件であることを見よう. Γ_f が孤立頂点を持たず, 2-成分も持たないとしよう. $\Gamma_f = \Gamma_1 + \cdots + \Gamma_k$ と連結成分に分けて対応する f の和を $f_{\Gamma_1} + \cdots + f_{\Gamma_k}$ と書く. 主張は命題 3.44 から得られる等式 $\rho(\Gamma_f) = \rho(\Gamma_1)\cdots\rho(\Gamma_k)$ から従う. 次の等式を随時使った.

$$\lim_{t \to 1} \frac{1 - t^a}{1 - t} = a$$

$$\lim_{t \to 1}\prod_j (1 - t^{b_j})^{\beta_j} \neq 0 \iff \sum_j \beta_j = 0$$

$$\sum_j \beta_j = 0 \implies \lim_{t \to 1}\prod_j (1 - t^{b_j})^{\beta_j} = \prod_j b_j^{\beta_j}.$$

場合 2. 2-成分の頂点が奇数個である場合を考える. 奇数冪の部分和を g とし $J = \{j | a_j \equiv 0 \bmod 2\}$ とする. $a_j = 2a_j'$ と書く. $f = g + \sum_{j \in J} z_j^{2a_j'}$ と書ける. g の特性多項式のデバイザーを $\sum_i c_i \Lambda_{s_i}$ と書く. $|J| = \ell$ とおいて, $f_J := \sum_{j \in J} z_j^{2a_j'}$ の特性多項式のデバイザーを

$$\delta := \prod_{j \in J}(\Lambda_{2a_j'} - 1) = \sum_{\emptyset \neq K \subset J} (-1)^{\ell - |K|} 2^{|K| - 1}\Lambda_{b_K} + (-1)^{\ell}, \quad b_K := 2\prod_{j \in K} a_j'$$

とおく. 対応する多項式は

$$\Delta_J := (1 - t)^{(-1)^{\ell}} \prod_{\emptyset \neq K \subset J} (1 - t^{b_K})^{(-1)^{\ell - |K|} 2^{|K| - 1}}$$

でこの多項式の $(1 - t)$ の重複度 $\rho(\Delta)$ は

$$\rho(\Delta) = \frac{\sum_{\emptyset \neq K \subset J}(-1)^{\ell-|K|}2^{|K|}}{2} + (-1)^\ell$$
$$= \frac{(2-1)^\ell + (-1)^\ell}{2}$$
$$\rho(\Delta) = 0 \iff \ell : \text{odd}.$$

ℓ が偶数なら $\rho(\Delta_J) > 0$ に注意しよう. 仮定より $\gcd(a_j, s_i) = 1$, $\gcd(a'_j, a'_k) = 1$, $j, k \in J$, $j \neq k$, だから f の特性多項式 $\Delta(t)$ のデバイザーを Δ とすると

$$\Delta = \left(\sum_i c_i \Lambda_{s_i}\right) \cdot \prod_j (\Lambda_{2a'_j} - 1)$$
$$= \left(\sum_i c_i \Lambda_{s_i}\right)\left((-1)^\ell + \sum_{\emptyset \neq K \subset J}(-1)^{\ell-|K|}2^{|K|-1}\Lambda_{b_K}\right)$$
$$= \sum_i \left((-1)^\ell c_i \Lambda_{s_i} + c_i \sum_{\emptyset \neq K \subset J}(-1)^{\ell-|K|}2^{|K|-1}\Lambda_{s_i b_K}\right)$$

ℓ が奇数なら $(1-t)$ の重複度 $\rho(\Delta)$ は零でこのとき

$$\Delta(1) = (\prod_i s_i^{-c_i})\left(\prod_{i, \emptyset \neq K \subset J}(s_i b_K)^{(-1)^{|K|}2^{|K|-1}c_i}\right) \neq 0.$$

ℓ が偶数で g が孤立頂点を持たないときは命題 3.44 から $\rho(\Delta) > 1$.

さらに孤立頂点が 1 つある場合それを z_n に対応するとして $f' := \sum_{i=1}^{n-1} z_i^{a_i}$ の特性多項式 $\Delta(t)$ のデバイザーを Δ とすると上の議論で

$$\Delta = \sum_\alpha c_\alpha \Lambda_{\beta_\alpha}, \quad \sum_\alpha c_\alpha = 0$$

とおける. このとき

$$\left(\sum_\alpha c_\alpha \Lambda_{\beta_\alpha}\right)(\Lambda_{a_n} - 1) = \sum_\alpha c_\alpha (\Lambda_{a_n \beta_\alpha} - \Lambda_{\beta_\alpha})$$

だから

$$\Delta(1) = \prod_\alpha \left(\frac{a_n \beta_\alpha}{\beta_\alpha} \right)^{c_\alpha} = a_n^{\sum_\alpha c_\alpha} = 1.$$

□

Sebastiani-Thom の定理，あるいは坂本の一般型ジョイン定理 ([95, 94]) を合わせて使うと，上と同様の議論で次の主張が得られる．

定理 3.45 $f(\mathbf{z})$ を孤立特異点を持つ超曲面の定義式とし，その特性多項式のデバイザーを $\sum_j c_j \Lambda_{\beta_j}$ とおく．正整数 a, b で $\gcd(a,b) = 1$, $\gcd(a,\beta_j) = \gcd(b,\beta_j) = 1$, $\forall j$ とする．このとき $g(\mathbf{z},w) = f(\mathbf{z}) + w^a$, $h(\mathbf{z},w,v) = f(\mathbf{z}) + w^a + v^b$ を考えると g のリンクは $(2n-1)$ 次元 $\mathbb{Q}$-ホモロジー球面である．h のリンクは $(2n+1)$ 次元ホモロジー球面である．

3.12 孤立特異点の Morse 化

$f(\mathbf{z})$ を原点に孤立特異点を持つ関数として，μ を Milnor 数とする．r を安定 Milnor 半径として $0 < \delta \ll r$ をとって，管状 Milnor 束

$$f : E^*(r,\delta) \to D_\delta^*, \quad E^*(r,\delta) = \{\mathbf{z} \mid 0 < |f(\mathbf{z})| \le \delta, \ \|\mathbf{z}\| \le r\}$$

を考える．f の臨界点は B_r の中で原点のみと仮定する．$\mathbf{a} = (a_1,\dots,a_n)$ $\in \mathbb{C}^n$ に対し f の変形 $f_{\mathbf{a}}(\mathbf{z}) = f(\mathbf{z}) - \sum_{i=1}^n a_i z_i$ を考える．任意の $\eta \in D_\delta$ に対して，$f^{-1}(\eta)$ は球面 S_r と横断的に滑らかに交わるから，コンパクト性から，$\gamma > 0$ が存在して，任意の $\mathbf{a}$, $\|\mathbf{a}\| \le \gamma$ に対して次を満たすようにできる．

(i) $f_{\mathbf{a}}|_{B_r}$ の臨界点は管状近傍 $\{|f_{\mathbf{a}}| \le \delta\} \cap \mathrm{Int}(B_r)$ の内部のみに存在し，

(ii) $f_{\mathbf{a}}^{-1}(\eta)$ と S_r は任意の $\eta \in D_\delta$ と任意の $\mathbf{a}$ ($\|\mathbf{a}\| \le \gamma$) に関して横断的に滑らかに交わる．

(iii) さらに $f_{\mathbf{a}}^{-1}(\eta)$, $\|\eta\| = \delta$ は非特異．

さてヤコビアン写像 $df : B_r \to \mathbb{C}^n$, $df(\mathbf{z}) = (\frac{\partial f}{\partial z_1}(\mathbf{z}),\dots,\frac{\partial f}{\partial z_n}(\mathbf{z}))$ を考えて $\mathbf{a}$ を df の正則値で $\|\mathbf{a}\| < \gamma$ にとる．さて $f_t(\mathbf{z}) = f(\mathbf{z}) - t\sum_{i=1}^n a_i z_i$

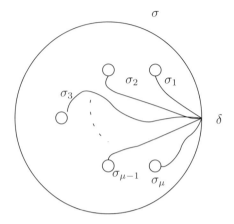

図 **3.2**　generators of $\pi_1(D'_\delta)$

を考えよう．$f_0 = f$，$f_1 = f_{\mathbf{a}}$ である．$\mathbf{a}$ の仮定によって f_1 はちょうど $\mu := \mu(f; \mathbf{0})$ 個の臨界点 $\{\mathbf{p}_1, \ldots, \mathbf{p}_\mu\} \subset \mathrm{Int}(B_r) \cap \{\mathbf{z} \mid |f_1(\mathbf{z})| < \delta\}$ に持ち，それらはすべて Morse 特異点である．$\eta_j = f_1(\mathbf{p}_j)$ としよう．簡単のため $\{\eta_1, \ldots, \eta_\mu\}$ は相異なるとする（$\mathbf{a}$ を少し摂動すればいつでも可能である）．十分小さな $\varepsilon > 0$ をとって各 η_j 中心の半径 ε の開円板 $B_j = \mathrm{Int}\, B_\varepsilon(\mathbf{p}_j) \subset D_\delta$ をとり $D'_\delta := D_\delta \setminus \cup_{i=1}^\mu B_j$ とおく．$\delta \in \partial D_\delta$ を基点にとり $\pi_1(D'_\delta)$ の生成系 $\sigma_1, \ldots, \sigma_\mu$ を各 B_j の境界を使って基点のみで交わるようにとり，$\sigma_1 \cdots \sigma_\mu = \sigma$ となるように順番をつける．図 3.2 を参照せよ．ここで σ は $t \mapsto \delta e^{2\pi i t}$ で代表される元である．

定理 3.46　$E(r, \delta; t)' := f_t^{-1}(D'_\delta) \cap B_r$，$\partial E(r, \delta; t)' := f_t^{-1}(\partial D_\delta) \cap B_r$ とすると，$f_1 : E(r, \delta; 1)' \to D'_\delta$ は局所自明なファイバー束で，

1. $f_1 : \partial E(r, \delta; 1)' \to \partial D_\delta$ は f_0 の管状 Milnor 束と同型である．
2. σ, σ_j に対応するモノドロミーを h, h_j と書くと $h = h_\mu \circ \cdots \circ h_1$ である．

証明

$$f_t \times p : \mathcal{E}(r,\delta) \to \partial D_\delta \times I$$

$$\mathcal{E}(r,\delta) = \{(\mathbf{z},t) \mid |f_t(\mathbf{z})| = \delta,\ 0 \leq t \leq 1\}$$

は局所自明なファイバー束で I 方向には自明だから，主張 1 を得る．主張 2 は $\sigma = \sigma_1 \cdots \sigma_\mu$ から従う． $\square$

注意 3.47 Morse 特異点の周りのヤコビアン写像の写像次数は Morse 標準型を使えばただちに 1 とわかる．したがって Milnor 数の写像度での定義を使えばこれから，Morse 特異点の個数は $\mu(f)$ であることがわかる．

第4章 特異点の解消

V を原点を含む複素代数的集合か複素解析的集合の芽とする.

4.0.1 解析的集合の特異点の解消

$\pi : \tilde{V} \to V$ が **V の特異点の解消**とは

- π は固有写像で, $\tilde{V}$ は非特異である.
- V の特異点集合を含む真部分解析集合 W $(\Sigma(V) \subset W \subsetneq V)$ があって $\pi : \tilde{V} \setminus \pi^{-1}(W) \to V \setminus W$ は双正則なるときをいう. 通常は $W = \Sigma(V)$ を要求することが多い.

4.0.2 関数の特異点解消

U を $\mathbb{C}^n$ の原点の近傍で正則関数 $f : (U, \mathbf{0}) \to (\mathbb{C}, 0)$ が原点で孤立臨界点を持ち $V := f^{-1}(0)$ のとき, $\pi : X \to U$ が**正則関数 f の良い特異点解消**とは

- π は固有写像で, X は非特異.
- $\pi : X \setminus \pi^{-1}(V) \to U \setminus V$ は双正則.
- $\{\pi^* f = 0\} = \pi^{-1}(V)$ を $\tilde{V} \cup_{i=1}^{r} m_i E_i$ と既約分解したとき, $\tilde{V}$ および各成分 E_i は非特異で, V の特異点集合を含む真部分解析集合 $W \subset V$ があって $\pi|\tilde{V} : \tilde{V} \to V$ は V の特異点解消でかつ

70 第 4 章 特異点の解消

$$\pi|\tilde{V} : \tilde{V} \setminus \bigcup_{i=1}^{r} E'_r \to V \setminus W, \ E'_r = \tilde{V} \cap E_r, \ W \supset \Sigma(V)$$

は双正則で $\pi^* f = 0$ で定まる因子（これを $(\pi^* f)$ で表す）は通常横断点 (ordinary normal crossing) のみを持つときをいう．すなわち任意の $p \in \pi^{-1}(V)$ において局所解析座標 $(u_1, \ldots, u_n)$ があって，$\pi^* f(\mathbf{u}) = u_1^{m_1} u_2^{m_2} \cdots u_k^{m_k}$，$m_j > 0$ と書ける．ここで k は p を含む既約成分の数で $k \le n$．$u_i = 0$ が E_i を定義するとき，整数 m_i を引き上げ関数 $\pi^* f$ の E_i 上の多重度という．このとき関数 $\pi^* f$ の定める因子は（あらためて $\pi^* f$ の E_i 上の多重度を m_i とおくと）

$$(\pi^* f) = \tilde{V} + \sum_{i=1}^{r} m_i E_i.$$

ここで $\tilde{V}$ は $\overline{\pi^{-1}(V - W)}$ と同じで V の狭義持ち上げ (strict transform) という．われわれは V が孤立特異点を持つときを主に扱うのでそのときは $\pi(E_i) = \{\mathbf{0}\}$，$i = 1, \ldots, r$ となる．

4.1 通常爆発射

自然な商写像 $\xi : \mathbb{C}^n \setminus \{\mathbf{0}\} \to \mathbb{P}^{n-1}$ のグラフ

$$\Gamma = \left\{ (\mathbf{z}, [\mathbf{z}]) \in (\mathbb{C}^n \setminus \{\mathbf{0}\}) \times \mathbb{P}^{n-1} \mid \xi(\mathbf{z}) = [\mathbf{z}] \right\} \subset \mathbb{C}^n \times \mathbb{P}^{n-1}$$

を考えて，その $\mathbb{C}^n \times \mathbb{P}^{n-1}$ での閉包を X とおく．$\mathbb{C}^n \times \mathbb{P}^{n-1}$ から $\mathbb{C}^n$ への射影 $p : \mathbb{C}^n \times \mathbb{P}^{n-1} \to \mathbb{C}^n$ の制限として X から $\mathbb{C}^n$ への射影 $\pi : X \to \mathbb{C}^n$ を定義する．これを通常爆発射という．

命題 4.1　$\pi : X \to \mathbb{C}^n$ は固有正則写像で

1. X は非特異な複素多様体で $\pi : X \setminus \pi^{-1}(\mathbf{0}) \to \mathbb{C}^n \setminus \{\mathbf{0}\}$ は解析同型写像である．
2. $\pi^{-1}(\mathbf{0})$ は $\mathbb{P}^{n-1}$ に同型である．

証明 $\mathbb{P}^{n-1}$ の標準アフィン座標系を $U_1,\ldots,U_n$ とする. U_i では標準座標系が $\mathbf{y}^i = (y_j^{(i)})_{j\neq i}$, $y_j^{(i)} = z_j/z_i$ で $V_i := \{\mathbf{z} \mid z_i \neq 0\}$ とおくと, $\Gamma \cap \pi^{-1}(V_i) \subset V_i \times U_i$ で

$$\Gamma \cap \pi^{-1}(V_i) = \{(\mathbf{z},\mathbf{y}^i) \mid z_j - z_i y_j^{(i)} = 0,\ j \neq i,\ z_i \neq 0\}.$$

このことから,

$$X_i := X \cap (\mathbb{C}^n \times U_i) = \{(\mathbf{z},\mathbf{y}^{(i)}) \mid f_{ij} := z_j - z_i y_j^{(i)} = 0,\ j \neq i\}$$

がわかる. X_i は $n-1$ 個の多項式で定義されていて, Jacobi 行列を計算すると $n-1$ 個の定義多項式の $(n-1)\times(n-1)$ 小行列

$$\left(\frac{\partial f_{ij}}{\partial z_k}\right)_{1\leq j,k\leq n, j,k\neq i}$$

は単位行列になるから, X_i は非特異完全交差で, 座標系としては

$$(y_1^{(i)},\ldots,y_{i-1}^{(i)},z_i,y_{i+1}^{(i)},\ldots,y_n^{(i)})$$

がとれることがわかる. このとき $z_j = z_i y_j^{(i)}$, $j \neq i$ である. これから X は非特異 n 次元多様体であることもわかる. $\sigma^* : \mathbb{C}^n \setminus \{\mathbf{0}\}$ 上の切断 $\sigma^* : \mathbb{C}^n \setminus \{\mathbf{0}\} \to X$ を $\sigma^*(\mathbf{z}) = (\mathbf{z},[\mathbf{z}])$ と定義すれば, $\pi \circ \sigma^* = \mathrm{id}$, $\sigma^* \circ \pi = \mathrm{id}$ がただちにわかるので $\pi : X \setminus \pi^{-1}(\mathbf{0}) \to \mathbb{C}^n \setminus \{\mathbf{0}\}$ は双正則同型となる. また

$$X_i \cap \pi^{-1}(\mathbf{0}) = \{\mathbf{0}\} \times U_i$$

だから $\pi^{-1}(\mathbf{0}) = \{\mathbf{0}\} \times \mathbb{P}^{n-1}$ であることも従う. π の固有性は射影 $p : \mathbb{C}^n \times \mathbb{P}^{n-1} \to \mathbb{C}^n$ の固有性と $X \subset \mathbb{C}^n \times \mathbb{P}^{n-1}$ が閉集合であることによる. $\square$

4.1.1 非特異接錐

超曲面 $V = \{f = 0\}$ において, $f(\mathbf{z}) = f_m(\mathbf{z}) + f_{m+1}(\mathbf{z}) + \cdots$ と斉次多項式の和で表したとき, $f_m(\mathbf{z}) = 0$ を V の接錐という. $f_m(\mathbf{z}) = 0$ が $\mathbb{P}^{n-1}$ の非特異超曲面となるとき, V を非特異接錐を持つという.

72 第 4 章 特異点の解消

命題 4.2 超曲面 V が非特異接錐を持つとき，原点での通常爆発射 $\pi : X \to \mathbb{C}^n$ は f の良い特異点解消である．

証明 実際，例えば $X_n = X \cap (\mathbb{C}^n \times U_n)$ の中で，

$$\pi^* f(\mathbf{z}, \mathbf{y}^n) = z_n^m f_m(y_1^{(n)}, \ldots, y_{n-1}^{(n)}, 1) + z_n^{m+1} f_{m+1}(y_1^{(n)}, \ldots, y_{n-1}^{(n)}, 1) + \cdots$$

となり，$\tilde{V}$ は $\tilde{f} := \pi^* f / z_n^m = 0$ で定義され，$\pi^{-1}(0)$ の上で $(\tilde{f}, z_n)$ のヤコビアンは

$$\begin{pmatrix} \frac{\partial \tilde{f}}{\partial y_1^{(n)}} & \cdots & \frac{\partial \tilde{f}}{\partial y_{n-1}^{(n)}} & 0 \\ 0 & 0 & 1 \end{pmatrix}$$

で与えられ，階数が 2 となるので $(\pi^* f)$ は通常横断点を持つ． $\square$

上の計算でわかるように V の点 P をとってその同値類を $\mathbb{P}^{n-1}$ で考え極限をすべて考えると，$f_m = 0$ で定義される射影超曲面となる．平面曲線特異点は有限回の通常爆発射で解消されることが知られているが（例えば [105] を見よ），$n \geq 3$ では一般には通常爆発射のみで解消するのは不可能である．

4.2 被約曲線

f を $\mathbb{C}^2$ の原点の近傍で定義された関数とし，$(C, \mathbf{0})$ を $f = 0$ で定義される平面被約曲線の芽とする．すなわち f は関数環 $\mathcal{O}_\mathbf{0}$ の中で被約とする．$\pi : X \to \mathbb{C}$ を関数 f の良い解消とする．$\pi^{-1}(\mathbf{0})$ は 1 次元 Riemann 面の有限和で各既約成分を例外曲線とよぶ．$\pi^{-1}(\mathbf{0}) = \cup_{i=1} E_i$ を既約分解とする．$\tilde{C}$ を狭義持ち上げ $\overline{\pi^{-1}(C \setminus \{0\})}$ とし，$\tilde{C} = C_1 + \cdots + C_r$ を既約分解とする．このとき**双対グラフ** Γ を次のように定める．

1. Γ の頂点は既約成分に 1 対 1 対応．E_i に対応する頂点を v_i（黒丸）と書く．

2. $E_i \cap E_j \neq \emptyset$ のとき v_i, v_j を線分で結ぶ．

さらに各頂点に自己交点数 E_i^2 を与えるとき，Γ を重さつき双対グラフという．既約成分との交わりを示すために C_i に矢印 w_i（あるいは白丸の頂点）

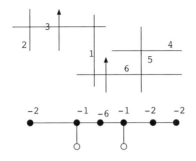

図 4.1 拡張双対グラフ

を与えて，$C_i \cap E_j \neq \emptyset$ のとき頂点 v_i に w_i をつけた矢印つきグラフ（あるいは白丸の頂点つき）$\tilde{\Gamma}$ を拡張双対グラフという．

例 4.3 $f = (x^2 + y^3)(x^4 + y^3)$ のとき拡張双対グラフは図 4.1 のようになる．6 回通常爆発射をとると良い解消が得られ，図 4.1 のようになる．上段の図形の番号は爆発射の順番に対応し矢印は狭義持ち上げの既約成分を示す．下段は対応する拡張双対グラフである（特異点解消グラフは白丸の頂点をのぞいたもの．白丸は C の局所既約成分に対応する．数字は自己交点数）．

注意 4.4 p を通る 2 つの解析曲線 $C = \{f = 0\}, C' = \{g = 0\}$ に対し，$f, g \in \mathcal{O}_p$ で非約 (reduced) にとっておく．C, C' が共通の既約成分を持たなければ局所交点数は $I(C, C'; p) := \dim \mathcal{O}_p/(f, g)$ で定義される．したがって常に正の整数となる．C がコンパクトで C' が C の近傍で定義されている場合，大域的交点数 $I(C, C')$ は $C \cap C'$ での局所交点数の和として定義する．C^∞ 曲線の交点数や自己交点数の定義は §5.15.1，さらなる詳細は例えば Griffiths-Harris ([26])，Milnor([53]) を参照せよ．

4.2.1 交点数の計算

実際に交点数を計算するのに次の命題はよく使われる．

74 第 4 章 特異点の解消

命題 4.5（例えば **Th 2.6**, [38]） M を複素曲面とし φ を M 上の有理関数とする．C をコンパクトな M 上の曲線とするとき $(\varphi) \cdot C = 0$ である．

ここで (φ) は φ から決まるデバイザーである．

4.2.2 孤立特異点を持つ曲面

V を原点に孤立特異点を持つ複素曲面の芽としよう．解消 $\pi : \tilde{V} \to V$ が**良い解消**とは，$\pi^{-1}(\mathbf{0}) = \cup_{i=1}^r E_i$ と既約分解したとき，各 E_i が非特異な曲線で，$p \in E_i \cap E_j$ なら E_i と E_j は p で横断的で，ほかの既約成分は p を通らないときをいう．すなわち，$\pi^{-1}(\mathbf{0})$ が高々通常 2 重点を持つときをいう．さらに必要なら爆発射をとって各 $E_i, E_j, i \neq j$ に対して，$E_i \cap E_j$ は空集合か 1 点のみと仮定する．このとき**双対グラフ** Γ を平面曲線と同様に定義する．

4.3 A'Campo の定理

$V = f^{-1}(0) \subset \mathbb{C}^n$ を原点に特異点を持つ超曲面とし，f の良い解消

$$\pi : X \to \mathbb{C}^n$$

で例外デバイザーを $E_1, \ldots, E_r$，$\pi^* f$ の E_i での多重度を $m_i > 0$ とし，$\tilde{V}$ を V の狭義持ち上げとする．すなわち $(\pi^* f) = \tilde{V} + \sum_{i=1}^r m_i E_i$．$E_i$ の開かつ稠密な部分集合 $E_i^* := E_i \setminus (\tilde{V} \cup_{j \neq i} E_j)$ を考える．このとき f が原点で定義する Milnor 束のモノドロミーゼータ関数は次のように与えられる．

定理 4.6（**A'Campo** [1]）

$$\zeta(t) = \prod_{i=1}^r (1 - t^{m_i})^{-\chi(E_i^*)}.$$

証明 Step 1. Milnor ファイバー F が分解 $F = F_1 \cup F_2$ を持っていて，モノドロミー写像 h で F_1, F_2 が不変のとき，Mayer-Vietoris 完全列にモノド

ロミー写像 $h|F_j : F_j \to F_j$ を合わせて考えれば,
$$\zeta(t) = \frac{\zeta_{h|F_1}(t)\zeta_{h|F_2}(t)}{\zeta_{h|F_1 \cap F_2}}$$
を得る(命題 (2.8), [70]).

Step 2. $f = z_1^{a_1} \cdots z_k^{a_k}$, $a_j > 0$ のとき Milnor ファイバーは $a_0 := \gcd(a_1, \dots, a_k)$ 個の $(S^1)^{k-1}$ の交わりのない和とホモトピックである. 証明は命題 5.22 を見よ. モノドロミー写像は連結成分の間の巡回置換. 特にゼータ関数は $k \geq 2$ なら $\zeta(t) \equiv 1$ となる.

Step 3. $p : F \to B$ が局所自明なファイバー束で Milnor モノドロミー $h : F \to F$ が p のファイバーを保つなら, ゼータ関数は $\zeta_{h|p^{-1}(*)}^{\chi(B)}$ で与えられる.

Step 4. Milnor 束の第 2 表現
$$f : \partial E(\varepsilon, \delta) \to S_\delta^1$$
を使って Step 1〜Step 4 を使ってモノドロミーを調べる. ここで
$$E(\varepsilon, \delta) = \{\mathbf{z} \in B_\varepsilon \mid |f(\mathbf{z})| \leq \delta\}, \quad \partial E(\varepsilon, \delta) = \{\mathbf{z} \in B_\varepsilon \mid |f(\mathbf{z})| = \delta\}.$$
これを上に持ち上げて $\tilde{E}(\varepsilon, \delta) = \pi^{-1}(E(\varepsilon, \delta))$, $\partial \tilde{E}(\varepsilon, \delta) = \pi^{-1}(\partial E(\varepsilon, \delta))$. $\tilde{B}_\varepsilon = \pi^{-1}(B_\varepsilon)$ とおく. π が f の良い解消だから, $\pi : \tilde{E}(\varepsilon, \delta) \to \partial E(\varepsilon, \delta)$ は同型であることに注意する.

まず $E := \bigcup_{i=0}^r E_i$, $E_0 = \tilde{V}$ の自然な滑層分割 E_S^*, $S \subset \{0, \dots, r\}$, $E_S^* := \bigcap_{i \in S} E_i \setminus \bigcup_{j \notin S} E_j$ を考えて, それらのコントロールされた管状近傍 $\{N(E_S^*)\}$ と射影 $\pi_S : N(E_S^*) \to E_S^*$ を考える. 正確には $E_S = \bigcap_{i \in S} E_i$ がコンパクトでないときは, E_S^* などはすべて $\tilde{B}_\varepsilon$ との交わりをとる. $\delta \ll \varepsilon$ にとり $\tilde{E}(\varepsilon, \delta) \subset \bigcup_S N(E_S^*)$ と仮定してよい. $\tilde{E}_S := \tilde{E}(\varepsilon, \delta) \cap N(E_S^*)$ とおくと
$$\pi_S \times \pi : \tilde{E}_S \to E_S^* \times S_\delta^1.$$
したがって Step1 を使えば E_S^* に関して局所的に示せばよい. 点 $\xi \in E_S^*$ をとれば局所座標 $(U_\xi; v_1, \dots, v_n)$ が存在して $S = \{E_{i_1}, \dots, E_{i_s}\}$, $E_{i_j} = \{v_j = 0\}$ で $\pi^* f = v_1^{m_{i_1}} \cdots v_s^{m_{i_s}}$. $s > 1$ なら Step 2 からここでのゼータ関

76 第 4 章 特異点の解消

数への貢献はない. $s = 1$ で $S = \{P_{i_1}\}$ なら Step3 より $(1 - t^{m_{i_1}})^{\chi(E_{i_1}^*)}$ である. さらなる詳細は [70] を参照せよ. □

系 4.7 孤立特異点のときはミルナー数は

$$\deg \zeta(t) = -\chi(F) = -1 + (-1)^n \mu$$

から決定される.

証明 これは等式 $\zeta(t) = P_0^{-1} P_{n-1}^{(-1)^n}$ からただちに得られる. □

第5章 Newton境界と非退化特異点

正則関数 $f: U \to \mathbb{C}$ (U は原点の近傍）で $f(\mathbf{0}) = 0$ なるものを考える．固定した座標系 $\mathbf{z} = (z_1, \ldots, z_n)$ で f の Taylor 展開を $f(\mathbf{z}) = \sum_\nu a_\nu \mathbf{z}^\nu$ とする．$\mathbb{R}_+$ を非負実数の半直線とする．集合 $\cup_{\nu, a_\nu \neq 0} \{\nu + \mathbb{R}_+^n\}$ の凸包を $\Gamma_+(f; \mathbf{z})$ と書き，その境界のうちコンパクトな面の全体を $\Gamma(f; \mathbf{z})$ と書き，座標系 $\mathbf{z}$ に関する原点での f の **Newton 境界**とよぶ．これは座標系に依って決まるが，座標系が明らかなときは $\Gamma(f)$ と略記する．図 5.1 は $f(x, y) = x^6 + x^2 y^3 + y^6$ の Newton 境界である．

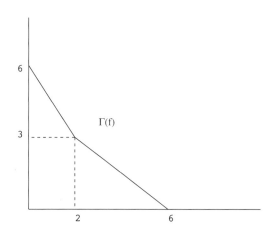

図 **5.1** $f = x^6 + x^2 y^3 + y^6$ の Newton 境界

78 第 5 章 Newton 境界と非退化特異点

5.1 記　号

ここでこの本でよく使う記号を整理しておく. $K = \mathbb{R}$ か $\mathbb{C}$ とする. $I \subset \{1, \ldots, n\}$ として

$$K^I = \{\mathbf{x} = (x_1, \ldots, x_n) \mid x_i = 0, \; i \notin I\}$$

$$K^{*I} = \{\mathbf{x} = (x_1, \ldots, x_n) \mid x_i \neq 0 \iff i \in I\}$$

$$K^{*n} = \{\mathbf{x} = (x_1, \ldots, x_n) \mid x_i \neq 0, \; 1 \leq i \leq n\}$$

$$K(*I) = \{\mathbf{x} = (x_1, \ldots, x_n) \mid x_i \neq 0, \; i \in I\}$$

$$\mathbb{R}_+ = \{x \in \mathbb{R} \mid x \geq 0\}$$

$$\mathbb{Q}_+ = \{x \in \mathbb{Q} \mid x \geq 0\}$$

$$\mathbb{R}_+^I = \{\mathbf{x} \in \mathbb{R}^I \mid x_i \geq 0, \; i \in I\}$$

$K^{*\{n\}} = \{(0, \ldots, 0, x_n) \mid x_n \neq 0\}$ に注意.

5.2 非退化特異点

正則関数の芽 $f(\mathbf{z}) = \sum_\nu a_\nu \mathbf{z}^\nu$ で定義される超曲面の芽を考える. Newton 境界を $\Gamma(f; \mathbf{z})$ で表す. 変数 $\mathbf{z} = (z_1, \ldots, z_n)$ の重さベクトルの空間 N と非負の重さベクトルのなす部分空間 $N^+ = (\mathbb{Q}_+)^n$ を考える. ここで $\mathbb{Q}_+ := \{q \in \mathbb{Q} \mid q \geq 0\}$, ここでは重さベクトルは Newton 境界の点と区別するため, 縦ベクトルで表す. すなわち $P = {}^t(p_1, \ldots, p_n) \in \mathbb{Q}_+^n$ は $p_j \geq 0$ で単項式 $M = \mathbf{z}^\nu = z_1^{\nu_1} \cdots z_n^{\nu_n}$ に対して, $\deg_P M = \sum_{j=1}^n p_j \nu_j$ である. $N_\mathbb{R} := N \otimes \mathbb{R} \cong \mathbb{R}^n$ とおく. $N_\mathbb{R}^+$ は $\mathbb{R}_+^n$ に対応する非負重さベクトルを表す. P が整数ベクトルとは $P \in \mathbb{Z}^n$ のときをいう. P が原始的な整数ベクトルとはさらに $\gcd(p_1, \ldots, p_n) = 1$ のときをいう. 一方 P は $\Gamma_+(f)$ 上の線形関数と思える. すなわち $\nu = (\nu_1, \ldots, \nu_n) \in \Gamma_+(f)$ に対して $P(\nu) = \sum_{j=1}^n p_j \nu_j$ で定義する. $P \neq \mathbf{0}$, $P \in N_\mathbb{R}^+$ が最小値をとる点集合は $\Gamma_+(f)$ の面（次元は $0 \leq \dim \Delta(P) \leq n-1$）となる. これを $\Delta(P)$ で表す. 最小値を $d(P)$ と表す. 面 $\Xi \subset \Gamma(f)$ の面関数 (face function) とは

$$f_\Xi(\mathbf{z}) = \sum_{\nu \in \Xi} a_\nu \mathbf{z}^\nu$$

で定義される. P が**狭義正**とは $p_j > 0, \forall j$ なるときをいう. $P \gg 0$ で表す. $P \in N^+$ に対し $I(P) := \{j \mid p_j = 0\}$ を考え **P の零化集合**という.

命題 5.1　1. $P \gg 0$ なら $\Delta(P)$ はコンパクトで $\Delta(P) \subset \Gamma(f)$. $f_P(\mathbf{z})$ は重さベクトル P で次数 $d(P)$ の擬斉次多項式である.

2. $P \in N^+$ で $I(P) \neq \emptyset$ とすると

$$\Delta(P) \subset \mathbb{R}^{I(P)} \iff d(P) = 0.$$

定義 5.2　P が非負で $I(P) \neq \emptyset$ でかつ $d(P) > 0$ のとき $\Delta(P)$ を**本質的な非コンパクト面**, P を**本質的な非コンパクト非負重さベクトル**という.

一般化された Newton 境界 $\Gamma'(f)$ を $\Gamma(f)$ に本質的な非コンパクト面をすべて加えたものを表す. $\Gamma_{nc}(f) = \Gamma'(f) \setminus \Gamma(f)$ で本質的な非コンパクト面の集合を表す. $I \subset \{1, 2, \ldots, n\}$ に対し $f^I := f|\mathbb{C}^I \equiv 0$ なるとき I または $\mathbb{C}^I$ を **f の零化座標**とよびその全体を $\mathcal{I}_v(f)$ で表す. $\mathcal{I}_{nv}(f)$ で $f^I \not\equiv 0$ なる I の集合を表す. $V = f^{-1}(0)$ に対し

$$V^\sharp := \cup_{I \in \mathcal{I}_{nv}(f)} V \cap \mathbb{C}^{*I}$$

とおく. **f が k-利便**とは, 任意の部分空間 $\mathbb{C}^I$, $|I| \geq n - k$ に対し $I \in \mathcal{I}_{nv}(f)$ のときをいう. 特に f は利便とは $(n-1)$-利便なときをいう. f が利便であれば $\forall I \neq \emptyset$ に対し $I \in \mathcal{I}_{nv}(f)$ なので $V^\sharp = V \setminus \{\mathbf{0}\}$ となる.

例 5.3　多項式 $f = z_1^3 + z_2^3 + z_2 z_3^2$ を考える. $\Gamma_{nc}(f)$ は 3 個の頂点 $A = (3, 0, 0)$, $B = (0, 3, 0)$, $C = (0, 1, 2)$ を持つ. 図 5.2 で $\Delta := \{\overline{AC} + \mathbb{R}_+ E_3\} \subset \Gamma_{nc}(f)$ は本質的な非コンパクト面である. ここで $E_3 = (0, 0, 1)$.

$\Delta \subset \Gamma(f)$ で f_Δ は $\Delta(P) = \Delta$ なる $P \in N^+$ を定めれば, 重さ P で次数 $d(P)$ の擬斉次多項式である. $\dim \Delta = n - 1$ のときは原始的な重さベクトルは一意に定まるが一般に P は一意ではない. 例えば $\dim \Delta = n - 2$ で Δ_1, Δ_2 を Δ を辺に持つ $n - 1$ 次元の面とする. P_1, P_2 をそれぞれ Δ_1, Δ_2

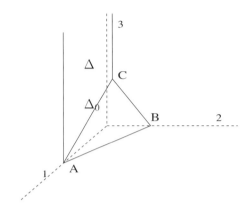

図 5.2 $\Gamma'(f)$

の定義する原始的重さベクトルとすると，$P := aP_1 + bP_2$, $a, b \in \mathbb{R}_+$ は $\Delta(P) = \Delta$ を満たす．

定義 5.4 f が面 $\Xi \subset \Gamma(f)$ 上で Newton 非退化とは $f_\Xi : \mathbb{C}^{*n} \to \mathbb{C}$ が臨界点を持たないときをいう．f が任意の面 $\Xi \subset \Gamma(f)$ 上で非退化のとき，f は Newton 非退化という．以下 Newton 非退化を単に非退化という．ここで Ξ はすべての次元の面を考えている．

命題 5.5 $f(\mathbf{z})$ が非退化で $I \subset \{1, \ldots, n\}$ で $f^I \not\equiv 0$ なら f^I も非退化である．

証明 $f^I := f|\mathbb{C}^I$ を思い出そう．簡単のため $I = \{1, \ldots, m\}$ とする．任意の $\Xi \subset \Gamma(f^I)$ をとり，重さベクトル $P = {}^t(p_1, \ldots, p_m)$ をとって，$f_P^I = f_\Xi$ となるようにできる．実際 $d = d(P, f^I)$ として $\tilde{P} = {}^t(p_1, \ldots, p_n)$，$p_j = 2d$, $j > m$ とおくと明らかに $f_{\tilde{P}} = f_P^I = f_\Xi$．したがって $f_P^I : \mathbb{C}^{*n} \to \mathbb{C}$ は臨界点を持たない． □

もう1つ後で使う命題を述べる．

命題 5.6 $\alpha \in \mathbb{C}$ に対して次の条件は同値である．

1. $f_\Delta : \mathbb{C}^{*n} \to \mathbb{C}$ に対し α が臨界値でない．

2. 任意の $A \in \mathrm{GL}(n;\mathbb{Z})$ に対して $f_\Delta \circ \pi_A : \mathbb{C}^{*n} \to \mathbb{C}$ が α を臨界値とし ない.

特に $\alpha = 0$ のときは次も同値.

3. $\alpha = 0$ のときは単項式 $M = z_1^{a_1} \cdots z_n^{a_n}$ に対して $M \cdot f_\Delta : \mathbb{C}^{*n} \to \mathbb{C}$ は 0 を臨界値として持たない.

ここで $\pi_A : \mathbb{C}^{*n} \to \mathbb{C}^{*n}$ は A から決まるトーリック準同型写像. 定義は §5.7 を見よ.

定義 5.7 超曲面 $V = f^{-1}(0)$ が Newton 境界が**利便** (convenient) である とは $1 \le i \le n$ についてある正の整数 p_i が存在して, 1 変数の単項式 $z_i^{p_i}$ が $f(\mathbf{z})$ の Taylor 級数の中で零でない係数を持っているときをいう. 定義から f が利便である必要十分条件は $\mathcal{I}_v(f) = \emptyset$ でこのとき $V^\sharp = V \setminus \{\mathbf{0}\}$ となる.

命題 5.8 ([66], Lemma 2.2 [70])f が Newton 非退化とする. 超曲面 $V = f^{-1}(0)$ を考える.

1. 正の数 r_0 が存在して, $V^\sharp \cap B_{r_0}$ は非特異である. 特に f が利便なら, V は原点で孤立特異点を持つ.

2. 正の数 r_0 が存在して, 任意の球面 S_r, $0 < r \le r_0$ は $V^\sharp$ と横断的に交 わる.

証明 1 を背理法で示す. 主張が成り立たないとする. 曲線選択定理を使う と, $\mathbf{p} : [0, \varepsilon) \to V^\sharp \cup \{\mathbf{0}\}$, $\mathbf{p}(t) \in V^\sharp$, $\forall t \ne 0$ に対し $\mathrm{grad}\, f(\mathbf{p}(t)) \equiv 0$ とで きる. 当然 $f(\mathbf{p}(t)) \equiv 0$ でなければならない. $I = \{i \mid p_i(t) \not\equiv 0\}$ として仮 定より $I \ne \emptyset$ で $I \in \mathcal{I}_{nv}(f)$.

$$\mathbf{p}(t) = (p_1(t), \ldots, p_n(t)), \quad p_i(t) = a_i t^{q_i} + (\text{高次項}), \ a_i \ne 0, \ i \in I$$

とおく. 簡単のため $I = \{1, \ldots, k\}$ とおく. $Q = {}^t(q_1, \ldots, q_k)$, $\mathbf{a} = (a_1, \ldots, a_k) \in \mathbb{C}^{*I}$ とおく. 仮定 $I \in \mathcal{I}_{nv}$ から $f^I \not\equiv 0$ である. f^I も非退 化な Newton 境界を持つことに注意する. $g := f^I$ として

$$g(\mathbf{p}(t)) \equiv 0, \ 0 \equiv g(\mathbf{p}(t)) = g_Q(\mathbf{a}) t^{d(Q;g)} + (\text{高次項})$$

82 第5章 Newton 境界と非退化特異点

から $g_Q(\mathbf{a}) = 0$. 一方，偏微分に関しても

$$\frac{\partial g}{\partial z_i}(\mathbf{p}(t)) = \frac{\partial g_Q}{\partial z_i}(\mathbf{a})t^{d(Q;g)-q_i} + (\text{高次項})$$

だから，$\frac{\partial g}{\partial z_i}(\mathbf{p}(t)) \equiv 0$ から $\frac{\partial g_Q}{\partial z_i}(\mathbf{a}) \equiv 0,\, 1 \le i \le k$ となるがこれは g_Q が臨界点 $\mathbf{a} \in \mathbb{C}^{*I}$ を持つことになり $g = f|\mathbb{C}^I$ の非退化性に反する.

主張2は系1.5からも得られるが直接証明を与えておく．主張が成り立たないとすると曲線選択定理より，$\mathbf{p} : [0,\varepsilon) \to V^\sharp \cup \{\mathbf{0}\}$, $\mathbf{p}(t) \in V^\sharp$, $t \ne 0$ かつ $\mathbf{p}(0) = \mathbf{0}$ で $\mathbf{p}(t) = \lambda(t)\,\mathrm{grad}\,f(\mathbf{p}(t))$ とできる．$\mathbf{p}(t)$ を上のように展開する．

$$\begin{aligned}
\frac{d(\mathbf{p}(t), \mathbf{p}(t))}{dt} &= 2\Re\left(\frac{d\mathbf{p}(t)}{dt}, \mathbf{p}(t)\right) \\
&= 2\Re\left(\frac{d\mathbf{p}(t)}{dt}, \lambda(t)\,\mathrm{grad}\,f(\mathbf{p}(t))\right) \\
&= 2\Re\left(\bar{\lambda}(t)\frac{df(\mathbf{p}(t))}{dt}\right) \equiv 0.
\end{aligned}$$

これより $\|\frac{d(\mathbf{p}(t),\mathbf{p}(t))}{dt}\| \equiv 0$, すなわち，$\|\mathbf{p}(t)\| \equiv \|\mathbf{p}(\varepsilon)\|$ となるが，これは $\|\mathbf{p}(t)\| \to 0\ (t \to 0)$ に矛盾する． $\qquad\square$

上の主張は k-利便でも成立する．

定理 5.9 ([70])　$f(\mathbf{z}, \bar{\mathbf{z}})$ が非退化で k-利便な解析関数とする．そのとき正の数 r_0 が存在して次を満たす．

1. （特異点の孤立性）$V^\sharp \cap B_{r_0}$ は非特異である．特異点は $\cup_{|I| \le n-k-1}\mathbb{C}^I$ に含まれる．特に f が利便なら孤立特異点である．
2. （横断性）球面族 $S_r,\, 0 < r \le r_0$ は $V^\sharp$ に横断的に交わる．

この定理は混合多項式でも成立する．第 II 部 §8 を参照せよ．

5.2.1　非退化性の Zariski 開集合性

Newton 境界 Γ を固定して Newton 境界上の係数を動かすことを考えよう．$\nu_1, \ldots, \nu_k$ を Γ 上の整数点の集合とする．$\mathbf{t} = (t_1, \ldots, t_k) \in \mathbf{C}^k$ として

多項式 $f_{\mathbf{t}}(\mathbf{z}) := \sum_{i=1}^{k} t_i \mathbf{z}^{\nu_i}$ を考える. $\Gamma(f_t) \cong \Gamma(f_0), \forall t$ とする. 係数空間の部分集合

$$\mathcal{U}(\Gamma) := \{\mathbf{t} \in \mathbf{C}^k \mid f_{\mathbf{t}} \ \text{非退化 Newton 境界を持つ}\}$$

を考える. 次の主張はよく知られている. 例えば [70], Chapter V の §3 を参照せよ.

命題 5.10 $\mathcal{U}(\Gamma)$ は $\mathbb{C}^k$ の稠密な Zariski 開集合である.

5.3 馴れた非退化関数

f を非退化だが利便でない関数とする. $P = {}^t(p_1, \ldots, p_n)$ を非負重さベクトルで $I(P) \in \mathcal{I}_v(f)$ なるものとする. $\Delta(P)$ は本質的に非コンパクトである. このとき簡単のため $I(P) = \{1, \ldots, m\}$ とする. $f_P(\mathbf{z}) \in \mathbb{C}\{z_1, \ldots, z_m\}[z_{m+1}, \ldots, z_n]$ に注意する. f が **$\Delta(P)$ 上馴れた関数**とは正の数 r_P があって, 任意の $(z_1, \ldots, z_m) \in \mathbb{C}^{*m}$, $\sum_{i=1}^{m} |z_i|^2 \leq r_P^2$ を固定して $f_P(\mathbf{z})$ を $(z_{m+1}, \ldots, z_n)$ の多項式として非退化のときをいう. f が**本質的に非コンパクト面上馴れた関数**とは共通の正数 $r_{nc} > 0$ が存在してすべての本質的な非コンパクト面 $\Delta(P)$ 上で f は馴れているときをいう. Hamm-Lê の補題は馴れた非退化関数のときは簡単な別証明があるので以下に示す. f を本質的に非コンパクト面上馴れた非退化関数とする. $\mathbb{C}^n$ の自然な滑層分割 $\mathcal{S}$ を以下のように定義する. $I \in \mathcal{I}_{nv}(f)$ のとき

$$\mathcal{S} = \{V^{*I}, \mathbb{C}^{*I} \setminus V^{*I}, I \in \mathcal{I}_{nv}(f)\} \cup \{\mathbb{C}^{*I}, I \in \mathcal{I}_v(f)\}$$
$$V^{*I} := V \cap \mathbb{C}^{*I}.$$

もちろん $\{\mathbf{0}\} = V^{*I}$ は $I = \emptyset$ に対応し $\mathcal{S}$ の滑層に入れる.

補題 5.11 ([20])f を本質的に非コンパクト面上馴れた非退化関数とする.

1. $\rho_0 >$ が存在して $V \cap B_{\rho_0}$ の中で $\mathcal{S}$ は Whitney 正則滑層分割で, f は $\mathcal{S}$ に関して (a_f) 条件を満たす.

2. 任意の $0 < r_1 \leq \rho_0$ に対し $\delta(r_1) > 0$ が存在して, 任意の $\eta \neq 0, |\eta| \leq$

84 第5章 Newton境界と非退化特異点

$\delta(r_1)$ に対し，ファイバー $V_\eta := f^{-1}(\eta)$ と任意の球面 S_r, $r_1 \leq r \leq \rho_0$ は横断的に交わる.

証明 ρ_0 を命題5.8の r_0 と馴れた関数の定義に出てきた r_{nc} の最小値とする. $T_{\mathbf{z}}f^{-1}(\eta)$ は $\operatorname{grad} f(\mathbf{z})$ の Hermite 直交補空間 $\operatorname{grad} f(\mathbf{z})^{\perp_c}$ であることを注意する. (a_f) 条件を否定して曲線選択定理を使って矛盾を示そう. $V_\eta := f^{-1}(\eta)$ とおく. $G(n, n-1)$ を複素グラスマニアンとする. 解析曲線 $\mathbf{z}(t)$, $0 \leq t \leq \varepsilon$ が存在して $\mathbf{a} := \mathbf{z}(0) \in M$, $\exists M \in \mathcal{S}$ とおくと $\|\mathbf{a}\| \leq \rho_0$ かつ次を満たす.

1. $t \to +0$ のとき，$0 \neq f(\mathbf{z}(t)) \to 0$.
2. $\lim_{t \to +0} T_{\mathbf{z}(t)} V_{f(\mathbf{z}(t))} = \tau \in G(n, n-1; \mathbb{C})$, $T_{\mathbf{a}}M \not\subset \tau$.

$\mathbf{a} \neq \mathbf{0}$ と仮定してよい. $K = \{i \mid z_i(t) \not\equiv 0\}$ とおく. 簡単のため $K = \{1, \ldots, m\}$ とおこう. $\mathbf{z}(t) = (z_1(t), \ldots, z_n(t))$ を Taylor 展開して

$$z_j(t) = b_j t^{p_j} + (\text{高次項}), \quad b_j \neq 0, \ j \in K.$$

$I := \{i \in K \mid p_i = 0\}$. $f(\mathbf{z}(t)) \not\equiv 0$ から $K \in \mathcal{I}_{nv}(f)$. $I \in \mathcal{I}_{nv}$ なら V は $\mathbf{a}$ で非特異なので $T_{\mathbf{a}}M \subset \tau$ となって矛盾する. したがって $I \in \mathcal{I}_v(f)$ と仮定する. このときは $M = \mathbb{C}^{*I}$ である. $\mathbf{b} = (b_1, \ldots, b_m)$, $P = {}^t(p_1, \ldots, p_m)$ とおく. $\operatorname{grad} f(\mathbf{z}(t))$ の極限を考える.

$$\frac{\partial f}{\partial z_j}(\mathbf{z}(t)) = \frac{df_P^K}{\partial z_j}(\mathbf{b}) t^{d(P)-p_j} + (\text{高次項}).$$

f が馴れている仮定からある $j \in K \setminus I$ が存在して $\frac{df_P^K}{\partial z_j}(\mathbf{b}) \neq 0$ となる. これより $\operatorname{ord}_t \|\operatorname{grad} f(\mathbf{z}(t))\| < d(P)$ である. したがって $\operatorname{grad} f(\mathbf{z}(t)) / \|\operatorname{grad} f(\mathbf{z}(t))\| \to \mathbf{v} = (v_1, \ldots, v_m)$ とすると $v_i = 0$, $i \in I$. すなわち

$$\lim_{t \to 0} T_{\mathbf{z}(t)} V_{f(\mathbf{z}(t))} = \operatorname{grad} f(\mathbf{z}(t))^{\perp_c} = \mathbf{v}^{\perp_c} \supset \mathbb{C}^{*I}.$$

これは仮定に矛盾する. $\mathcal{S}$ の Whitney 正則性が自明でないのは対 (N, M) で $N = V^{*J}$, $M = \mathbb{C}^{*I}$, $J \supset I$ で $I \in \mathcal{I}_v(f)$, $J \in \mathcal{I}_{nv}(f)$ のときのみだが, 上の (a_f) 条件の証明とまったく同様に示せる.

主張2は主張1から従う. 実際上の曲線に沿って $V_{f(\mathbf{z}(t))}$ と $S_{\|f(\mathbf{z}(t))\|}$ が

横断的でないとすると,

$$\operatorname{grad} f(\mathbf{z}(t))^{\perp_{\mathbb{C}}} \subset \mathbf{z}(t)^{\perp_{\mathbb{R}}}.$$

これから両辺の極限をとって

$$\mathbf{v}^{\perp_{\mathbb{C}}} \subset \mathbf{a}^{\perp_{\mathbb{R}}}$$

が従うが ρ_0 の選択上の仮定から $M \pitchfork S_{\|\mathbf{a}\|}$ すなわち $T_{\mathbf{a}}M \not\subset \mathbf{a}^{\perp_{\mathbb{R}}}$ で上の包含関係と矛盾する. ここで $\perp_{\mathbb{R}}$, $\perp_{\mathbb{C}}$ はそれぞれ $\mathbb{R}^n$ での実直交補空間, $\mathbb{C}^n$ での複素直交補空間を表す. $\qquad\square$

5.4 有理多面体的錐分割

有限個の非負ベクトル $P_1, \ldots, P_k \in N_{\mathbb{R}}^+$ に対して多面体錐 $\operatorname{Cone}(P_1, \ldots, P_k)$ を次の式で定義する.

$$\sigma := \operatorname{Cone}(P_1, \ldots, P_k) := \left\{ \sum_{j=1}^{k} r_j P_j \ \middle|\ r_j \geq 0, j = 1, \ldots, k \right\}.$$

このとき σ の開錐を

$$\operatorname{Int}(\sigma) = \left\{ \sum_{j=1}^{k} r_j P_j \ \middle|\ r_1 > 0, \ldots, r_k > 0 \right\},$$

σ の境界を $\partial\sigma := \sigma \setminus \operatorname{Int}(\sigma)$ と定義する. さらに $P_1, \ldots, P_k$ は無駄がないと仮定する. すなわち

$$\sigma \supsetneq \sigma_i := \operatorname{Cone}(P_j \mid 1 \leq j \leq k, \ j \neq i), \ \forall i = 1, \ldots, k$$

が成り立つときである. この条件を満たすとき $P_1, \ldots, P_k$ を σ の生成系という.

第 1 象限 $N_{\mathbb{R}}^+ := \{(q_1, \ldots, q_n) \in \mathbb{R}^n \mid q_i \geq 0, \ \forall i\}$ の分割 Σ^* が有理多面体的錐分割とは Σ^* は

1. $\forall \sigma \in \Sigma^*$ に対して, 有限個の整数ベクトル $P_1, \ldots, P_k \in N^+ \cap \mathbb{Z}^n$ の

生成系が存在して，$\sigma = \mathrm{Cone}(P_1, \ldots, P_k)$ となる．また各面錐 σ_i, $i = 1, \ldots, k$ に関しても $\sigma_i \in \Sigma^*$ である．

2. さらに任意の 2 つの錐の交わりは 2 つの錐のいずれかの，または両方の境界にある錐である．すなわち $\forall \sigma, \tau \in \Sigma^*, \sigma \neq \tau$ に対し $\sigma \cap \tau \in \Sigma^*$ で，$\sigma \subset \partial\tau$, $\tau \subset \partial\sigma$ または $\sigma \cap \tau \subset \partial\sigma \cap \partial\tau$ のいずれかが成り立つ．

3. $\cup_{\sigma \in \Sigma^*} = N_{\mathbb{R}}^+$ を満たす．

$\sigma = \mathrm{Cone}(P_1, \ldots, P_k) \in \Sigma^*$ に対して各生成系ベクトル P_j を整数ベクトル $P_j = {}^t(p_{j1}, \ldots, p_{jn}) \in (\mathbb{Z})^n$ で $\gcd(p_{j1}, \ldots, p_{jn}) = 1$ を満たすようにとれる．そのようなベクトルを**原始的**という．原始的ベクトルにとった $\{P_1, \ldots, P_k\}$ を Σ^* の**頂点ベクトル系**という．

5.5 単体的錐分割

Σ^* が**単体的錐分割**とは任意の $\sigma \in \Sigma^*$ に対して，$k = \dim\sigma$ のとき，k 個の頂点ベクトル系がとれるときをいう．

5.6 正則単体的錐分割

Σ^* が $N_{\mathbb{R}}^+$ の**正則単体的錐分割** (regular simplicial cone subdivision) とは任意の σ に対して，$k = \dim\sigma$ のとき，k 個の頂点ベクトル $P_1, \ldots, P_k$ がとれ，$\sigma = \mathrm{Cone}(P_1, \ldots, P_k)$ かつ $\{P_1, \ldots, P_k\}$ が $N = \mathbb{Z}^n$ の適当な基底 $(P_1, \ldots, P_n)$ に拡張できるときをいう．以下記号の乱用ではあるが σ と $n \times k$ 行列 $(P_1, \ldots, P_k)$ を同一視する．σ のすべての k 次小行列式の最大公約数を $\det\sigma$ で表す．次の命題は役に立つ．

命題 5.12 ([70], Lemma (2.5.1)) 単体的錐 $\sigma = \mathrm{Cone}(P_1, \ldots, P_k)$ が正則である必要十分条件は $\det\sigma = 1$ である．

注意 5.13 $N_{\mathbb{R}}$ の**正則単体的錐分割**も同様に定義される．$\mathbb{C}^n, \mathbb{C}^{*n}$ のコンパクト化を考えるときに必要になる．この場合は多面体錐 $\mathrm{Cone}(P_1, \ldots, P_k)$ は原点を通る直線を含まないと仮定する．[70], Chaper II を参照せよ．代

5.8 正則な単体的錐分割とトーリック爆発射 **87**

数幾何的入門書としては [58] を見られたい.

5.7 トーリック準同型写像

成分が整数で行列式が零でない行列の集合を非退化な整数行列とよぶことにする. 特に非退化な整数行列で行列式が ± 1 のとき, n 次正方行列をユニモジュラー行列とよび, その全体を $\mathrm{GL}(n; \mathbb{Z})$ で表す. 非退化な整数行列 $A = (a_{ij})_{1 \le i, j \le n}$ に対しトーラス $\mathbb{C}^{*n} = \mathbb{C}^* \times \cdots \times \mathbb{C}^*$ の準同型写像 $\pi_A : \mathbb{C}^{*n} \to \mathbb{C}^{*n}$ を

$$
\pi_A(\mathbf{u}) = \mathbf{v} = (v_1, \ldots, v_n), \quad
\begin{cases}
v_1 = u_1^{a_{11}} u_2^{a_{12}} \cdots u_n^{a_{1n}} \\
v_2 = u_1^{a_{21}} u_2^{a_{22}} \cdots u_n^{a_{2n}} \\
\quad \vdots \\
v_n = u_1^{a_{n1}} u_2^{a_{n2}} \cdots u_n^{a_{nn}}
\end{cases}
$$

で定義する. π_A は群の準同型写像である. 以下 **π_A を A に付随したトーリック準同型写像**とよぶ. 次の性質が満たされる.

命題 5.14 非退化整数行列 A, B に対し $\pi_A \circ \pi_B = \pi_{AB}$. 特に $A \in \mathrm{GL}(n; \mathbb{Z})$ のとき, $(\pi_A)^{-1} = \pi_{A^{-1}}$ で π_A はトーラス $\mathbb{C}^{*n}$ の同型写像である.

$A = (a_{ij})$ の各成分が非負のとき, π_A は自然に $\pi_A : \mathbb{C}^n \to \mathbb{C}^n$ に拡張され, さらに $A \in \mathrm{GL}(n; \mathbf{Z})$ なら π_A は双有理写像であることに注意する.

5.8 正則な単体的錐分割とトーリック爆発射

Σ^* を正則な単体的錐分割とする. $\mathcal{V}$ を Σ^* の頂点ベクトルの全体とし, $\mathcal{S}$ を Σ^* の n 次元単体錐の全体とする. $\mathcal{S}$ は頂点の置換すべて考える. $\sigma \in \mathcal{S}$ に対しその原始的頂点ベクトル系を $(P_1, \ldots, P_n)$ (順序も与えておく) として, 以下 $\sigma = \mathrm{Cone}(P_1, \ldots, P_n)$ に対し行列

$$\sigma = \begin{bmatrix} p_{11} & p_{12} & \cdots & p_{1n} \\ p_{21} & p_{22} & \cdots & p_{2n} \\ \vdots & \vdots & \ddots & \vdots \\ p_{n1} & p_{n2} & \cdots & p_{nn} \end{bmatrix}, \quad P_j = \begin{bmatrix} p_{1j} \\ p_{2j} \\ \vdots \\ p_{nj} \end{bmatrix}$$

を考え，以後言葉の乱用ではあるが，記号を増やさないため正則単体錐 σ と上の行列を同一視する．正則性の仮定から，σ はユニモジュラー (すなわち，$\det \sigma = \pm 1$) である．各 $\sigma \in \mathcal{S}$ に対して n 次元複素 Euclid 空間 $(\mathbb{C}^n_\sigma, \mathbf{u}_\sigma)$ と座標系 $\mathbf{u}_\sigma = (u_{\sigma,1}, \ldots, u_{\sigma,n})$ を用意しておく．$\pi_\sigma : \mathbb{C}^n_\sigma \to \mathbb{C}^n$ を考え，非交直和 $\mathrm{II}_{\sigma \in \mathcal{S}} \mathbb{C}^n_\sigma$ に次の同値関係を入れる．

$\mathbf{a}_\sigma \sim \mathbf{a}_\tau \Longleftrightarrow \pi_{\tau^{-1}\sigma} : \mathbb{C}^{*n}_\sigma \to \mathbb{C}^{*n}$ が $\mathbf{u}_\sigma = \mathbf{a}_\sigma$ で定義され $\pi_{\tau^{-1}\sigma}(\mathbf{a}_\sigma) = \mathbf{a}_\tau$.

さらに詳しくいえば，

1. $\mathbf{u}_\sigma \in \mathbb{C}^{*n}$ なら $\mathbf{u}_\tau \in \mathbb{C}^{*n}$ で $\pi_{\tau^{-1}\sigma}$ はトーラス上で同型なのでトーラス $\mathbb{C}^{*n}_\sigma$, $\mathbb{C}^{*n}_\tau$ は同一視される．以下 $\mathbb{C}^{*n}_\sigma$ を σ に依らないので $T_{\max}$ と書く．

2. $\mathbf{a}_\sigma = (a_{\sigma 1}, a_{\sigma 2}, \ldots, a_{\sigma n}) \in \mathbb{C}_\sigma$ とする．

$$\sigma = (P_1, \ldots, P_n), \quad \tau = (Q_1, \ldots, Q_n), \quad \tau^{-1}\sigma = (\lambda_{ij})$$

とする．

$$(\lambda_{ij}) = (Q_1, \ldots, Q_n)^{-1}(P_1, \ldots, P_n) \Longleftrightarrow$$

$$(P_1, \ldots, P_n) = (Q_1, \ldots, Q_n)(\lambda_{ij}) \Longleftrightarrow P_i = \sum_{j=1}^n \lambda_{ji} Q_j$$

したがって，もし $a_{\sigma i} = 0$ で $\pi_{\tau^{-1}\sigma}$ が $\mathbf{u}_\sigma = \mathbf{a}_\sigma$ で well-defined ならすべての j に関し $\lambda_{ji} \geq 0$ でなくてはならない．すなわち $P_i \in \mathrm{Cone}\,\tau$ を意味する．これは Σ^* が正則単体錐の分割であることから，$\xi(i) \in \{1, \ldots, n\}$ が存在して $P_i = Q_{\xi(i)}$ でなければならない．これより，$\sigma \cap \tau = \mathrm{Cone}(P_{i_1}, \ldots, P_{i_k}) = \mathrm{Cone}(Q_{j_1}, \ldots, Q_{j_k})$ とおくとき，

$$\mathbb{C}^n_{\sigma,\tau} := \{\mathbf{u}_\sigma \mid u_{\sigma,j} \neq 0, \ j \neq i_1, \ldots, i_k\}$$

$$\mathbb{C}^n_{\tau,\sigma} := \{\mathbf{u}_\tau \mid u_{\tau,j} \neq 0, \ j \neq j_1, \ldots, j_k\}$$

5.8 正則な単体的錐分割とトーリック爆発射 **89**

とすると, $\pi_{\tau^{-1}\sigma}$ で貼り合わされるのはちょうど $\mathbb{C}^n_{\sigma,\tau}$ と $\mathbb{C}^n_{\tau,\sigma}$ である.

上の同一視で得られる複素多様体を X とおくと, 定義から明らかに, 射影

$$\hat{\pi} : X \to \mathbb{C}^n$$

を各座標系 $(\mathbb{C}^n_\sigma, \mathbf{u}_\sigma)$ への制限が $\hat{\pi}|_{\mathbb{C}^n_\sigma} = \pi_\sigma$ となるように定義できる. $P \in \mathcal{V}$ に対して P を頂点に持つ n 単体錐 $\sigma = (P_1, \ldots, P_n)$, $P = P_1$ をとり因子 (デバイザー)

$$\hat{E}(P; \sigma) := \{\mathbf{u}_\sigma \mid u_{\sigma,1} = 0\}$$

を考える. 上の考察より別の n 単体錐 $\tau = (Q_1, \ldots, Q_n)$, $P = Q_1$ をとると, $\hat{E}(P;\sigma) \cup \hat{E}(P;\tau)$ は非特異な多様体となる. そこで

$$\hat{E}(P) := \bigcup_{P \in \Sigma^*} \hat{E}(P; \sigma)$$

とおくと, X の非特異因子となる. 同様に k 次元の錐 $\xi = \mathrm{Cone}(P_1, \ldots, P_k) \in \Sigma^*$ に対して

$$\hat{E}(\xi) := \bigcap_{i=1}^{k} \hat{E}(P_i)$$

とおく. さらに

$$\hat{E}(\xi)^* := \hat{E}(\xi) \setminus \bigcup_{Q \notin \xi} \hat{E}(Q)$$

とおくと, 定義からただちに $\hat{E}(\xi)^* \cong T^{n-k}$ である. ここで T^s はトーラス $(\mathbb{C}^*)^s$ を表す. したがって, $\hat{E}(P)$ の自然な滑層分割 $\hat{E}(P) = \amalg_{P \in \xi} \hat{E}(\xi)^*$ を考えると, 各滑層 $\hat{E}(\xi)^*$ はトーラスである. また $\sigma = \mathrm{Cone}(P_1, \ldots, P_n)$ に対し, $\mathbb{C}^{*n}_\sigma = \mathbb{C}^n_\sigma \setminus \bigcup_{j=1}^{n} \hat{E}(P_j)$ は σ に依らない n 次元トーラスで, これを $T_{\max}$ で表す. $\mathbb{C}^n_\sigma$ はトーラスによる滑層分割 $\{\mathbb{C}^*_\sigma, \hat{E}(\xi)^* \mid \emptyset \neq \xi \subset \partial\sigma\}$ を持つ.

$P = {}^t(p_1, \ldots, p_n) \in N^+$ に対し, $I(P) := \{1 \leq i \leq n \mid p_i = 0\}$ を思い出そう. $I(P) = \emptyset$ のとき, P を**狭義正ベクトル** (strictly positive) とい

90 第5章 Newton 境界と非退化特異点

う. $P \gg 0$ で表す. $\hat{\pi} : X \to \mathbb{C}^n$ を Σ^* に付随した**トーリック爆発射** (toric modification) という. $P \gg 0$ の頂点に対し $\hat{E}(P)$ はコンパクト $n-1$ 次元有理多様体であることを後で示す. $\mathcal{V}^+$ で狭義正な Σ^* の頂点ベクトルの集合を表す.

5.8.1 例外デバイザーたちの交差条件

上の議論の中で次のことが示されている.

命題 5.15 $P, Q \in \mathcal{V}^+$ に対して, $\hat{E}(P) \cap \hat{E}(Q) \neq \emptyset$ なる必要十分条件はある n 単体 $\sigma = \mathrm{Cone}(P_1, \ldots, P_n) \in \mathcal{S}$ で $P_1 = P$, $P_2 = Q$ なるものが存在する事である.

5.9 Σ^* の利便性

$\overset{\vee}{\underset{j}{E_j}}$, $j = 1, \ldots, n$ を N^+ の標準基底とする. すなわち $E_j = {}^t(0, \ldots, 1, \ldots, 0)$. Σ^* が **s-利便性** (s-convenient) を持つとは, 任意の $I = \{i_1, \ldots, i_k\} \subset \{1, \ldots, n\}$ に対し, $k \leq s$ なら $E_I := \mathrm{Cone}(E_{i_1}, \ldots, E_{i_k})$ が Σ^* の錐のときをいう.

5.10 トーリック爆発射の基本定理

特に $(n-1)$-利便のとき, 単に**利便な正則単体錐分割**とよぶ. Σ^* が利便なら $\mathcal{V} \setminus \{E_1, \ldots, E_n\}$ のすべての頂点が狭義正である. いま Σ^* を s-利便な正則単体錐分割として,

$$X^{(s)} := T_{\max} \bigcup_{I, |I| \leq s} \hat{E}(E_I)^*$$

$$Y^{(s)} := \mathbb{C}^{*n} \bigcup_{I, |I| \leq s} \mathbb{C}^{*I^c} = \bigcup_{I, |I| \leq s} \mathbb{C}^n(*I^c)$$

とおく. I^c は I の補集合. $s = n-1$ のときは, $X^{(n-1)} = X \setminus \hat{\pi}^{-1}(\mathbf{0})$, $Y^{(n-1)} = \mathbb{C}^n \setminus \{\mathbf{0}\}$ である.

定理 5.16（[70],**Th (1.4)**） Σ^* を s-利便な正則単体錐分割とする．$\hat{\pi} : X \to \mathbb{C}^n$ は固有な双有理写像である．さらに

1. $P \in \mathcal{V}$ に対し，例外超曲面 $\hat{E}(P)$ が対応し，
   - $\hat{\pi}(\hat{E}(P)) = \mathbb{C}^{I(P)}$ で
   - $\mathbf{z} \in \mathbb{C}^{*I(P)}$ に対し $\hat{\pi}^{-1}(\mathbf{z}) \cap \hat{E}(P)$ は $n - |I(P)| - 1$ 次元の有理多様体.
   - P が狭義正なら $\hat{E}(P)$ はコンパクトで $\hat{\pi}(\hat{E}(P)) = \{\mathbf{0}\}$ である.

2. $\hat{\pi} : X^{(s)} \to Y^{(s)}$ は双正則同値．特に Σ^* が $(n-1)$-利便性を持てば，$\hat{\pi} : X \setminus \hat{\pi}^{-1}(\mathbf{0}) \to \mathbb{C}^n \setminus \{\mathbf{0}\}$ は双正則.

証明　一番の鍵は $\hat{\pi}$ の固有性にある．以下まず固有性を示す．　　　　　$\square$

5.10.1　$\hat{\pi}$ の固有性の証明

Ehler ([17]) の証明に従う．詳細は [70] を参照せよ．

いま X の点列 $w^{(\nu)} \in X$ で $\hat{\pi}(w^{(\nu)})$ が有界なものをとる．収束する部分列がとれることを示せばよい．

Case 1. まず $w^{(\nu)} \in T_{\max}$ の場合を考える．$\mathbb{C}^{*n}$ の点列 $\mathbf{z}^{(\nu)} = \hat{\pi}(w^{(\nu)})$ は有界と仮定するので $\exists M, \|\mathbf{z}^{(\nu)}\| \leq M$.

Case 1-a. まず $M < 1$ と仮定しよう．$\mathbb{R}_+^n$ の点列 $\mathbf{x}^{(\nu)}$ を

$$\mathbf{x}^{(\nu)} = (x_1^{(\nu)}, \ldots, x_n^{(\nu)}),$$
$$x_j^{(\nu)} := -\log|z_j^{(\nu)}| > 0, \quad j = 1, \ldots, n$$

で定めると $\mathbf{x}^{(\nu)} \in \mathbb{R}_+^n$ だから，Σ^* が $N_{\mathbb{R}}^+$ の細分であることを使うと $\exists \sigma = \mathrm{Cone}(P_1, \ldots, P_n) \in \mathcal{S}$, $\mathbf{x}^{(\nu)} \in \sigma$, $\forall \nu$ とできる（もちろん必要なら部分列をとっての話）．$\mathbb{C}_\sigma^n$ の中で $w^{(\nu)}$ を座標 $\mathbf{u}_\sigma$ を使って $\mathbf{y}_\sigma^{(\nu)}$ とおくと，この座標空間の中で点列 $\mathbf{y}_\sigma^{(\nu)}$ が収束することを示そう．

92 第 5 章 Newton 境界と非退化特異点

$$x_j^{(\nu)} = -\log|z_j^{(\nu)}| = -\log|(y_{\sigma,1}^{(\nu)})^{p_{j1}} \cdots (y_{\sigma,n}^{(\nu)})^{p_{jn}}|, \ 1 \leq j \leq n$$

$$= \sum_{i=1}^{n} -\log|y_{\sigma,i}^{(\nu)}|p_{ji}$$

$$\text{すなわち } \mathbf{x}^{(\nu)} = \sum_{i=1}^{n} -\log|y_{\sigma,i}^{(\nu)}|P_i$$

$\mathbf{x}_\sigma^{(\nu)} \in \sigma$ だから, これは $\log|y_{\sigma,i}| \leq 0$, すなわち $|y_{\sigma,i}| \leq 1$ を示している. 有界性より適当な部分列をとって $\mathbf{y}_\sigma^{(\nu)} \to \exists \mathbf{y}_\sigma^{(\infty)} \in \mathbb{C}^n$ とできる.

Case 1-b. $M \geq 1$. $\mathbb{R}_+^n$ の点列 $\mathbf{x}^{(\nu)} = (x_1^{(\nu)}, \ldots, x_n^{(\nu)})$ を $x_j^{(\nu)} := -\log|z_j^{(\nu)}|/M$ で $\mathbb{R}_+^n$ の点列を定めると, 上の議論によって, $\exists \sigma \in \mathcal{S}$, $\mathbf{x}^{(\nu)} \in \text{Cone}\,\sigma$. 座標空間 $\mathbb{C}_\sigma^n$ の中で $\mathbf{z}^{(\nu)}/M$ に対応する点列 $\mathbf{y}_\sigma^{(\nu)}$ を考えると, Case1-1 の議論より, $\mathbf{y}_\sigma^{(\nu)}$ は $\mathbb{C}_\sigma^n$ で $\mathbf{y}_\sigma^{(\infty)}$ に収束するとしてよい. 最初の点列 $w^{(\nu)}$ に対応する $\mathbb{C}_\sigma^n$ の点列を $\mathbf{u}_\sigma^{(\nu)}$ とすると,

$$\mathbf{z}^{(\nu)} = \pi_\sigma(\mathbf{u}_\sigma^{(\nu)}), \quad \mathbf{z}^{(\nu)}/M = \pi_\sigma(\mathbf{y}_\sigma^{(\nu)}).$$

$\mathbf{m} = (M, \ldots, M) \in \mathbb{C}^{*n}$, $\mathbf{n} = \pi_{\sigma^{-1}}(\mathbf{m}) \in \mathbb{C}_\sigma^{*n}$ とおいてトーラスの乗法を使うと, $\pi_{\sigma^{-1}}$ が準同型写像だから

$$\mathbf{u}_\sigma^{(\nu)} = \pi_{\sigma^{-1}}(\mathbf{z}^{(\nu)}) = \pi_{\sigma^{-1}}((\mathbf{z}_\sigma^{(\nu)}/M) \cdot \mathbf{m})$$

$$= \mathbf{y}_\sigma^{(\nu)} \cdot \mathbf{n} \to \mathbf{y}_\sigma^{(\infty)} \cdot \mathbf{n}$$

したがって点列 $\mathbf{u}_\sigma^{(\nu)}$ はこの座標で $y_\sigma^{(\infty)} \cdot \mathbf{n}$ に収束する.

Case 2. $w^{(\nu)} \in \hat{E}(\sigma)^*$, $\sigma = \text{Cone}(P_1, \ldots, P_k), k \geq 1$ かつ $\mathbf{z}^{(\nu)} = \hat{\pi}(w^{(\nu)})$ は有界とする. このとき適当な $\tau \in \mathcal{S}$ で $\hat{E}(\sigma; \tau) := \mathbb{C}_\tau^n \cap \hat{E}(\sigma)$ で収束する部分列があることを示そう. $I = \bigcap_{j=1}^{k} I(P_j)$ とおく. 簡単のため

$$I = \{q+1, \ldots, n\}, \quad J := I^c = \{1, \ldots, q\}$$

と仮定する. そうすると仮定より $\mathbf{z}^{(\nu)} \in \mathbb{C}^{*J}$ となる.

注意 5.17 $I = \emptyset$ のときは $\mathbf{z}^{(\nu)} = \{\mathbf{0}\}$ で主張は $E(\sigma)$ がコンパクトという主張と同値である.

$W = \langle P_1, \ldots, P_k \rangle_\mathbb{R}$ を $P_1, \ldots, P_k$ が $\mathbb{R}$ 上張る $\mathbb{R}^J$ の k 次元の部分空間と

おく. 今 $\{P_{k+1}, \ldots, P_q\}$ を $\mathbb{Z}^J$ から選んで $\{P_1, \ldots, P_q\}$ が $\mathbb{Z}^J$ の $\mathbb{Z}$ 基底となるようにしておく. $P_{k+1}, \ldots, P_q$ は Σ^* の頂点とは限らないし, N^+ に入っていないかもしれないが固定しておく. $\xi = (P_1, \ldots, P_q, E_{q+1}, \ldots, E_n)$ を考える. 当然これは $\mathbb{Z}^n$ の基底である. 行列としては

$$\xi = (P_1, \ldots, P_q, E_{q+1}, \ldots, E_n) = \begin{pmatrix} A & 0 \\ 0 & I_{n-s} \end{pmatrix}$$

の形である. ξ は $\mathcal{S}$ の元ではないが, τ を見つけるための**補助基底空間**として使う.

重さベクトルの空間 $N_{\mathbb{R}}$ の W による商空間 $\bar{N}_{\mathbb{R}} = N_{\mathbb{R}}/W$ とその基底 $\bar{\xi}$ を

$$\bar{\xi} = (\bar{P}_{k+1}, \ldots, \bar{P}_q, \bar{E}_{q+1}, \ldots, \bar{E}_n)$$

を考える. $\bar{P}$ は P の定める同値類を表す. この基底で $\bar{N}_{\mathbb{R}} \cong \mathbb{R}^{n-k}$ とみなす. さて

$$\Sigma^*_\sigma := \{\mathrm{Cone}(Q_1, \ldots, Q_m) \in \Sigma^* \mid m \geq k,\ Q_i = P_i,\ 1 \leq i \leq k\}$$

を考える. すなわち Σ^*_σ は σ を境界の面に含む Σ^* の錐の全体である. また $\bar{N}_{\mathbb{R}}$ の次の部分空間を考えよう.

$$\bar{N}(+I) := \{\bar{\mathbf{x}} = {}^t(x_{k+1}, \ldots, x_n) \mid x_j \geq 0,\ j \geq q+1\}$$

$q = n$ なら $\bar{N}(+I)$ は $\bar{N} = \mathbb{R}^{n-k}$, $q = k$ なら $\bar{N}(+I) = \mathbb{R}^{n-k}_+$ である.

$\tau = \mathrm{Cone}(Q_1, \ldots, Q_m) \in \Sigma^*_\sigma$ に対して $\bar{N}$ の錐 $\bar{\tau} = \mathrm{Cone}(\bar{Q}_{k+1}, \ldots, \bar{Q}_m)$ を対応させる. このようにして得られた $\bar{N}(+I)$ の錐の全体を $\bar{\Sigma}^*_\sigma$ とする.

命題 5.18 $\bar{\Sigma}^*_\sigma$ は $\bar{N}(+I)$ の正則単体錐分割を与える.

証明 分割の完備性: $\bar{\mathbf{x}} \in \bar{N}(+I)$ をとる. $\mathbf{x} \in N$ なので $\bar{\mathbf{x}}$ を $\bar{\xi}$ を使って次のように表すとする.

94 第5章 Newton 境界と非退化特異点

$$\bar{\mathbf{x}} = \sum_{i=k+1}^{q} x_i \bar{P}_i + \sum_{i=q+1}^{n} x_i \bar{E}_i,\ x_i \geq 0,\ i \geq q+1 \text{ とすると}$$

$$\mathbf{x} = \sum_{i=k+1}^{q} x_i P_i + \sum_{i=q+1}^{n} x_i E_i = \begin{pmatrix} \lambda_1 \\ \vdots \\ \lambda_n \end{pmatrix} \text{ としてよい.}$$

いま $\mathbf{x}(t) = \sum_{i=1}^{k} P_i + t\mathbf{x}$ とおくと, $\sum_{i=1}^{k} P_i \in N^{*J}$, $\lambda_j = x_j \geq 0$, $j \geq q+1$ で $I = \cap_{i=1}^{k} I(P_i)$ より十分小さな t に関して $\mathbf{x}(t) \in N^+$. 一方 $\mathbf{x}(0) \in \mathrm{Cone}(P_1, \ldots, P_k)$ だから $\exists \tau \in \Sigma_\sigma^*$, $\mathbf{x}(t) \in \tau$, $\tau = \mathrm{Cone}(Q_1, \ldots, Q_m)$ (t は十分小) と仮定できる. すなわち $\bar{\mathbf{x}}(t) = t\bar{\mathbf{x}} \in \bar{\tau}$. 錐だから $\bar{\mathbf{x}} \in \bar{\tau}$.

次に $\bar{\Sigma}_\sigma^*$ が単体錐分割の境界条件を満たすことを示そう. $\mathbf{u} \in \bar{\tau} \cap \bar{\tau}'$, $\exists \tau, \tau' \in \Sigma_\sigma^*$ で $\tau = (Q_1, \ldots, Q_m)$, $\tau' = (Q_1', \ldots, Q_r')$ と仮定すると $\mathbf{y} \in \tau$, $\mathbf{y}' \in \tau'$ をとって $\bar{\mathbf{y}} = \mathbf{u}$, $\bar{\mathbf{y}}' = \mathbf{u}$ とする. $\mathbf{y} - \mathbf{y}' \in W$. $\mathbf{y} - \mathbf{y}' = \sum_{i \in J_1} a_i P_i - \sum_{i \in J_2} a_i P_i$, $a_1, \ldots, a_k \geq 0$, $J_1 \cap J_2 = \emptyset$, $J_1 \cup J_2 = \{1, \ldots, k\}$ と書いたとき, $\mathbf{v} = \sum_{i \in J_2} a_i P_i$, $\mathbf{v}' = \sum_{i \in J_1} a_i P_i$ とおけば $\mathbf{y} + \mathbf{v} = \mathbf{y}' + \mathbf{v}' \in \tau \cap \tau'$. したがって $\tau'' \in \Sigma_\sigma^*$ を $\tau'' := \tau \cap \tau'$ とおくと $\tau'' \in \Sigma_\sigma^*$ で $\mathbf{y} + \mathbf{v}, \mathbf{y}' + \mathbf{v}' \in \tau''$. すなわち $\mathbf{u} \in \bar{\tau}'' = \bar{\tau} \cap \bar{\tau}'$. $\qquad\square$

さて固有性の証明に戻る. $w^{(\nu)} \in \hat{E}(\sigma)^*$ だから, 適当な $\tau = \mathrm{Cone}(Q_1, \ldots, Q_n) \in \Sigma_\sigma^*$ で $w^{(\nu)} \in \mathbb{C}_\tau^n$ としてよい (必要なら常に部分列をとって考える). $\tau = (q_{ij})$ とおく. この座標で $w^{(\nu)}$ を $\mathbf{y}_\tau^{(\nu)}$ とする. $\hat{\pi}(w^{(\nu)}) = \pi_\tau(\mathbf{y}_\tau^{(\nu)}) = \mathbf{z}^{(\nu)}$ は有界で

$$\mathbf{z}_i^{(\nu)} = 0,\ 1 \leq i \leq q, \quad |\mathbf{z}_i^{(\nu)}| \leq M \tag{5.1}$$

Case1 と同様に $M < 1$ としてよい. 前に固定した補助座標空間に戻すために $\xi^{-1}\tau = (\alpha_{ij})$ とおくと

$$\xi^{-1}\tau = (\alpha_{ij}) \implies Q_j = \sum_{i=1}^{q} \alpha_{ij} P_i + \sum_{i=q+1}^{n} \alpha_{ij} E_i,\ 1 \leq j \leq n$$

$$\iff \bar{Q}_j = {}^t(\alpha_{k+1,j}, \ldots, \alpha_{n,j}).$$

$\mathbf{u}^{(\nu)} := \pi_{\xi^{-1}\tau}(\mathbf{y}_\tau^{(\nu)})$, $\nu = 1, \ldots$ とおくと, $\mathbf{u}^{(\nu)}$ は $w^{(\nu)}$ だけで決まる点列で

τ には依存しないことに注意する. $Q_i = P_i$, $1 \le i \le k$ の仮定から

$$\alpha_{ij} = \delta_{ij},\ j \le k, \quad \alpha_{ij} = q_{ij},\ i \ge q+1$$

$$\iff (\alpha_{ij}) = \begin{pmatrix} I_k & * & (q_{ij_1}) \\ 0 & * & (q_{ij_2}) \end{pmatrix}$$

$$\mathbf{z}_i^{(\nu)} = \begin{cases} 0, & i \le q \\ \displaystyle\prod_{j=k+1}^{n} (y_{\tau,j}^{(\nu)})^{q_{ij}}, & q+1 \le i \le n \end{cases}$$

$$(\pi_{\xi^{-1}\tau}(\mathbf{y}_\tau^{(\nu)}))_i = \begin{cases} 0, & i \le q \\ \displaystyle\prod_{j=k+1}^{n} (\mathbf{y}_{\tau,j}^{(\nu)})^{\alpha_{ij}}, & k+1 \le i \le n. \end{cases}$$

特に

$$\mathbf{z}_i^{(\nu)} = (\pi_\tau(\mathbf{y}_\tau^{(\nu)}))_i = (\pi_{\xi^{-1}\tau}(\mathbf{y}_\tau^{(\nu)}))_i, \quad q+1 \le i \le n. \tag{5.2}$$

いま点列 $\mathbf{x}^{(\nu)}$ を

$$x_i^{(\nu)} := -\log |(\pi_{\xi^{-1}\tau}(\mathbf{y}_\tau^{(\nu)})_i| = \sum_{j=k+1}^{n} -\alpha_{ij} \log |y_{\tau,j}^{(\nu)}|, \quad k+1 \le i \le n$$

とおくと (5.1), (5.2) より, $\mathbf{x}^{(\nu)} \in \bar{N}(+I)$. $\bar{\Sigma}_\sigma^*$ の完備性より $\tau' = \mathrm{Cone}(Q_1', \ldots, Q_n') \in \bar{\Sigma}_\sigma^*$ が存在して必要なら部分列をとって $\bar{\mathbf{x}}^{(\nu)} \in \bar{\tau}'$ とできる. $\xi^{-1}\tau' = (\alpha_{ij}')$ とおくと

$$Q_j' = \sum_{i=1}^{q} \alpha_{ij}' P_i + \sum_{i=q+1}^{n} \alpha_{ij}' E_i, \quad 1 \le j \le n$$

$$\iff \bar{Q}_j' = {}^t(\alpha_{k+1,j}', \ldots, \alpha_{n,j}').$$

であるから,

$$\bar{Q}'_j = \sum_{i=k+1}^{q} \alpha'_{ij} P_i + \sum_{i=s+1}^{n} \alpha'_{ij} E_j, \quad j \geq q+1.$$

$$\bar{\mathbf{x}}^{(\nu)} = \sum_{i=k+1}^{n} -\log |y^{(\nu)}_{\tau',j}| \bar{Q}'_i$$

より $|y^{(\nu)}_{\tau',j}| < 1$, $j = k+1, \ldots, n$ で点列 $\mathbf{y}^{(\nu)}_{\tau'}$ は収束する部分列を持つ.

Case 2-2. $M \geq 1$ Case 1-1 と同様に示せる.

最後に定理 5.16 の主張 1 を見るためにまず $\tau = (Q_1, \ldots, Q_n) \in \Sigma^*_\sigma$, $\pi_\tau : \hat{E}(\sigma; \tau)^* \to \mathbb{C}^I$ を見る. $\tau = (q_{ij})$ とおく. 仮定より $\bigcap_{i=1}^{k} I(P_i) = I = \{q+1, \ldots, n\}$, $Q_i = P_i$, $i \leq k$ だから $A := (q_{ji})_{\{q+1 \leq i, j \leq n\}}$ は $(n-q) \times (n-q)$ ユニモジュラー行列である.

$$\mathbf{u}'_\tau = (0, \ldots, 0, u_{\tau,k+1}, \ldots, u_{\tau,n}) \mapsto \mathbf{z}' = (0, \ldots, 0, z_{q+1}, \ldots, z_n)$$

$$z_j = u_{\tau,k+1}^{q_{j,k+1}} \cdots u_{\tau,n}^{q_{jn}}, \quad q+1 \leq j \leq n$$

逆像 $(\pi_\tau)^{-1}(\mathbf{z}')$ を調べるために次の行列を考える.

$$B := \begin{pmatrix} I_q & 0 \\ 0 & A \end{pmatrix}, \quad C = B^{-1}\tau = (q'_{ji}), \quad \mathbf{z}'' := \pi_{B^{-1}}(\mathbf{z}').$$

このとき $\mathbf{z}'' = (0, \ldots, 0, u_{\tau,q+1}, \ldots, u_{\tau,n})$ で

$$\pi_\tau^{-1}(\mathbf{z}') \cong \pi_{B^{-1}\tau}^{-1}(\mathbf{z}'')$$
$$= \{\mathbf{u}'_\tau = (0, \ldots, 0, u_{\tau,k+1}, \ldots, u_{\tau n}) \mid (u_{\tau,q+1}, \ldots, u_{\tau n}) = \pi_{A^{-1}}(\mathbf{z}')\}$$
$$\cong \mathbb{C}^{*(q-k)}.$$

固有性と合わせて主張 1 が従う.

主張 2 の証明のために $Y^{(s)}$ 上で切断 $\eta : Y^{(s)} \to X^{(s)}$ を構成する. 例えば点 $\alpha = (\mathbf{0}, \ldots, \mathbf{0}, \alpha_{\mathbf{t+1}}, \ldots, \alpha_{\mathbf{n}})$, $t \leq s$, $\alpha_j \neq 0$ $j = t+1, \ldots, n$ とする. $\sigma = (E_1, \ldots, E_s, P_{s+1}, \ldots, P_n) \in \mathcal{S}$ を選んで $\eta(\alpha) = \pi_\sigma^{-1}(\alpha) \in \mathbb{C}^n_\sigma$ と定義すれば σ の選び方に依らず $X^{(s)}$ の点としてユニークに定まっている.

$$\sigma = \begin{pmatrix} I_s & C \\ O & A \end{pmatrix} \text{ とすると } \sigma^{-1} = \begin{pmatrix} I_s & C' \\ O & A^{-1} \end{pmatrix}$$

に注意すればよい. ここで I_s は $s \times s$ 単位行列. $\eta \circ \hat{\pi} = \mathrm{id}_{X^{(s)}}, \hat{\pi} \circ \eta = \mathrm{id}_{Y^{(s)}}$ であるから主張 2 はこれより従う.

5.11 双対 Newton 図形

$f(\mathbf{z})$ を与えられた正則関数の芽として f から定まる $N_{\mathbb{R}}^+$ の**双対錐分割** $\Gamma^*(f)$ を定義しよう. $P, Q \in N_{\mathbb{R}}^+$ に対して $P \sim Q \iff \Delta(P) = \Delta(Q)$ と定義すれば明らかに

$$P \sim Q \implies P \sim rP,\ rP + sQ \sim P,\ \forall r > 0,\ \forall s > 0$$

$\Delta(P)$ は線形関数 $\nu \mapsto \sum_{i=1}^n \nu_i p_i$ 最小値 $d(P)$ をとる面であった. 上の同値関係で定まる $N_{\mathbb{R}}^+$ の錐分割を**双対 Newton 図形**とよぶ. $\Gamma^*(f)$ は $\mathbb{N}_{\mathbb{R}}^+$ の有理多面体的錐分割である.

例 5.19 $f(\mathbf{z}) = z_1^5 + z_1^2 z_2^2 + z_2^6, n = 2$ とすると $\Gamma^*(f)$ は図 5.3 のようになる. ここで $P = {}^t(2,1), Q = {}^t(2,3)$.

この例だと 2 次元の錐は $\mathrm{Cone}(E_1, P), \mathrm{Cone}(P, Q), \mathrm{Cone}(Q, E_2)$, 1 次元錐は $\mathrm{Cone}(E_1), \mathrm{Cone}(P), \mathrm{Cone}(Q), \mathrm{Cone}(E_2)$ で $\{\mathbf{0}\}$ は 0 次元の錐である.

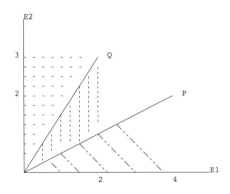

図 **5.3** 双対 Newton 境界

98 第 5 章 Newton 境界と非退化特異点

5.11.1 利便な正則単体錐細分

正則単体錐分割 Σ^* が f に**許容された正則単体錐分割**とは Σ^* が $\Gamma^*(f)$ の細分のときをいう. すなわち任意の錐 $\sigma = \mathrm{Cone}(P_1, \ldots, P_k) \in \Sigma^*$ に対して $\Gamma^*(f)$ の錐 τ が存在して $\sigma \subset \tau$ となり, また $\Gamma^*(f)$ の任意の錐が有限個の Σ^* の錐の和集合となることをいう. 関数 f の良い解消を与えるために, もう 1 つ定義が必要となる. 許容された正則単体錐分割 Σ^* が $\Gamma^*(f)$ の**利便な単体正則錐細分**とは, 任意の $I \subset \{1, \ldots, n\}$ で $f^I \not\equiv 0$, $f^I := f|\mathbb{C}^I$ なら $E_{I^c} \in \Sigma^*$ のときをいう. $\Gamma(f)$ が s-利便とは, $|I| \le s$ なる任意の I に関して $f^{I^c} \not\equiv 0$ なるときをいう. 特に $\Gamma(f)$ が $(n-1)$-利便のときを単に利便という. $\Gamma(f)$ が利便で Σ^* が利便な細分なら, $\mathcal{V}$ の狭義正でない頂点は E_i, $1 \le i \le n$ のみとなる. Σ^* を $\Gamma(f^I)$ の利便な正則単体錐細分とし, $f^I \not\equiv 0$ で $\Gamma(f^I)$ の次元 $|I| - 1$ の面 Ξ に対して, $P = {}^t(p_i)_{i \in I} \in N_+^I$ を対応する原始的な重さベクトルとする. Ξ の双対錐 Ξ^* を

$$\Xi^* := \{Q \in N^+ \mid \Delta(Q) \supset \Xi\}$$

として定義する. Ξ^* は錐である.

補題 5.20 Σ^* を $\Gamma(f^I)$ の利便な正則単体錐細分とする. Ξ^* の中に唯一つベクトル $\tilde{P} \in \mathcal{V}$ が存在して $\tilde{P}$ と E_j, $j \notin I$ は Σ^* の単体錐の頂点となる.

証明 簡単のため $I = \{1, \ldots, k\}$ とする. $\dim \Xi^* = n - k + 1$ で $E_j \in \Xi^*$, $k+1 \le j \le n$ だから $R \in \Xi^*$ で $\mathrm{Cone}(R, E_{k+1}, \ldots, E_n) \in \Sigma^*$ となる頂点ベクトルがある. 正則性から $\det(R, E_{k+1}, \ldots, E_n) = 1$ だから R の I 成分 R_I は原始的な重さベクトルであるから $R_I = P$. R_I は $\dim \Xi = k - 1$ から一意的に決まる. もしもう 1 つ S が存在して同一の条件を満たせば $S_I = R_I$. $\mathrm{Cone}(S, E_{k+1}, \ldots, E_n)$ も $\mathrm{Cone}(R, E_{k+1}, \ldots, E_n)$ も辺 $\mathrm{Cone}(E_{k+1}, \ldots, E_n)$ の (十分近い) 内側で一致するので

$$\mathrm{Cone}(S, E_{k+1}, \ldots, E_n) \cap \mathrm{Cone}(R, E_{k+1}, \ldots, E_n) \supsetneq \mathrm{Cone}(E_{k+1}, \ldots, E_n).$$

これは $R = S$ を意味する. $\qquad\square$

5.12 非退化超曲面のトーリック爆発射による特異点解消

f, $\Gamma^*(f)$ を前章のごとくとる. Σ^* が $\Gamma^*(f)$ に許容された正則単体錐分割とする.

例 5.21 $f(\mathbf{z}) = z_1^5 + z_1^2 z_2^2 + z_2^6$, $n = 2$ だと $\Gamma^*(f)$ の頂点は $\{E_1, P, Q, E_2\}$, $P = {}^t(2,1)$, $Q = {}^t(2,3)$ で 2 つの錐 $\mathrm{Cone}(P,Q)$, $\mathrm{Cone}(Q,E_2)$ は正則でない. 実際 $\det(P,Q) = 4$, $\det(Q,E_2) = 2$. Σ^* として最小の分割は頂点 $T = {}^t(1,1)$, $S = {}^t(1,2)$ をそれぞれ $\mathrm{Cone}(P,Q)$, $\mathrm{Cone}(Q,E_2)$ の中に挿入して正則単体細分にすればいい.

$$\mathrm{Cone}(P,Q) \to \mathrm{Cone}(P,T) \cup \mathrm{Cone}(T,Q)$$

$$\mathrm{Cone}(Q,E_2) \to \mathrm{Cone}(Q,S) \cup \mathrm{Cone}(S,E_2)$$

双対 Newton 図式を簡単のため $\nu_1 + \cdots + \nu_n = 1$ の超平面で切って, その影で表示することが多い. 例えば上の例は次のように図示できる (図 5.2). 右の図が平面での切り口である. 次の定理が基本的である.

定理 5.22 (cf. [101]) $f(\mathbf{z})$ を Newton 非退化な超曲面の芽とする. Σ^* を $\Gamma^*(f)$ に許容された利便な正則単体錐分割とすると Σ^* に付随したトーリック爆発写像 $\hat{\pi} : X \to \mathbb{C}^n$ は f の良い特異点解消を与える.

証明 $f(\mathbf{z}) = \sum_\nu a_\nu \mathbf{z}^\nu$ を Taylor 展開とする. 任意のトーリック座標 $(\mathbb{C}^n_\sigma, \mathbf{u}_\sigma)$ をとる. $\sigma = (P_1, \ldots, P_n) = (p_{ij})$ とする.

$$\pi_\sigma^* \mathbf{z}^\nu = u_{\sigma,1}^{P_1(\nu)} \cdots u_{\sigma,n}^{P_n(\nu)}, \quad P_j(\nu) = \sum_{i=1}^n p_{ij}\nu_i$$

だから

$$\pi_\sigma^* f(\mathbf{u}_\sigma) = \left(\prod_{i=1}^n u_{\sigma,i}^{d(P_i)}\right) h_\sigma(\mathbf{u}_\sigma)$$

$$h_\sigma(\mathbf{u}_\sigma) = \sum_\nu a_\nu u_{\sigma,1}^{P_1(\nu)-d(P_1)} \cdots u_{\sigma,n}^{P_n(\nu)-d(P_n)}$$

第5章 Newton 境界と非退化特異点

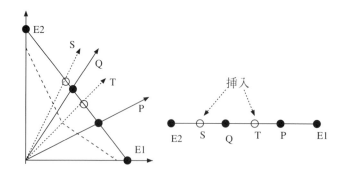

図 5.4 細分とグラフ

で $P_j(\nu) - d(P_j) \geq 0$ だから $\tilde{V}$ は $h_\sigma(\mathbf{u}_\sigma) = 0$ で定義される．点 $\xi = (0, \ldots, 0, \alpha_{k+1}, \ldots, \alpha_n)) \in \tilde{V} \cap \hat{E}(P_1, \ldots, P_k)^*$ をとる．

$\tilde{V}$ が点 ξ で非特異で $\pi^* f$ が通常特異点のみ持つことを示そう．$\Delta = \bigcap_{i=1}^{k} \Delta(P_i)$ とおく．

$$\pi_\sigma^* f_\Delta(\mathbf{u}_\sigma) = \left(\prod_{i=1}^{n} u_{\sigma,i}^{d(P_i)} \right) h_{\sigma,\Delta}(\mathbf{u}_\sigma)$$

$$h_{\sigma,\Delta}(\mathbf{u}_\sigma) = \sum_{\nu \in \Delta} a_\nu u_{\sigma,k+1}^{P_{k+1}(\nu) - d(P_{k+1})} \cdots u_{\sigma,n}^{P_n(\nu) - d(P_n)},$$

特に $h_\sigma(\mathbf{u}_\sigma) \equiv h_{\sigma,\Delta}(\mathbf{u}_\sigma)$ modulo $(u_{\sigma,1} \cdots u_{\sigma,k})$．ここで $P_j(\nu) = d(P_j)$ がすべての $\nu \in \Delta$ で成り立つから $h_{\sigma,\Delta}$ は $u_{\sigma,k+1}, \ldots, u_{\sigma,n}$ のみの関数で，非退化の仮定から $\mathbb{C}^{*(n-k)}$ で特異点を持たないことに注意しておく．したがって $\tilde{V} \cap \hat{E}(P_1, \ldots, P_k)^*$ はこの座標系では $h_\sigma(\mathbf{u}_\sigma) = 0$ で定義される．このとき Jacobi 行列は次のようになる．

$$\frac{\partial(u_{\sigma,1}, \ldots, u_{\sigma,k}, h_\sigma)}{\partial(u_{\sigma,1}, \ldots, u_{\sigma,n})}(\xi) = \begin{bmatrix} I_k & 0 & \cdots & 0 \\ * & \frac{\partial h_{\sigma,\Delta}}{\partial u_{\sigma,k+1}}(\xi) & \cdots & \frac{\partial h_{\sigma,\Delta}}{\partial u_{\sigma,n}}(\xi) \end{bmatrix}$$

f の Δ 上非退化の仮定より，この行列の階数は $k+1$ で $\tilde{V}, \hat{E}(P_1), \ldots, \hat{E}(P_k)$ は ξ で横断的なことが示された．

最後に狭義正でない頂点 P があれば，$I = I(P)$, $J = I^c$ として $f^J \equiv 0$ を意味する．すなわち $V \supset \mathbb{C}^J$．したがって $\pi^* f | \hat{E}(P) \equiv 0$ で

$$\pi : X \setminus \pi^{-1}(V) \to \mathbb{C}^n \setminus V$$

は同型. W を $\{\mathbb{C}^I \mid f^I \equiv 0\}$ の和集合とすると $\pi : \tilde{V} \setminus \pi^{-1}(W) \to V \setminus W$ も同型写像である. □

 非退化性の Zariski 位相での開集合性 (系 5.10) と Thom の第 1 アイソトピー補題を使えば次のことが示せる.

系 5.23 ([70], Chapter V) $f(\mathbf{z})$ が利便で Newton 非退化であればその局所位相型は Newton 境界のみで定まる. Newton 非退化である限り Newton 境界上の係数や Newton 境界より上にある単項式などには依存しない.

証明 二つの非退化な解析関数 $f(\mathbf{z}), g(\mathbf{z})$ が Newton 境界を同じくすれば区分的に線形な関数族 $f_t(\mathbf{z}), 0 \le t \le 1$ で $f_0 = f, f_1 = g$, f_t は任意の $0 \le t \le 1$ で非退化で Newton 境界を保つようにできるから,最初から線形な族としてよい. 定理を使って一斉に特異点の解消を作ると

$$\hat{\Pi} = \hat{\pi} \times \mathrm{id} : X \times [0,1] \to \mathbb{C}^n \times [0,1]$$

が作れ,超曲面族 $V_t := f_t^{-1}(0)$ の同時特異点解消が得られる. またこの族は共通の安定半径を持つ. [70] の 5 章の Theorem (2.8) と Corollary (2.8.1) を参照せよ. この状況で Thom の第 1 アイソトピー補題を使えばよい. 詳しいことは [70], Chapter V を参照せよ. □

5.13 モノドロミーのゼータ関数

 次にモノドロミーのゼータ関数を考える. $V = \{f(\mathbf{z}) = 0\}$ を非退化超曲面とする. Σ^* を $\Gamma^*(f)$ に利便な単体錐分割とし,$\pi : X \to \mathbb{C}^n$ を付随したトーリック爆発射とする.

5.13.1 大域的非退化多項式

 $h(u_1, \ldots, u_k) = \sum_\nu a_\nu \mathbf{u}^\nu$ を Laurent 多項式とする. $\{\nu \mid a_\nu \ne 0\}$ の凸

包を $\Delta = \Delta(h)$ で表し，h の Newton 多面体という．h が**大域的に非退化** (globally non-degenerate) とは Δ の任意の部分面 Ξ（$\Xi \subset \partial\Delta$ または $\Xi = \Delta$）に対して

$$\left\{ \mathbf{u} \in \mathbb{C}^{*k} \,\middle|\, h_\Xi(\mathbf{u}) = \frac{\partial h_\Xi}{\partial u_1}(\mathbf{u}) = \cdots = \frac{\partial h_\Xi}{\partial u_k}(\mathbf{u}) = 0 \right\} = \emptyset$$

となることをいう．Ξ が生成する最小アフィン部分多様体が原点を通らなければ，$h_\Xi(\mathbf{u}) = 0$ は Euler 等式から従う．

例 5.24 $f(\mathbf{z})$ が非退化な超曲面の芽を定義すると仮定すると，任意の正の重さベクトル P に対して多項式 $f_P(\mathbf{z})$ は大域的非退化である．

補題 5.25（[**36, 63**]） $h(u_1, \ldots, u_k)$ を非退化な Laurent 多項式とする．超曲面

$$V(h)^* := \{\mathbf{u} \in \mathbb{C}^{*k} \mid h(\mathbf{u}) = 0\}$$

の Euler 数は

$$\chi(V(h)^*) = (-1)^{k-1} k! \operatorname{Vol}_k \Delta(h)$$

で与えられる．特に $\dim \Delta(h) \leq k-1$ なら $\chi(\Delta(h)^*) = 0$．

証明 一番やさしい場合を示す．$h(\mathbf{u})$ が単体的とする．すなわち $h(\mathbf{u}) = \sum_{j=0}^{k} c_j \mathbf{u}^{\nu_j}$, $c_j \neq 0$, $j = 0, \ldots, k$ で $\{\nu_0, \ldots, \nu_k\}$ が一般の位置にあるとする．必要なら $\mathbf{u}^{-\nu_0} h(\mathbf{u})$ を考えることで $\nu_0 = \mathbf{0}$ としてよい．行列 $A = (\nu_1, \ldots, \nu_k)$ を考える．$d = \det A$ は $d = k! \operatorname{Vol}_k(\Delta(h))$ に注意する．整数行列 B を dA^{-1} とおく．$BA = dI_k$ で $\det B = d^{k-1}$ である．トーリック準同型 $\pi_B : \mathbb{C}^{*k} \to \mathbb{C}^{*k}$, h の引き戻し $\tilde{h}(\mathbf{u}) := h(\pi_B(\mathbf{u}))$ とその零点集合 $V(\tilde{h})^*$ を考えると，π_B は制限として $\pi_B : V(\tilde{h})^* \to V(h)^*$ を引き起こす．この写像は $\det B = d^{k-1}$-fold 被覆写像であるから $\chi(V(\tilde{h})^*) = (-1)^{k-1} d^{k-1} \chi(V(h)^*)$ である．一方 $\tilde{h}(\mathbf{u}) = c_0 + \sum_{j=1}^{k} c_k u_j^d$ であるから，$\chi(V(\tilde{h})^*) = (-1)^{k-1} d^k$ であることは Pham-Brieskorn の公式を使えば従う．よって $\chi(V(h)^*) = (-1)^{k-1} d = (-1)^{k-1} k! \operatorname{Vol}_k(\Delta(h))$ が従う．一般の場合の証明は [36, 63] を参照せよ．ここで Vol_k は k 次元 Euclid 体積であ

る.　　　　　　　　　　　　　　　　　　　　　　　　　　　　□

系 5.26　$f(\mathbf{z})$ を非退化な擬斉次多項式とし，Δ をその Newton 多面体とする．このとき f のトーリック Milnor 束のファイバー $F^* := f^{-1}(1) \cap \mathbb{C}^{*n}$ の Euler 数は

$$\chi(F^*) = (-1)^{n-1} n! \operatorname{Vol}_n C(\Delta, \mathbf{0}), \quad C(\Delta, \mathbf{0}) := \{r\mathbf{x} \mid x \in \Delta,\ 0 \le r \le 1\}$$

で与えられる．

5.13.2　横断的超曲面

　$f = 0$ を局所的に滑らかな座標平面の和とする．すなわち適当な座標系 $\mathbf{z} = (z_1, \ldots, z_n)$ で $f(\mathbf{z}) = z_1^{\nu_1} \cdots z_k^{\nu_k},\ \forall \nu_i > 0,\ 1 \le i \le k$ かつ $k \le n$ とする．そのような多項式で定義された超曲面を横断的超曲面という．$\nu_0 = \gcd(\nu_1, \ldots, \nu_k)$ とおく．

命題 5.27 (p.48, [70])　f を上のような関数とする．f の原点での Milnor ファイバーは ν_0 個の交わらない $k-1$ 次元のトーラスとホモトピー同値でモノドロミーはその成分たちの巡回置換である．特にモノドロミーのゼータ関数は $k = 1$ のときは $\zeta(t) = (1 - t^{\nu_1})^{-1}$ で $k \ge 2$ では自明である．

証明　f は斉次多項式であるから Milnor ファイバー F は

$$F = \{\mathbf{z} \mid z_1^{\nu_1} \cdots z_k^{\nu_k} = 1\},$$

モノドロミーは $\mathbf{z} \mapsto e^{2\pi i/d}\mathbf{z},\ d = \sum_{i=1}^k \nu_i$ である．まず $d = \nu_0 d',\ \nu_i = \nu_0 \nu_i',\ i = 1, \ldots, k$ と書いて

$$F_j = \{\mathbf{z} \mid z_1^{\nu_1'} \cdots z_k^{\nu_k'} = e^{2j\pi/\nu_0}\},\ j = 0, \ldots, \nu_0 - 1$$

とおくと，$F = \amalg_{j=0}^{\nu_0 - 1} F_j$ で $h(F_j) = F_{j+1}$ である．ただし，$F_{\nu_0} = F_0$ と理解する．各 $F_j \cong T^{k-1}$ を示す．いま第 1 行が $(\nu_1', \ldots, \nu_k')$ である $k \times k$ ユニモジュラー行列 A をとる．$F_j' = \{u_1 = e^{2j\pi/\nu_0}\} \subset \mathbb{C}^{*k}$ とおくと明らかに，

104 第 5 章 Newton 境界と非退化特異点

$F_j' \cong \mathbb{C}^{*(k-1)}$ で，$\varphi_A : F_j \to F_j'$ は同型であるから主張は (3.26) から従う．　□

5.13.3 管状 Milnor 束（第 2 表現）とモノドロミー

Milnor 束を第 2 表現

$$f : \partial E(r,\delta)^* \to S_\delta^1$$

を使ってモノドロミーを調べる．ここで

$$E(r,\delta) = \{\mathbf{z} \in B_r \mid |f(\mathbf{z})| \le \delta\}, \quad \partial E(r,\delta)^* = \{\mathbf{z} \in B_r \mid |f(\mathbf{z})| = \delta\}$$

を思い出そう．これを $\hat{\pi}$ で X に持ち上げて A'Campo の定理 4.6 を使う．Σ^* の頂点の集合を $\mathcal{V}$ としてそのうち狭義正の頂点を $\mathcal{V}^+$ とする．N^I の狭義正の重さベクトルを N^{+I} で表す．

$$\mathcal{I}_{nv} = \{I \subset \{1,\dots,n\} \mid f^I \not\equiv 0\},$$
$$\mathcal{S}_I := \{P \in N^{+I} \mid P \text{ は原始的}, \Delta(P;f^I) \text{ は } |I|-1 \text{ 次元 }\}.$$

$P \in N^{+I}$ に対して，次のデータを定義する．

$$\chi(P) := (-1)^{|I|-1} |I|! \operatorname{Vol}_{|I|} C(\Delta(P;f^I),\mathbf{0})/d(P;f^I),$$
$$C(\Delta,\mathbf{0}) := \{r\mathbf{x} \mid \mathbf{x} \in \Delta,\ 0 \le r \le 1\}$$

これを使って f^I の寄与を

$$\zeta_I(t) := \prod_{P \in \mathcal{S}_I} (1 - t^{d(P;f^I)})^{-\chi(P)}. \tag{5.3}$$

と定義する．このときゼータ関数は次のように与えられる．

定理 5.28 f を非退化な超曲面とし，トーリック解消を上のように構成する．このときモノドロミーゼータ関数は次の式で与えられる．

$$\zeta(t) = \prod_{I \in \mathcal{I}_{nv}} \zeta_I(t).$$

証明 $I_{\max} = \{1,\dots,n\}$ とおく．$\mathcal{V}^+$ を狭義正な頂点ベクトルの集合とす

る. $P \in \mathcal{V} \setminus \mathcal{V}^+$ で例えば $I(P) = \{k+1, \ldots, n\}$ とすると, $J = \{1, \ldots, k\}$ とおくと Σ^* の利便性から $f^J \equiv 0$. $\pi : \hat{E}(P)^* \to \mathbb{C}^{*I(P)}$ は全射で $\hat{E}(P) \subset \{\pi^* f = 0\}$ なので $\chi(\hat{E}(P) \cap \pi^{-1}(E(\varepsilon, \delta))) = 0$ でゼータ関数への影響はない. したがって $\hat{E}(P)^*$, $P \in \mathcal{V}^+$ のみ考えればよい. $\Delta := \Delta(P)$,

$$\hat{E}(P)' := \hat{E}(P) \setminus \bigcup_{Q \in \mathcal{V}^+, Q \neq P} \hat{E}(Q),$$

$$E(P) := \hat{E}(P) \cap \tilde{V}$$

$$E(P)^* := \hat{E}(P)' \cap E(P), \quad \hat{E}(P)^* := \hat{E}(P)' \setminus E(P)$$

とおく.

(1) $P \in \mathcal{V}^+$ で Δ が $\Gamma(f)$ の面で $\dim \Delta = k$ とおく. $k \leq n-1$ である. トーリック座標 $\sigma = \mathrm{Cone}(P_1, \ldots, P_n)$ で $P = P_n$ をとる.

$$\pi_\sigma^* f_\Delta(\mathbf{u}_\sigma) = u_{\sigma,n}^{d(P)} \tilde{f}_\Delta(u_{\sigma,1}, \ldots, u_{\sigma,n-1})$$

と書くと, $\hat{E}(P) = \{\tilde{f}_\Delta = 0\}$. 一方 $\tilde{f}_\Delta$ の Newton 図形を Δ' とすると, σ はユニモジュラー行列だから

$$\mathrm{Vol}_n \, C(\Delta, \mathbf{0}) = \frac{1}{n} d(P) \times \mathrm{Vol}_{(n-1)} \Delta'$$

だから, 補題 5.25 によって

$$\chi(E(P)^*) = (-1)^{n-2}(n-1)! \, \mathrm{Vol}_{(n-1)} \Delta'$$
$$= (-1)^{n-2} n! \, \mathrm{Vol}_n(C(\Delta, \mathbf{0}))/d(P).$$

一方 $\chi(\hat{E}(P)^*) = \chi(\mathbb{C}^{*(n-1)} - E(P)^*) = -\chi(E(P)^*)$. したがってこの例外超曲面からのゼータ関数への自明でない寄与は $k = n-1$ のときのみで $(1 - t^{d(P)})^{-\chi(P)}$. したがって $\Delta \in \Gamma(f) \setminus_{I \neq I_{max}} \Gamma(F^I)$ たちからの自明でない貢献はちょうど $\zeta_{I_{max}}(t)$ となる.

(2) $\Delta = \Delta(P) \subset \Gamma(f^I)$, $\exists I \in \mathcal{I}$ のとき. $\dim \Delta = k$ とおく.

$$\Delta^* := \{Q \in N_{\mathbb{R}}^+ \mid \Delta(Q) \supset \Delta\}$$

を考えると, $\dim \Delta^* = n - k$ となる. 狭義正でない頂点で $\hat{E}(P)$ と交わるのは $E_i \in \Delta^*$, $i \notin I$ のみ. 記号の簡明さのため $I = \{1, 2, \ldots, \ell\}$, $\ell \geq k+1$

106 第 5 章 Newton 境界と非退化特異点

とする.

座標近傍系 $\sigma = \mathrm{Cone}(P_1, \ldots, P_n)$, $P_1 = P$ をとって $P_1 = E_{\ell+1}, \ldots, P_s$ $= E_s$, $s \le n$ と仮定しよう. そのとき $K = \{\ell+1, \ldots, s\}$ とおき

$$\hat{E}(P; \sigma)^* = \mathrm{II}_{J \subset K} \hat{E}(P)_J^*$$

$$\hat{E}(P)_J^* := \hat{E}(P) \cap \{u_{\sigma,j} = 0,\ j \in J,\ u_{\sigma,j} \ne 0,\ j \notin J\}$$

$\chi(\hat{E}(P)^*)$ は各滑層の Euler 数の和となるが零でない項が出てくるのは, 補題 5.25 から $s = n$, $k = \ell$ のときのみである. そのときは P の I 成分を P_I で表すと, σ がユニモジュラーであるから P_I も原始的整数ベクトルで $P_I \in \mathcal{S}_I$. したがって $d(P_I; f^I) = d(P; f)$ で (1) と同じ議論で

$$\chi(\hat{E}(P)^*) = \chi(\hat{E}(P)_I^*) = -(-1)^{\ell-1} \mathrm{Vol}_\ell\, C(\Delta, \mathbf{0}) = \chi(P_\ell).$$

逆に I を固定して, その最大次元の面 $\Delta \subset \Gamma(f^I)$ に対し, Δ^* は $n - |I| + 1$ 次元で E_{I^c} は $n - |K|$ 次元の境界であるから, $n - |K| + 1$ 次元の錐 $\tau = \mathrm{Cone}(P, E_{I^c}) \subset \Delta^* \cap \Sigma^*$ が唯一つ存在して $\Delta(P) = \Delta$ (補題 5.20). Δ を $\gamma(f^I)$ の最大次元の面で動かしてまとめると, $\zeta_I(t)$ になる. $\qquad\square$

5.14 正則細分の方法

実際に与えられた超曲面特異点の具体的な特異点解消をするには双対 Newton 図形の正則細分の具体的方法が必要になる. まず双対 Newton 図形 $\Gamma^*(f)$ を超平面で切った $n-1$ 単体 $(E_1, E_2, \ldots, E_n)$ の細分として見ることにする. 頂点はすべて原始的ベクトルで表す.

準備段階:頂点は増やさずに辺を加えて, $\Gamma^*(f)$ を単体分割 $\Gamma^*(f)'$ に分割する.

第 2 段階:帰納法で次元の低い面から順次正則細分する. この段階では最小限の頂点を加える.

5.14.1 帰納法の出発点:1 次元の辺(錐としては 2 次元)

辺の正則細分には次の補題を使う.

5.14 正則細分の方法 *107*

補題 5.29 ([**64, 70**]) $\sigma = \mathrm{Cone}(P, Q)$ を P, Q を両端とする 1 単体とし, $c = \det(P, Q)$ とする. $c > 1$ と仮定する.

1. σ の中にただ一つ $P_1 \in \sigma$ が存在して $\det(P, P_1) = 1$ かつ $\det(P_1, Q) < c$ を満たす ($\det(P_1, Q) < c$ を仮定しないと無限に存在する). P_1 は $P_1 = (Q + c_1 P)/c$, $1 \leq c_1 < c$ と書けて $\det(P_1, Q) = c_1$ である.

2. $\det(P, P_1') = 1$ を満たす任意の原始ベクトル $P_1' \in \sigma$ に対し $P_1' = P_1 + \ell P$ と適当な正の整数 ℓ で書ける. この場合は $\det(P_1', Q) = c_1 + \ell c$ である.

図では P_1 が辺 $\overline{PQ}$ の上にあるように見えるが実際は $P_1 \in \mathrm{Cone}(P, Q)$ である. まず次の自明な命題を使う.

命題 5.30 $P_1, \ldots, P_k$ 整数ベクトルとし A をユニモジュラーな行列とする. このとき $\det(AP_1, \ldots, AP_k) = \det(P_1, \ldots, P_k)$. もし $\det(P_1, \ldots, P_k) = 1$ ならば, $\det(P_{i_1}, \ldots, P_{i_s}) = 1$ が任意の部分列 $\{i_1, \ldots, i_s\} \subset \{1, \ldots, k\}$ で成り立つ. 特に P_i はすべて原始的である.

証明 補題 5.29 を示そう. 命題 5.30 を使って $P = {}^t(1, 0, \ldots, 0)$ と仮定できる. Q を $Q = {}^t(q_1, \ldots, q_n)$ とおく. c は仮定より $c = \gcd(q_2, \ldots, q_n)$ で Q は原始的整数ベクトルだから c と q_1 は互いに原始的でなくてはならない. $R \in \sigma$ を整数ベクトルで $\det(P, R) = 1$ を満たすとする. まず適当な有理数 α, $\beta > 0$ が存在して, $R = \alpha P + \beta Q$ と書ける. R は整数ベクトルだから $\det(P, R), \det(R, Q) \in \mathbb{Z}$ だから βc, $\alpha c \in \mathbb{Z}$. したがって $\det(P, R) = 1$ から $R = (Q + aP)/c$ と書け, a は正整数でなくてはならない. R は整数ベクトルだから $a + q_1 \equiv 0 \bmod c$. したがって解 c_1 で $0 < c_1 < c$ なるものが一意的にあり, $0 < c_1 < c$ を仮定しなければ一般解は $a = c_1 + \ell c$, $\ell \in \mathbb{Z}_+$. $\ell > 0$ は $R \in \sigma$ から従う. 逆にそのような a に対して $R = (aP + Q)/c$ とおくと, R は整数ベクトルで $\det(P, R) = 1$, $\det(R, Q) = a$ となる. $\square$

この補題を順次 $\mathrm{Cone}(P_1, Q)$ に使って, $\sigma = \mathrm{Cone}(P, Q)$ の正則細分 $(P$,

108 第5章 Newton 境界と非退化特異点

$P_1, \ldots, P_k, Q)$ を得る．特に

$$\det(P, Q) > \det(P_1, Q) > \cdots > \det(P_k, Q) = 1$$

となっている細分を**自然な正則細分**とよぶ．交点数の計算には使う次の公式を使う．連分数 $[m_1, \ldots, m_k]$, $m_i \geq 2$ を帰納的に

$$[m_1] = m_1, \quad [m_1, \ldots, m_k] = m_1 - \frac{1}{[m_2, \ldots, m_k]}$$

で定義する．

補題 5.31 ([65]) $\sigma^* = \{P, P_1, \ldots, P_k, Q\}$ を正則細分とし，$c_i := \det(P_i, Q), i = 0, \ldots, k$ とおく．$m_i = (c_{i-1} + c_{i+1})/c_i, i = 1, \ldots, k$, ただし $c_0 = c$ かつ $c_{k+1} = 0$ とおく．このとき

1. $m_i, i = 1, \ldots, k$ は整数で $m_i \geq 1$ であり連分数の等式

$$\frac{c}{c_1} = [m_1, m_2, \ldots, m_k]$$

を満たす．整数 m_i は次の等式も満たす．

$$m_i p_{j,i} = (p_{j,i-1} + p_{j,i+1}) \quad j = 1, \ldots, n. \tag{5.4}$$

ここで $P_i = {}^t(p_{1,i}, \ldots, p_{n,i}), i = 0, \ldots, k+1, P_0 = P, P_{k+1} = Q$ とする．さらに σ^* が自然な正則細分なら $m_i \geq 2$ で $\{k, m_1, \ldots, m_k\}$ は上の連分数で特徴付けされる．

2. $\{P, P_1, \ldots, P_k, Q\}$ が自然な正則細分なら $\{Q, P_k, \ldots, P_1, P\}$ も $\mathrm{Cone}(Q, P)$ の自然な正則細分となる．

証明 (1) を k についての帰納法で示す．$k = 1$ なら $c_1 = 1$ で $P_1 = (P + Q)/c$. $c/c_1 = [c]$ より $m_1 = c$. (5.4) は j 番目の座標を比較すればいい．$k-1$ までよいとすると，$cP_1 = Q + c_1 P, c_1 P_2 = Q + c_2 P_1$ から $(c + c_2)P_1 = c_1(P + P_2)$ を得る．最後の式は $m_1 P_1 = P + P_2$ と読める．これより $k - 1$ の仮定を使えば

$$m_1 = \det(P, P_2) = \frac{c + c_2}{c_1}, \quad \frac{c}{c_1} = m_1 - \frac{1}{c_1/c_2} = [m_1, \ldots, m_k].$$

(2) の証明は (1) の特徴付けを使えばよい. □

2 次元以上の面の細分には次の補題を使う. 証明は補題 5.31 と同様なので省略する.

補題 5.32 ([64], [70], Lemma (2.5)) $\sigma = \mathrm{Cone}(P_1, \ldots, P_{k+1})$ を $k+1$ 次元の錐で $P_1, \ldots, P_{k+1}$ は原始ベクトル, $\det(P_1, \ldots, P_k) = 1$ で $c := \det(P_1, \ldots, P_{k+1}) > 1$ と仮定する. このとき整数 $0 \leq c_1, \ldots, c_k < c$ で $R = (P_{k+1} + \sum_{i=1}^{k} c_i P_i)/c$ が整数ベクトルとなるものが唯一つ存在する. $\{c_i, i = 1, \ldots, k\}$ が非負であるから $R \in \sigma$. このとき

$$\det(P_1, \ldots, P_k, R) = 1,\ \det(P_1, \ldots, \overset{i}{\overset{\vee}{R}}, \ldots, P_{k+1}) = c_i,\ 1 \leq i \leq k.$$

さらに σ の i-対面 $\sigma_i := \mathrm{Cone}(P_1, \ldots, P_{i-1}, P_{i+1}, \ldots, P_{k+1})$ がすでに正則であれば $c_i > 0$ となる. すなわち $R \notin \sigma_i$.

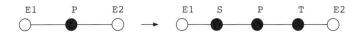

図 **5.5** $x^3 - y^2 = 0$

例 5.33 カスプ特異点 $C := \{x^3 - y^2 = 0\}$ を考える. 双対 Newton 図形は 2 つの錐 $\sigma = \mathrm{Cone}(E_1, P)$, $\tau = \mathrm{Cone}(P, E_2)$, $P = {}^t(2,3)$ である. $\det(E_1, P) = 3$ であるから自然な正則細分は 1 個の頂点 $S = \frac{1}{3}(P + E_1) = {}^t(1,1)$ を加える. $\det(P, E_2) = 2$ であるから 1 個の頂点 $T = \frac{1}{2}(P + E_2) = {}^t(1,2)$ を加える. 交点数は

$$\hat{E}(S)^2 = -3,\quad \hat{E}(T)^2 = -2,\quad \hat{E}(P)^2 = -1.$$

最後の交点数は命題 4.5 を使って

$$0 = (\hat{\pi}^* x) \cdot \hat{E}(P) = (\hat{E}(S) + 2\hat{E}(P) + \hat{E}(T)) \cdot \hat{E}(P)$$

から得られる.

例 5.34 $f = x^2 + y^3 + z^4$ を考える. 双対 Newton 図形は 3 つの 2 単体からなる. 頂点は E_1, E_2, E_3 と $P = {}^t(6,4,3)$ である. 正則細分は図 5.7 のよ

うになる.

5.15 特異点解消グラフ

5.15.1 交 点 数

M を 2 次元の複素多様体とする.複素構造から向きが自然に決まっている.C, C' を向きを持った実 2 次元部分多様体とする.C, C' が点 P で横断的に交わっているとすれば,P でそれぞれの正の向きのフレイム (v_1, v_2), (u_1, u_2) をとり,(v_1, v_2, u_1, u_2) が接空間 $T_P M$ の正のフレイムなら 1,負のフレイムなら -1 と定めることで,局所交点数 (local intersection number) $I(C, C'; P)$ が定義される.例えば Milnor[53] か Griffiths-Harris[26] を参照せよ.$C = \{f = 0\}$, $C' = \{g = 0\}$ がともに正則曲線のときは,横断的でなくても

$$I(C, C'; P) = \dim_{\mathbb{C}} \mathcal{O}_P / (f_P, g_P)$$

であることが知られている.ここで $\mathcal{O}_P$ は正則関数の芽の環,f_P, g_P は f, g が定める芽である.特にこの場合交点数は正となる.例えば C がコンパクトと仮定して $C \cap C' = \{P_1, \ldots, P_s\}$ のとき(大域的)交点数 $C \cdot C'$ は $C \cdot C' := \sum_{i=1}^{s} I(C, C'; P_i)$ と定義される.デバイザー $D = \sum_{i=1}^{m} a_i C_i$, $D' = \sum_{j=1}^{\ell} b_j C'_j$ $(a_i, b_j \in \mathbb{Z})$ についても線形性を使って

$$D \cdot D' := \sum_{i,j} a_i b_j C_i \cdot C'_j$$

で定義される.

自己交点数 $C \cdot C = C^2$ は C をアイソトピーで少し動かした C' を使って $C^2 = C \cdot C'$ と定義する.自己交点数は C の M の中での法束の Chern 数を表している.したがって例外曲線の自己交点数は重要な不変量となる.交点数の計算には命題 4.5 を使うと便利である.この命題を使えば $\mathbb{C}^2$ の通常爆発射の例外曲線 E の自己交点数が -1 となることが容易に確かめられる.

5.15.2 平面曲線の特異点解消グラフ

$C : f(x, y) = 0$ を非退化な平面曲線の芽とする.双対 Newton 境界は E_1, E_2 を両端とする竹グラフ(枝のないグラフ)になる.したがって双対グラフはその細分になる.下の例では左側が双対 Newton グラフの細分 Σ^* (黒丸は $\Gamma^*(f)$,白丸は細分で加えられたもの),右が双対グラフ,矢印は既約成分を表す.例外曲線はすべて $\mathbb{P}^1$.自己交点数 -1 で高々 2 つのデバイザーと交わるものがあれば,それを 1 点につぶしても良い解消であることは変わらない.そのような無用のデバイザーがないとき特異点の最小解消という.

(1) $C : x^2 + y^3 = 0$. $P =^t (3, 2)$, $T =^t (2, 1)$, $S = (1, 1)$.
(2) $D : x^7 + x^2 y^2 + y^6$. $P =^t (2, 1)$, $Q =^t (2, 5)$, $T =^t (1, 1)$, $S =^t (1, 2)$, $R =^t (1, 3)$.

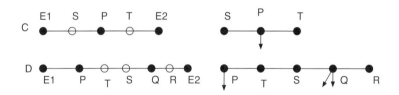

図 **5.6** 双対グラフ

5.15.3 特異点解消複雑指数 (resolution complexity)

$(C, \mathbf{0})$ を一般の非退化とは限らない平面曲線特異点とし,$\pi : X \to \mathbb{C}^2$ をその最小解消とし,Γ を解消グラフとする.$\{v_1, \ldots, v_s\}$ をその頂点の集合とする.各頂点で r_i をそこから出る辺の数とする.特異点解消複雑指数 (resolution complexity, これを $\rho(C, \mathbf{0})$ または省略して ρ で表す) は $1 + \sum_{i=1}^{s} \max\{r_1 - 2, 0\}$ で定義される.特異点が非退化なら $\rho = 1$ である ([41]).トーリック爆発射との関係は

命題 5.35（[41]）　1. 2次元トーリック爆発射は有限回の通常爆発射の合成である.

2. 非退化とは限らない平面曲線特異点 $(C, \mathbf{0})$ が特異点解消複雑指数を ρ とすると適当な局所座標を選びながら ρ 回のトーリック爆発射の合成で特異点が解消できる. また ρ は特異点解消を得られるトーリック爆発射の合成では最小数である.

3次元以上ではこの主張は成立しない.

5.15.4　曲面特異点の双対グラフ

$V = \{f(z_1, z_2, z_3) = 0\}$ を $\mathbb{C}^3$ の原点での非退化曲面の芽とする. 原点で孤立特異点を持つとする. トーリック爆発射 $\pi : X \to \mathbb{C}^3$ の $\tilde{V}$ への制限 $\pi : \tilde{V} \to V$ は V の特異点解消を与える. その双対グラフは Σ^* の頂点の様子から読みとれる. 実際 $\pi^{-1}(\mathbf{0})$ は狭義正頂点ベクトル P で $\dim \Delta(P) \geq 1$ なるものに対応し, それを $E(P)$ と表す. すなわち $E(P) = \hat{E}(P) \cap \tilde{V}$.

命題 5.36（例外曲線の交わり条件）　$E(P) \cap E(Q) \neq \emptyset$ である必要十分条件は $\mathrm{Cone}(P, Q) \in \Sigma^*$ でかつ $\dim \Delta(P) \cap \Delta(Q) \geq 1$ となることである.

平面曲線と違う点は $E(P)$ が種数を持つことがある点である. この場合は種数を $[g]$ のように表すことにする.

命題 5.37

同上の仮定の下で

1. $\dim \Delta(P) = 2$ のとき $E(P)$ の種数 g は 2次元多面体 $\Delta(P)$ の内部にある格子点の数となる（補題 6.4.2, [70]）.
2. $\dim \Delta(P) = 1$ に対応する例外曲線は $\mathbb{P}^1$（またはその有限個の和）となる.

もう1つの違いは $\dim \Delta(P) = 1$ のときは, $E(P)$ は連結とは限らないことである. 連結成分の数は $\iota(P) + 1$. ここで $\iota(P)$ は $\Delta(P)$ の内点にある整数ベクトルの数である. 例えば図 5.7 で S, R は $f_S = f_R = x^2 + z^4$ で $(1, 2)$ が

5.15 特異点解消グラフ   **113**

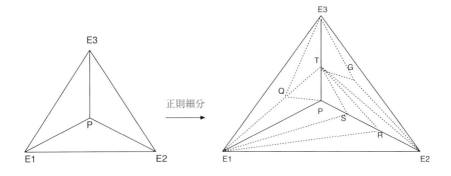

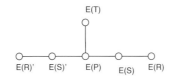

図 **5.7** E_6 特異点

内点としてあるので $E(S)$, $E(R)$ は 2 つの $\mathbb{P}^1$ に分かれる．隣接する 2 つの 2 次元の面 Δ, Ξ に対応する重さベクトルを P, Q として $\mathrm{Cone}(P, Q)$ が補題 5.31 から $T_1, \ldots, T_k$ で一意的に細分されているならば自己交点数 $E(T_1)^2, \ldots, E(T_k)^2$ は連分数で現れる $-m_1, \ldots, -m_k$ で与えられる．2 次元面に対応する自己交点数 $E(P)^2, E(Q)^2$ は命題 4.5 から計算できる．交点数や種数はすべて Newton 図形から読みとれるが詳細は [70] を参照せよ．

例 5.38 (Example (6.7.2),[70]) E_6 特異点を考える．$V = x^2 + y^3 + z^4$. $\Gamma^*(f)$ は 3 個の 3 次元錐からなり，$\mathcal{V}^+$ の頂点は $P = {}^t(6, 4, 3)$. 正則細分 Σ^* には頂点を 5 個，図 5.7 の上のように付け加え，3 次元錐は 13 個となる．

$$T = {}^t(3, 2, 2),\ S = {}^t(4, 3, 2),\ R = {}^t(2, 2, 1),\ Q = {}^t(2, 1, 1),\ Z = {}^t(1, 1, 1).$$

$E(S)$, $E(R)$ は 2 つの $\mathbb{P}^1$ である．したがって双対グラフは図 5.7 の下のよ

114 第5章 Newton境界と非退化特異点

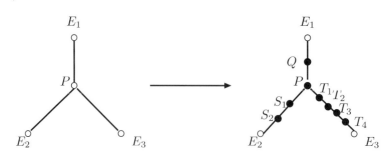

図 5.8 E_8 グラフ

うになる．例えばトーリック座標 $\sigma = (P, S, T)$ を使って，この座標では次のようになる．

$$\pi^* f = u_{\sigma 1}^{12} u_{\sigma 2}^8 u_{\sigma 3}^6 (u_{\sigma 3}^2 + 1 + u_{\sigma 2})$$
$$E(P) = \{u_{\sigma 3}^2 + 1 + u_{\sigma 2} = 0\},\ E(T) = \{u_{\sigma 3} = 0, u_{\sigma 2} + 1 = 0\}$$
$$E(S) = \{u_{\sigma 2} = 0, u_{\sigma 3} = i\}, E(S)' = \{u_{\sigma 2} = 0, u_{\sigma 3} = -i\}.$$

この場合はすべての例外曲線は $\mathbb{P}^1$ で自己交点数は -2 となる．$E(P)^2$ は $(\pi^* x) = 6E(P) + 3E(T) + 4(E(S) + E(S')) + 2(E(R) + E(R')) + E(E_1)$ と $(\pi^* x) \cdot E(P) = 0$ から

$$6E(P)^2 + 3 + 8 + 1 = 0$$

から $E(P)^2 = -2$ が従う．ここで $E(E_1)$ は $x = 0$ の狭義持ち上げで例外曲線ではない．これを見るには座標系 $\tau = (P, S, E_1)$ を使うと $\tilde{V}$ は $u_{\tau 3}^2 + u_{\tau 2} + 1 = 0$ で $E(P) = \{u_{\tau 1} = 0\}, E(E_1) = \{u_{\tau 3} = 0\}$ と書けているので $E(P) \cdot E(E_1) = 1$ が知れる．

例 5.39（Example (6.7.3),[70]） もう一つの例として E_8 特異点を自然な細分から得られる場合の双対グラフを見てみよう．$V = \{f = x^2 + y^3 + z^5 = 0\}$ である．f の重さベクトルは $P = {}^t(15, 10, 6)$ で細分すべき線分は $\mathrm{Cone}(P, E_1) = 2, \mathrm{Cone}(P, E_2) = 3, \mathrm{Cone}(P, E_3) = 5$．$\mathrm{Cone}(P, E_1)$ 上には $Q = (P + E_1)/2$ を一つ加えればよい．$\mathrm{Cone}(P, E_2)$ 上には2つの頂点 $S_1 = (E_2 + 2P)/3, S_2 = (E_2 + S_1)/2$ が必要．$\mathrm{Cone}(P, E_3)$ には4個の頂点

$T_1 = (E_3 + 4P)/5$, T_2, T_3, T_4 は連分数 $5/4 = [2,2,2,2]$ から定る.

$$0 = (\pi^* x) \cdot E(P) = (15E(P) + 8E(Q) + 10E(S_1) + 12E(T_1) + D) \cdot E(P).$$

ここで D は残りのデバイザーの和で $E(P) \cdot D = 0$ から $g(E(P)) = 0$ で交点数は -2. 右側の黒丸が双対グラフである. したがって対応する双対グラフは E_8 グラフになる.

5.15.5 相似拡大

与えられた $f(\mathbf{z})$ に対して, $g(\mathbf{z}) := f(z_1^s, \ldots, z_n^s)$ を考えれば, その双対 Newton 図形は $\Gamma^*(f)$ とまったく同一であるあるから, 非退化な場合は, 同じトーリック爆発射で特異点の解消ができる. 例として $V' := \{g(x,y,z) = 0\}$, $g(x,y,z) = f(x^2, y^2, z^2) = x^4 + y^6 + z^8$ を考えると, $E(T)$ は 2 個, $E(S), E(R)$ は 4 個に分かれることがわかる. 上と同じトーリック座標で調べると,

$$\pi^* g = u_{\sigma 1}^{24} u_{\sigma 2}^{16} u_{\sigma 3}^{12} (u_{\sigma 3}^4 + 1 + u_{\sigma 2}^2)$$

となる. $E(P)$ は $u_{\sigma 3}^4 + 1 + u_{\sigma 2}^2 = 1$ で定義され種数は 1 である. 自己交点数は変わらない. したがって双対グラフは図 5.9 のようになる. $E(P)^2 = -4$ で他のデバイザーは自己交点数は -2.

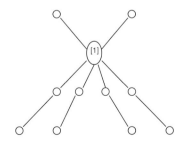

図 **5.9** V' の双対グラフ

第6章 射影超曲面と基本群

6.1 Zariski, Hamm-Lê 切断定理

この章では射影空間 $\mathbb{P}^n$ の射影超曲面 $V = \{F(Z_0, \ldots, Z_n) = 0\}$ の補空間 $\mathbb{P}^n \setminus V$ の基本群を学ぶ. ここで $F(Z_0, \ldots, Z_n)$ は斉次多項式である. 射影空間上の（有限）分岐被覆として理解できる数学的対象は数多い. その場合，分岐集合は射影超曲面 V となり，$\pi_1(\mathbb{P}^n \setminus V)$ を正確に知ることはたいへん重要である. 次の定理は Zariski が主張しているが，精密な証明は Hamm-Lê [29] に与えられている.

定理 6.1 (Zariski [111], Hamm-Lê [29]) $V \subset \mathbb{P}^n$ に対し，一般的な超平面 L を選べば

$$\pi_1(L \setminus L \cap V) \to \pi_1(\mathbb{P}^n \setminus V)$$

は $n \geq 3$ なら同型写像で，$n = 2$ のとき全射である.

系 6.2 $V \subset \mathbb{P}^n$ に対し，一般の位置にある 2 次元射影平面 $H \cong \mathbb{P}^2$ をとり，$C = V \cap H$ とおくと $\pi_1(H \setminus C) \cong \pi_1(\mathbb{P}^n \setminus V)$.

一般的超平面とは V の Whitney 正則な滑層分割 $\mathcal{S}$ に対し，すべての滑層 $S \in \mathcal{S}$ に横断的に交わる超平面のことである. この系によって基本群の研究は射影平面曲線 $C \subset \mathbb{P}^2$ の場合に帰着される. われわれは定理 6.1 は仮定して射影曲線の場合を以下調べよう.

118 第6章 射影超曲面と基本群

6.2 van Kampen-Zariski のペンシル方法

いま $F(X,Y,Z)$ を次数 d の冪因子を持たない斉次多項式とし，$C = \{(X:Y:Z) \in \mathbb{P}^2 \mid F(X,Y,Z) = 0\}$ とおく．$\mathbb{P}^2$ の固定点 ξ_0 を通る射影直線の族 $\mathcal{L}$ をペンシルという．ペンシルを使って基本群を計算する van Kampen-Zariski の方法を説明する．簡単のため座標変換で $\xi_0 = (0 : 1 : 0)$, $\mathcal{L} = \{L_\eta \mid L_\eta = \{X - \eta Z = 0\}\}$ と仮定しよう．アフィン座標 $x = X/Z$, $y = Y/Z$ を使ってアフィン空間 $\mathbb{P}^2 \setminus \{Z = 0\} = \mathbb{C}^2$ での定義多項式 $f(x,y) := F(x,y,1)$ を考える．簡単のため $\xi_0 \in L_\infty - (L_\infty \cap C)$ とする．写像 $q : \mathbb{P}^2 \to \mathbb{P}^1$ を $(X:Y:Z) \mapsto (X:Z)$ で定義すれば q は ξ_0 以外では定義されている．そこで ξ_0 で爆発射 $p : W \to \mathbb{P}^2$ をとり E を例外曲線とする．ξ_0 を中心とする小さな4次元円板 $B = B_\varepsilon(\xi_0)$ をとると，$\mathbb{P}^2 - C = (\mathbb{P}^2 - C - \mathrm{Int}\, B) \cup B$, $W - C = (W - C - p^{-1}(\mathrm{Int}\, B)) \cup p^{-1}(B)$ に下に述べる現代版 van Kampen 補題 6.5(§6.2.1) を応用すれば，

$$\pi_1(W - C) \to \pi_1(\mathbb{P}^2 - C)$$

は同型となることが容易にわかる．自然な射影 $\hat{q} : (W, C) \to \mathbb{P}^1$ が $\hat{q} = q \circ p$ としていたるところ定義される．$L_\eta = \{X - \eta Z = 0\} \mapsto (\eta : 1)$, $L_\infty \mapsto (1 : 0)$ として定まっている．

命題 6.3 $q : (W, C) \to \mathbb{P}^1$ は有限個の分岐集合 Σ を持つ局所自明なファイバー束である．Σ は $f(x,y)$ の y に関する判別式 $\mathrm{discrim}_y(f)$ の零点で定義される．ξ_0 が C の上にないときは $f(x,y)$ は y に関して次数 d で $\mathrm{discrim}_y(f)$ は次数 $d(d-1)$ の多項式．したがって，重複度を込めて $d(d-1)$ の点である．

ここで判別式 $\mathrm{discrim}_y(f)$ は $f(x,y)$, $\frac{\partial f}{\partial y}(x,y)$ の $\mathbb{C}[x]$ 係数の y の多項式としての終結式で定義される x の多項式で，その零点は

$$\{\mathrm{discrim}_y(f) = 0\} = \left\{x \in C \;\middle|\; \exists y \in \mathbb{C}, \; f(x,y) = \frac{\partial f}{\partial y}(x,y) = 0\right\}$$

で与えられる．

基本群の計算のためまず正則点 $\eta_0 \in \mathbb{P}^1 \setminus \Sigma$ を固定して，底空間の基底点

b_0 を $b_0 \in L_{\eta_0}$ にとる．この底空間 $\mathbb{P}^1$ は ξ_0 での爆発射の例外曲線 E と自然に同一視される．実際ペンシルの固定点 $\xi_0 = (0:1:0) \in \mathbb{P}^2$ を通る直線 $L_\eta = \{X - \eta Z = 0\}$ に対して底空間 $\mathbb{P}^1$ の斉次座標を $(X:Z)$ と同一視すれば $L_\eta \iff (\eta:1) \in \mathbb{P}^1$ と対応する．

$\pi_1(\mathbb{P}^2 \setminus C)$ を計算するときは $b_0 = \xi_0$ にするが，$\pi_1(\mathbb{C}^2 \setminus C)$ の計算のときは b_0 を ξ_0 の近くにとることにする．$L_\eta^a := L_\eta - L_\eta \cap L_\infty$ とおく．さて U を直線族の底空間のアフィン座標 $U = \{\eta \neq \infty\} = \mathbb{C}$ とする．$q^{-1}(\eta) - \xi_0 \cong \mathbb{C}$ で座標を y にとる．U 上で q の切断 $\tau : U \to W$ を

$$
\tau(\eta) = \begin{cases} \eta \in E, & \pi_1(W - C) \cong \pi_1(\mathbb{P}^2 - C) \text{ を考えるとき} \\ R(\eta), & \pi_1(\mathbb{C}^2 - C) \text{ を考えるとき} \\ & \text{ここで } R(\eta) \in \mathbb{R},\, R(\eta) \gg |\rho|,\, \forall \rho,\, f(\eta, \rho) = 0. \end{cases}
$$

となるようにとる．底空間の基本群 $\pi_1(\mathbb{C} \setminus \Sigma, \eta_0)$ は上のファイバー構造を使って，$\pi_1(L_{\eta_0} - C, \sigma(\eta_0))$, $\pi_1(L_{\eta_0}^a - C, \sigma(\eta_0))$ に作用する．すなわち（簡単のため基本群の元とそれを代表するループを同一視して）$\sigma \in \pi_1(\mathbb{C} - \Sigma, \eta_0)$, $g \in \pi_1(L_{\eta_0} - C, b_0)$（または $g \in \pi_1(L_{\eta_0}^a - C, b_0)$）に対して $\sigma : (I, \{0,1\}) \to (C, \eta_0)$ のループの上でファイバー構造のモノドロミー $h_t : (L_{\eta_0}, b_0) \to (L_{\sigma(t)}, \tau(\sigma(t)))$ を使って

$$
(\sigma, g) \mapsto h_1(g)
$$

で定義する．ここで $h_1(g)$ はループ g の h_1 による像で，$h_t(b_0) = \tau(\sigma(t))$ となるようにモノドロミーをつくっておく．この作用を $g \mapsto g^\sigma$ と書くことにする．基点の像がつくるループ $t \mapsto \tau(\sigma(t))$ は $\pi_1(W - C, b_0) = \pi_1(\mathbb{P}^2 - C, b_0)$ および $\pi_1(\mathbb{C}^2 - C, b_0)$ で自明な元であることに注意する．$\pi_1(L_{\eta_0}^a - C, \sigma(\eta_0))$ は階数 d の自由群で幾何的生成元を図 6.1 のようにとる．同図の中で黒い丸は $L_{\eta_0} \cap C$ の点を表している．生成元はすべて反時計回りで，$\omega = g_d \cdots g_1$ は $\pi_1(\mathbb{P}^2 - C)$ のときは自明元で，$\pi_1(L_{\eta_0} - C, \xi_0)$ は階数 $d-1$ の自由群で $\omega = 1$ である．同様に $\pi_1(\mathbb{C} - \Sigma, \eta_0)$ の生成元 $\sigma_1, \ldots, \sigma_m$ を固定する．

$$
g_i = g_i^{\sigma_j} \quad \text{または} \quad g_i^{-1} g_i^{\sigma_j} = e
$$

第 6 章 射影超曲面と基本群

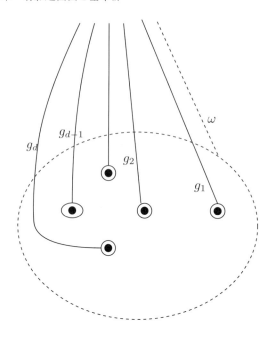

図 **6.1** 生成元

をモノドロミー関係式といい，有限個の元たち $\{g_i^{-1} g_i^{\sigma_j} \mid 1 \leq i \leq d,\ 1 \leq j \leq m\}$ が $\pi_1(L_{\eta_0} - C)$（または $\pi_1(L_{\eta_0}^a - C)$）で生成する正規部分群を N（または N^a）で表し，モノドロミー関係式群という．ここで $g_i^{\sigma_j}$ は σ_j を代表するループに沿って L_η とその中の g_i を動かしたとき得られる元を表す．次の定理は van Kampen-Zariski のペンシル計算法という．

定理 6.4 次の自然な準同型列は完全列である．
$$1 \longrightarrow N \longrightarrow \pi_1(L_{\eta_0} - C, b_0) \longrightarrow \pi_1(\mathbb{P}^2 - C) \longrightarrow 1$$
$$1 \longrightarrow N^a \longrightarrow \pi_1(L_{\eta_0}^a - C, b_0) \longrightarrow \pi_1(\mathbb{C}^2 - C) \longrightarrow 1$$

6.2.1 現代版 van Kampen 補題

今日 van Kampen の補題として知られているのは次の補題であるが，上

6.2 van Kampen-Zariski のペンシル方法　121

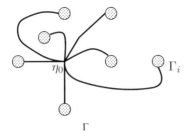

図 6.2　Γ と Γ_i

の定理に根を持ち，そこから抽象化されたものである．

補題 6.5　X を CW 複体，X_1, X_2 をその部分複体，$X_0 := X_1 \cap X_2$ とし，X_0 も部分複体で X_0, X_1, X_2, X はすべて弧状連結とする．基点 b_0 を X_0 にとり基本群の包含関係からくる準同型を考える．

$$\iota_1 : \pi_1(X_0, b_0) \to \pi_1(X_1, b_0), \quad \iota_2 : \pi_1(X_0, b_0) \to \pi_1(X_2, b_0).$$

群の自由積 $G := \pi_1(X_1, b_0) * \pi_1(X_2, b_0)$ を考え，N を

$$\{\iota_1(g)\iota_2(g)^{-1} \mid g \in \pi_1(X_0, b_0)\}$$

とその共役元で生成される正規部分群とする．このとき $\pi_1(X, b_0)$ は商群 G/N に自然に同型となる．

この補題の証明は省略する．[22] を参照せよ．補題 6.5 を認めて定理 6.4 の証明の概略を示す．$\Sigma = \{\eta_1, \ldots, \eta_s\}$ として各 η_i 中心の半径 ε の円板 Δ_i をとって $\Delta_1, \ldots, \Delta_s$ が交わらないようにする．基点 η_0 から Δ_i に交わらない道 $\gamma_i, i = 1, \ldots, s$ で繋ぎ $\Gamma_i = \Delta_i \cup \gamma_i$，$\Gamma = \cup_{i=1}^s \Gamma_i$ とする．$\Gamma \subset \mathbb{C}$ は強変位レトラクトと仮定できる．したがって $W_\Gamma := q^{-1}(\Gamma) - C \subset \mathbb{C}^2 - C$ はホモトピー同値である．$\sigma_i = \gamma_i \circ \partial \Delta_i \circ \gamma_i^{-1}$ で代表される $\pi_1(\mathbb{C} - \Sigma, \eta_0)$ の元とすると $\{\sigma_1, \ldots, \sigma_s\}$ は $\pi_1(\mathbb{C} - \Sigma, \eta_0)$ の生成元であるので証明の骨子は次の補題に還元できる．$W_i := q^{-1}(\Gamma_i)$ とする．

補題 6.6　$\pi_1(W_i - C)$ は $\pi_1(L_{\eta_0} - C)$ をモノドロミー関係式

$$g_j = g_j^{\sigma_i}, \quad j = 1, \ldots, g_d \tag{6.1}$$

で商をとったものと同型である.

証明 簡単のため基点に結ぶ道 γ_i は無視して $\Gamma_i = \Delta_i$ としよう. $\Delta_i = \{\eta \mid |\eta - \eta_i| \leq \epsilon$ として

$$\Delta_i^+ = \{\eta \in \Delta_i \mid 0 \leq \arg(\eta - \eta_i) \leq \pi\} \cup \{\eta_i\},$$
$$\Delta_i^- = \{\eta \in \Delta_i \mid \pi \leq \arg(\eta - \eta_i) \leq 2\pi\} \cup \{\eta_i\},$$
$$I_i = \{\eta \in \Delta_i \mid \eta - \eta_i \in [-\epsilon, \epsilon]\}$$

これに現代版 van Kampen の定理を使う. $\tilde{\Delta}_i = q^{-1}(\Delta_i)$, $\tilde{\Delta}_i^{\pm} = q^{-1}(\Delta_i^{\pm})$, $\tilde{I}_i = q^{-1}(I_i)$ とおくと, ファイバー構造を使って扇形を $\arg(\eta - \eta_i) = 0$ または $\arg(\eta - \eta_i) = 2\pi$ にたたみそれから $q^{-1}(\eta_i + [0, \epsilon]) \simeq q^{-1}(\eta_i + \epsilon)$ に変位縮約するホモトピーで

$$\tilde{\Delta}_i^+ \simeq q^{-1}(\eta_i + \epsilon), \quad \tilde{\Delta}_i^- \simeq q^{-1}(\eta_i + \epsilon).$$

したがって基本群は二つの $\pi_1(q^{-1}(\eta_i + \epsilon))$ を $\pi_1(\widehat{\Delta}_i)$ の像で貼り合わせたものである. 一方 $\tilde{I}_i$ に分割

$$\tilde{I}_i = q^{-1}(\eta_i + [-\epsilon, 0]) \cup q^{-1}(\eta_i + [0, \epsilon])$$

を使って, もう一度 van Kampen の定理を使うと, $\pi_1(q^{-1}(\eta_i - \epsilon)), \pi_1(q^{-1}(\eta_i + \epsilon))$ の自由積に $\pi_1(q^{-1}(\eta_i))$ の像を同一視したものであることがわかる. これらを合わせて整理すると, $\pi_1(q^{-1}(\eta_i + \epsilon))$ を (6.1) に対応する関係式で同一視したものであることがわかる. □

6.2.2 標準的関係式 1

一番標準的な関係式は L_η が C に接するときである. 局所的に $C : y^p = x$, $p \geq 2$ と定義されているとき, 局所的には p 個の生成元が図 6.3 のようにとれる (簡単のため丸の中心にある C の点は省いて描く).

$x = \eta$ を $|\eta| = \varepsilon$ に沿って動かしたとき p 個の点 $y^p = \eta$ はちょうど $2\pi/p$

6.2 van Kampen-Zariski のペンシル方法

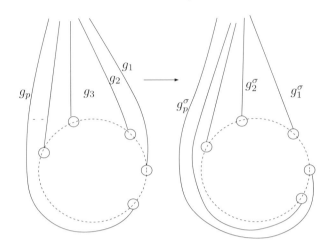

図 **6.3** 接線関係式

だけ回転するのでモノドロミー関係式は

$$g_1 = g_1^\sigma = g_2, \ldots, g_{p-1} = g_{p-1}^\sigma = g_p, \text{ すなわち } g_1 = g_2 = \cdots = g_p$$

で与えられる．したがって，滑らかな曲線のときは C に接するペンシルの直線が沢山あるので，生成元も 1 個になって基本群が Abel 群に簡単になりそうだが，実際は上の関係式は最初にとった生成元の共役元なのでそれほど簡単ではない．しかし接線での交点数 p が次数 d に一致するような接線が引ければ，すべての元 g_i が g_1 と等しくなり，したがって Abel 群となる．無限遠での関係式 $g_1 g_2 \ldots g_d = e$ を使えば，$p = d-1$ でも $\pi_1(\mathbb{P}^2 - C)$ の可換性がいえる (Zariski[110])．例えば Fermat 型の曲線 $x^d + y^d = 1$ は点 $x = \eta$, $\eta^d = 1$ のとき d 次の接線となる．任意の非特異 d 次曲線は 1 変数の非特異 d 次曲線族 C_t で Fermat 曲線に繋げられるから

定理 6.7 C が次数 d の非特異な曲線なら $\pi_1(\mathbb{P}^2 - C) = \mathbb{Z}/d\mathbb{Z}$.

6.2.3 標準的関係式 2

次に曲線が特異点を持つときを考えよう．いま原点が単純 2 重点 (node) のとき $C : y^2 - x^2 = 0$ としよう．$x = \varepsilon$ で切ると 2 点 $y = \pm \varepsilon$ が現れ，生成元を g_1, g_2 ととるとモノドロミーで 2 点とも 1 回転する．したがって，

$$g_1 g_2 = g_2 g_1$$

がモノドロミー関係式となる．図 6.4 を参照せよ．

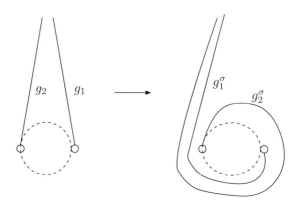

図 **6.4** ノーダル関係式

6.2.4 標準的関係式 3

C が局所的に $y^p - x^q = 0$ と書けているときを考えよう．生成元 $g_1, \ldots, g_p$ を図 6.3 の左図のようにとる．$\omega = g_p \cdots g_1$, $q = rp + q_0$, $0 \leq q_0 < p$ とすると，モノドロミー関係式は

$$g_i = \omega^r g_{i+q_0} \omega^{-r}, \quad 1 \leq i < p - q_0$$
$$g_i = \omega^{r+1} g_{i+q_0-p} \omega^{-r-1}, \quad i \geq p - q_0$$

この群を $G(p,q)$ で表す．例えば標準カスプ特異点 $y^2 - x^3 = 0$ のときは

$$G(2,3) = \langle g_1, g_2 \mid g_1 = (g_2 g_1) g_2 (g_2 g_1)^{-1} \rangle \cong B(3)$$

$B(3)$ は 3 弦のブレイド群. $G(p,q)$ は生成元を増やして次のように上で定義した整数 q_0 に見かけ上依らない統一的な表現ができる ([62]).

$$G(p,q) = \langle g_i \ (i \in \mathbb{Z}), \omega \mid \omega = g_p \cdots g_1, R_1, R_2 \rangle \qquad (6.2)$$
$$R_1 : g_{i+p} = \omega g_i \omega^{-1} \ (\text{共役性}),$$
$$R_2 : g_{i+q} = g_i, \ i \in \mathbb{Z} \ (\text{周期性}).$$

この表現の方が計算が統一的なことが多い. 例えば [62, 19, 20] を参照せよ.

6.2.5　ホモロジー群 $H_1(\mathbb{P}^2 - C)$

いま $C = C_1 \cup \cdots \cup C_r$ と既約成分を持ち, $d_i = \deg C_i$, $i = 1, \ldots, r$ として $d_0 = \gcd(d_1, \ldots, d_r)$ とおくと, Lefschetz 双対定理 (例えば [97], p.296) より $H_1(\mathbb{P}^2 - C) \cong H^3(\mathbb{P}^2, C)$. 後者は対 $(\mathbb{P}^2, C)$ の完全列

$$\longrightarrow H^2(\mathbb{P}^2) \longrightarrow H^2(C) \longrightarrow H^3(P,C) \longrightarrow H^3(\mathbb{P}^3) \longrightarrow$$

と $H^2(C) \cong \mathbb{Z}^r$ を使うと $H_1(\mathbb{P}^2 - C) \cong \mathbb{Z}^{r-1} \oplus \mathbb{Z}/d_0\mathbb{Z}$ であることがわかる.

6.2.6　$\pi_1(\mathbb{P}^2 - C)$ と $\pi_1(\mathbb{C}^2 - C)$ の関係

$\mathbb{C}^2 = \mathbb{P}^2 - L_\infty$ とするとき, 次が成立する.

命題 6.8 ([**62, 61**])　包含写像 $\varphi : \mathbb{C}^2 - C \to \mathbb{P}^2 - C$ は次の自然な完全列を引き起こす.

$$1 \longrightarrow \operatorname{Ker}\varphi_\sharp \longrightarrow \pi_1(\mathbb{C}^2 - C) \xrightarrow{\ \varphi_\sharp\ } \pi_1(\mathbb{P}^2 - C) \longrightarrow 1.$$

$\operatorname{Ker}\varphi$ は図式 6.1 の ω に正規に生成される部分群である (すなわち ω の共役元たちで生成される部分群). 特に L_∞ が C と横断的に交わるなら, $\operatorname{Ker}\varphi_\sharp$ は巡回群で ω は $\pi_1(\mathbb{C}^2 - C)$ の中心に入っているので, $\operatorname{Ker}\varphi_\sharp$ は ω

126 第6章 射影超曲面と基本群

によって生成される無限巡回群である. このとき $\pi_1(\mathbb{P}^2 - C)$ が可換群であることと $\pi_1(\mathbb{C}^2 - C)$ が可換群であることとは同値である.

証明 定理 6.4 から, $\mathrm{Ker}\,\varphi_\sharp$ は ω とその共役で生成される. 無限遠直線 L_∞ が C と横断的として ω が $\pi_1(\mathbb{C} - C)$ の中心に入ることを見よう.

$$f(x,y) = f_d(x,y) + (\text{低次項}), \quad f_d(x,y) = \prod_{i=1}^{d}(y - \alpha_i x),\, \alpha_i \neq \alpha_j\,(i \neq j).$$

σ を十分大きな大円 $|x| = R$ で代表される $\pi_1(\mathbb{C}^1 \setminus \Sigma)$ の元とすると, この元のモノドロミー作用は $f_d = 0$ の大円 $|x| = R$ に沿ったモノドロミーとホモトピックである. 一方 $f_d = 0$ の d 個の交点は大円上半径を変えずに一回転するから, $g_i = g_i^\sigma = \omega g_i \omega^{-1}$. すなわち $\omega g_i = g_i \omega$, $i = 1,\ldots,d$. これより ω は $\pi_1(\mathbb{C}^2 \setminus C)$ の中心に入る. [62, 61] に少し違った証明がある. $\square$

6.3 Milnor ファイバーとの関係

$C : F(X,Y,Z) = 0$ として $\mathbb{C}^3$ の中で Milnor 束を考えて Milnor ファイバーを $F \subset S^5$ とする. S^1 の作用で F の軌道は $S^5 \setminus K$ に推移的である. すなわち $\forall p \in S^5 - K$ に対し, $\exists q \in F, \exists \rho \in S^1$ で $\rho \circ q = p$ となる. また $K = F^{-1}(0) \cap S^5$ でモノドロミー写像 $h : F \to F$, $\mathbf{z} \mapsto \exp(2\pi i/d)\mathbf{z}$ が S^1 作用の $\mathbb{Z}/d\mathbb{Z}$ への制限と一致し, 次の可換図式を得る.

$$
\begin{array}{ccc}
F & \xrightarrow{\ \iota\ } & S^5 \setminus K \\
{\scriptstyle Z/d\mathbb{Z}}\downarrow & & \downarrow{\scriptstyle S^1} \\
\mathbb{P}^2 \setminus C & =\!=\!= & \mathbb{P}^2 \setminus C
\end{array}
$$

したがって

命題 6.9 商写像 $\pi : F \to \mathbb{P}^2 \setminus C$ は d 次巡回被覆であり, 次の完全列を持つ.

$$1 \longrightarrow \pi_1(F) \longrightarrow \pi_1(\mathbb{P}^2 \setminus C) \longrightarrow \mathbb{Z}/d\mathbb{Z} \longrightarrow 1.$$

特に C が既約なら $\pi_1(F)$ は $\pi_1(\mathbb{P}^2 \setminus C)$ の交換子群と同型である.

6.4 Zariski 対

2 つの曲線 C, C' が次の条件を満たすとき, Zariski 対という.

1. 既約分解をそれぞれ $C = C_1 \cup \cdots \cup C_r$, $C' = C_1' \cup \cdots \cup C_s'$ とするとき, $r = s$ で C, C' の各近傍 N, N' と位相同型写像 $\varphi : N \to N'$ が存在して (必要なら番号を替えて) $\varphi(C_i) = C_i'$, $1 \le i \le r$ かつ φ は C, C' の特異点の局所位相同型対応も与えている.
2. $(\mathbb{P}^2, C)$ と $(\mathbb{P}^2, C')$ は対として位相同型でない.

名前が示すように最初の例は Zariski によって以下の対が与えられた.

C, C' を既約な 6 次曲線でともに 6 個の A_2 特異点を持つ. C の 6 個のカスプはある 2 次曲線の上にあるが, C' についてはそのような 2 次曲線は存在しない. C はコニカル 6 カスピダル 6 次曲線 (conical 6-cuspidal sextic) または (2,3)-トーラス型 6 次曲線という. コニカル 6 カスピダル 6 次曲線は一般の位置にある 2 次曲線 $f_2 = 0$ と 3 次曲線 $f_3 = 0$ の対が取れて C の定義式が $f := f_2^3 + f_3^2$ ととれ $\pi_1(\mathbb{P}^2 - C) \cong \mathbb{Z}_2 * \mathbb{Z}_3$ となることが知られている. C' は非コニカル 6 カスピダル 6 次曲線 (non-conical 6-cuspidal sextic) と呼ばれる.

C' に関しては $\pi_1(\mathbb{P}^2 - C')$ は $\mathbb{Z}_2 * \mathbb{Z}_3$ と同型でないことは Zariski が示しているが, 具体的な C' の例は与えていないし, $\pi_1(\mathbb{P}^2 \setminus C')$ の構造については述べていない. 岡は [67] で具体例を簡単な多項式で与え, 基本群は 6 次巡回群であることを示した. その後 Degtyarev は non-conical な $6A_2$ を持つ 6 次曲線のモジュライが既約なことを示したので ([15, 2]), このような 6 次曲線は全て可換な基本群を持つことになる.

6.4.1 C' の具体的構成

まず D' を考えてその x 軸での 2 次被覆として C' を作る.

128 第6章 射影超曲面と基本群

$$D' : g(x,y) = 0$$

$$g(x,y) = x^2(x-1)^2(x^2+2x) - x^2(x-1)^2(y-1)$$
$$+ \frac{1}{3}(x^2-1)(y-1)^2 - \frac{1}{27}(y-1)^3$$

$$C' : f(x,y) = g(x,y^2) = 0$$

$$f(x,y) = x^2(x-1)^2(x^2+2x) - x^2(x-1)^2(y^2-1)$$
$$+ \frac{1}{3}(x^2-1)(y^2-1)^2 - \frac{1}{27}(y^2-1)^3$$

D' は 2 つのカスプを持ち，さらに $y = 0$ が D' の変曲点 2 つの共通接線となっているので $C' : f(x,y) = g(x,y^2)$ は 4 個のカスプの他にさらに接線からくる 2 つのカスプを得る．D', C' のグラフはそれぞれ図 6.5, 6.6 のようになる．

判別式は

$$\operatorname{discrim}_x g(y) = \frac{64}{27}(y+8)(y^2-1)^7 y^4(16y-25)$$
$$\operatorname{discrim}_y f(x) = \frac{64}{27}(y^8+8)(y^2-1)^7 y^8(16y^2-25)$$

で $y^2 + 8 = 0$ を除いてすべての特異直線が実軸上にあるから基本群の計算は実グラフを見ながら計算できる．この例でわかるように，基本群の計算は計算しやすい定義多項式を見つけることが重要である．分岐点が実数軸にないときは，モノドロミー関係式を読みとるのは難しくなる．

6.4.2 計算の詳細

D', C' の実平面グラフを見ながら計算すると易しい．まず $g(x,y)$ は y について 3 次で，$(0,1)$, $(1,1)$ にカスプを持っていることに注意する．これが C' では $(0,\pm1)$, $(1,\pm1)$ にカスプをつくる．また $(\pm\sqrt{2/3}, 0)$ に変曲点を持ち，$y = 0$ が共通の接線となっている．これが C' の 2 つのカスプをつくっている．これら 6 点を通る 2 次曲線がないことは容易な計算でわかる．van Kampen-Zariski の方法で計算する例として $\pi_1(\mathbb{P}^2 - C')$ を計算してみよう．

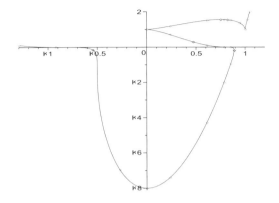

図 6.5　D' のグラフ

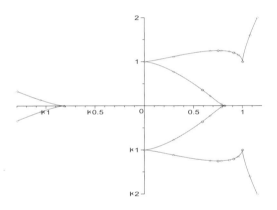

図 6.6　C' のグラフ

ペンシルとしては $L_\eta = \{y = \eta\}_{\eta \in \mathbb{C}}$ を使う．ペンシルの基点 $b_0 = [1; 0; 0]$ をとる．$\eta_0 = 1 + \varepsilon$ で ε は十分小さな正の数とする．生成元 $\rho_1, \ldots, \rho_6$ を図 6.7 のごとくとる．基点は上半平面の無限遠としてよい．

$(1,1)$ での局所方程式は $(x-1)^2 = (y-1)^3$, $(0,1)$ での局所方程式は $x^3 = (y-1)^2$ と思ってよい．まず大円の自明性から

$$\rho_1 \rho_2 \rho_3 \rho_4 \rho_5 \rho_6 = e. \tag{6.3}$$

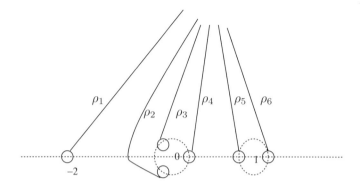

図 6.7 生成元 $y = 1 + \varepsilon$

$|y - 1| = \varepsilon$ でのモノドロミー関係式は

$$\rho_2 = \rho_4, \quad \rho_2\rho_3\rho_2 = \rho_3\rho_2\rho_3, \quad \rho_6\rho_5\rho_6 = \rho_5\rho_6\rho_5. \tag{6.4}$$

また $y = 1 + \varepsilon$ から上に上げて $y = 5/4$ まで動かすと ρ_3, ρ_5 は接線に収束し,接線関係式

$$\rho_3 = \rho_5$$

を得る.次に $y = 0$ でのモノドロミーを調べるために,まず $\eta = 1 + \varepsilon e^{-i\theta\pi}$, $0 \leq \theta \leq 1$ と時計回りに動かして $y = 1 - \varepsilon$ まで動かすと生成元は図 6.8 のように動く.$y = 1 - \varepsilon$ から $y = \varepsilon$ まで実数に沿って動かすと $y = \varepsilon$ では図 6.9 のようになる.

点々の円は十分小さな $|x - \pm\sqrt{2/3}| = \varepsilon'$ のつもりである.$|y| = \varepsilon'$ からくるモノドロミー関係式は

$$\begin{cases} \rho_1 = \rho_3\rho_4\rho_3^{-1}, & \rho_2\rho_1\rho_2 = \rho_1\rho_2\rho_1 \\ \rho_3 = \rho_6, & \rho_5\rho_6\rho_5 = \rho_3\rho_5\rho_3 \end{cases} \tag{6.5}$$

以上の関係式を合わせると,ρ_2, ρ_3 が生成元としてとれることがわかり,大円関係式を書き直してみると

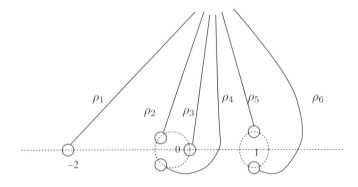

図 **6.8** 生成元 $y = 1 - \varepsilon$

$$e = \rho_1 \rho_2 \rho_3 \rho_4 \rho_5 \rho_6$$
$$= (\rho_3 \rho_2 \rho_3^{-1}) \rho_2 \rho_3 \rho_2 \rho_2 \rho_3$$
$$= \rho_3 \rho_2 \rho_3^{-1} (\rho_3 \rho_2 \rho_3) \rho_2 \rho_3$$
$$= \rho_3 \rho_2 (\rho_3 \rho_2 \rho_3) \rho_3$$
$$= \rho_3^2 \rho_2 \rho_3^3.$$

これより $\rho_2 = \rho_3^{-5}$ となり (1.37) は $\rho_3^6 = e$ を与える．これより $\pi_1(\mathbb{P}^2 - C') \cong \mathbb{Z}/6\mathbb{Z}$ となる．$\pi_1(\mathbb{P}^2 - C) \cong \mathbb{Z}/2\mathbb{Z} * \mathbb{Z}/3\mathbb{Z}$ の証明については Zariski [110] か岡 [60] または §6.8.4 を参照せよ．

6.5 退化族と基本群

6.5.1 Milnor 数一定族

$\mathbb{C}^n$ の原点での孤立特異点を持つ超曲面特異点の族 $V_t : f_t(\mathbf{z}) = 0$ が Milnor 数 $\mu(f_t)$ が一定値 μ_0 で動く正則関数族とする．このとき

定理 6.10 (Lê-Ramanujam[42]) $n \neq 3$ なら Milnor 数 $\mu(f_t)$ が一定の超曲面族は位相的に局所同型である．

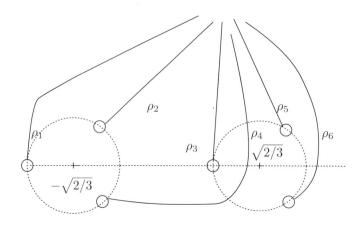

図 **6.9** 生成元 $y = +\varepsilon$

次に射影曲線の族を考える. $C_t := \{F_t(X,Y,Z) = 0\} \subset \mathbb{P}^2$, $t \in \Delta$ (Δ: 単位円板) に対し, C_t の特異点を $\Sigma(C_t) = \{p_1(t), \ldots, p_k(t)\}$ とする.

$$\{\mu(C_t, p_1(t)), \ldots, \mu(C_t, p_k(t))\}$$

を Milnor 数のタイプ, $\mu_{tot}(t) := \sum_{i=1}^{k} \mu(C_t, p_i(t))$ を全 Milnor 数という. $t \neq 0$ については C_t の全 Milnor 数は一定とする (Milnor 数の上半連続性よりこれは C_t, $t \neq 0$ の特異点の個数が一定で μ が各特異点で一定と同じ). $t = 0$ で全 Milnor 数が強義増加. このような族を**曲線の退化族**という. ここで $\{p_i(t); i = 1, \ldots, k\}$ は $t \neq 0$ で相異なるが, $t = 0$ では $p_i(0) = p_j(0)$ となるかもしれない.

命題 6.11 ([73]) 自然な全射：$\pi_1(\mathbb{P}^2 \setminus C_0) \to \pi_1(\mathbb{P}^2 \setminus C_t)$ が存在する. また L_∞ がすべての C_t に対して一般の位置にあれば $\pi_1(\mathbb{C}^2 \setminus C_0) \to \pi_1(\mathbb{C}^2 \setminus C_t)$ も全射である.

証明 略証を与える. まず十分大きな半径のボール B_R で切って $B_R - C_0 \hookrightarrow \mathbb{C}^2 - C$ がホモトピー同値とできる. 球面 S_K と C_0 が任意の $K \geq R$ で横断的とすればよい. 正則近傍 $N_\varepsilon := \{(x,y) \mid |f_0(x,y)| \leq \varepsilon, |x|^2 + |y^2| \leq R\}$ をとって $B_R - N_\varepsilon \hookrightarrow B_R - C_0$ がホモトピー同値にできる. 十分小さな τ

をとって $C_\tau \cap B_R \subset N_\varepsilon$, すなわち $B_R - C_\tau \supset B_R - N_\varepsilon \simeq B_R - C_0$. N_ε を少し太った C_0 と考えて $\pi_1(\mathbb{C}^2 - C_\tau)$, $\pi_1(\mathbb{C}^2 - N_\varepsilon)$ をペンシル法で計算する. 一般的な直線 L_{η_0} を固定して生成元 $\xi_1, \ldots, \xi_d$ を $L_{\eta_0} - N_\varepsilon$ の中に投げ縄ループをとって, それが $L_{\eta_0} - C_\tau$ の生成元にもなっているようにとれる. 最初の R を十分大きくとり, また ε を十分小さくとれば N_ε に対する特異ペンシル直線が C_0 のそれと一致するようにできる. また C_τ に関する特異ペンシル直線はさらに何本か加えればいい. これを見るためには以下のようにすればよい. C_0 の特異ペンシル直線 $\{L_{\eta_j} \mid j = 1, \ldots, s\}$ に対してモノドロミーを調べる十分小さな円板 $|\eta - \eta_j| = \delta$ を各 j に共通にとって δ を固定しておく. ε を小さくとれば $|\eta - \eta_j| = \delta$ 上でのモノドロミーは C_τ, $|\tau| \leq \varepsilon$ にとっても同じである. もちろん L_{η_j} は C_τ の特異ペンシル直線でないかもしれないが $\pi_1(L_{\eta_0}^a - L_{\eta_0}^a \cap N) \cong \pi_1(L_{\eta_0} - L_{\eta_0} \cap C_\tau)$ は $\pi_1(\mathbb{C}^2 - C_\tau)$ の中で $\pi_1(\mathbb{C}^2 - C_0)$ と同じ関係を満たす. τ を固定すると C_0 の特異ペンシル直線からこないほかの特異ペンシル直線がさらに有限個ありうる. したがって C_τ のモノドロミー関係式は N_ε 関係式にさらに余分な特異ペンシル直線からくる関係式を加えて得られる. これは

$$\pi_1(B_R - C_0) \xleftarrow{\;\cong\;} \pi_1(B_R - N_\varepsilon) \longrightarrow \pi_1(B_R - C_\tau)$$

が全射であることを示している. $\qquad\qquad\qquad\qquad\qquad\qquad\qquad\square$

6.6 Alexander 多項式

古典的なノット理論で重要な役割を果たすのに, Alexander 多項式があるが ([22, 43]), A. Libgober はこれを射影曲線に拡張した ([44]). まず X を弧状連結な位相空間とし, 全射 $\Phi : \pi_1(X) \to \mathbb{Z}$ が与えられているとしよう. K を $\mathrm{Ker}\,\Phi$ として $\psi : \tilde{X} \to X$ を K に対応する無限巡回被覆とする. すなわち $\psi_\sharp : \pi_1(\tilde{X}) \cong K \subset \pi_1(X)$. このとき t を被覆変換の生成元としてとると, $H_1(\tilde{X}; \mathbb{Q})$ は $\Lambda := \mathbb{Q}[t]$ 上の加群である. 主イデアル整域上加群の構造定理より, $H_1(\tilde{X}; \mathbb{Q})$ を有限生成な群と仮定すると, 正の整数 k とモニック多項式 $p_1(t), \ldots, p_k(t)$ で $p_i | p_{i+1}$, $1 \leq i \leq k-1$ なるものが一意的に存在し

$$H_1(\tilde{X}; \mathbb{Q}) \cong \Lambda/(p_1) \oplus \Lambda/(p_2) \oplus \cdots \oplus \Lambda/(p_k)$$

と書ける. $p(t) := p_1(t) \cdots p_k(t)$ を (X, φ) に関する Alexander 多項式という.

6.6.1 射影曲線の Alexander 多項式

$C = C_1 \cup \cdots \cup C_r$ を射影曲線 C の既約分解とし, L_∞ を $L_\infty \not\subset C$ にとる. $\mathbb{C}^2 = \mathbb{P}^2 - L_\infty$ とする. $H_1(\mathbb{C}^2 - C) \cong \mathbb{Z}^r$ で生成元は各 C_i に対し滑らかな点での法平面の中で C_i を 1 回転（正の方向に）するループ ω_i で代表される元となる. $f_i(x, y) = 0$ を C_i の定義多項式とすると, $f_i : \mathbb{C}^2 - C_i \to \mathbb{C}^*$ で $f_{i*}([\omega_i])$ は反時計回りの $H_1(\mathbb{C}^*)$ の生成元. $\varphi : H_1(\mathbb{C}^2 - C) \to \mathbb{Z} = \langle t \rangle$ を $\varphi([\omega_i]) = t$ で定義し, Hurewicz 準同型写像 $\xi : \pi_1(\mathbb{C}^2 - C) \to H_1(\mathbb{C}^2 - C)$ と合成して得られる全射写像 $\Psi : \pi_1(\mathbb{C}^2 - C) \to \mathbb{Z}$ を考えて, これに関して得られる Alexander 多項式をアフィン曲線 $C^a = C \cap \mathbb{C}^2$ の Alexander 多項式という. L_∞ が一般の位置にあれば, 無限遠直線の選び方に依らないので, 単に射影曲線 C の Alexander 多項式といい $\Delta_C(t)$ で表す. 一般的でない無限直線を選べば一般に, L_∞ に依るので, その場合は $\Delta_{C^a}(t)$ と書くべきである.

補題 6.12（**Randell, [91]**）　L_∞ は一般的とする. $F \subset S^5$ を C の定義斉次多項式 $f(X, Y, Z)$ の Milnor ファイバーとし, K をそのリンクとする. このとき $\pi_1(S^5 - K)$ とアフィン基本群 $\pi_1(\mathbb{C}^2 - C)$ とは自然に同型である. これより Alexander 多項式は Milnor 束の $H_1(F; \mathbb{Q})$ へのモノドロミー作用 $h_* : H_1(F; \mathbb{Q}) \to H_1(F; \mathbb{Q})$ の特性多項式と一致する.

証明　まず Hopf ファイバー束より次の完全列を得る.

$$1 \longrightarrow \mathbb{Z} \longrightarrow \pi_1(S^5 - K) \longrightarrow \pi_1(\mathbb{P}^2 - C) \longrightarrow 1 \tag{6.6}$$

核 $\mathbb{Z}$ の生成元は基点からでる S^1-軌道（ξ とおく）で生成され, $\pi_1(S^5 - K)$ の中心に入っていることに注意しよう.

一般的なペンシルの直線 L_{η_0} を選び, ペンシルの基点の近くに基本群の基点 b_0 をとる. アフィン座標では十分大きな正の実数とできる. Hopf ファ

イバー束の次の図式を考えよう.

$$
\begin{array}{ccccc}
\{(x,y,1)\in\mathbb{C}^3 \mid f(x,y,1)\neq 0\} & \xrightarrow{\iota} & \mathbb{C}^3 - V & \xrightarrow{n} & S^5 - K \\
\downarrow{\scriptstyle p_1} & & \downarrow{\scriptstyle p_2} & & \downarrow{\scriptstyle p_3} \\
\mathbb{C}^2 - C & \xrightarrow[\bar{\iota}]{} & \mathbb{P}^2 - C & \xrightarrow[=]{} & \mathbb{P}^2 - C
\end{array}
$$

ここで p_1, p_2, p_3 は商写像, n は $n(\mathbf{z}) = \mathbf{z}/\|\mathbf{z}\|$ で定義される正規化写像である. まず p_1 の切断

$$
\tau : \mathbb{C}^2 - C \to \{(x,y,1)\in\mathbb{C}^3 \mid f(x,y,1)\neq 0\}, \quad \tau(x,y) = (x,y,1)
$$

を考える. これを使うと正規化 $(n\circ\iota)$ と合成して $\tilde{\tau} : \mathbb{C}^2 - C \to S^5 - K$ を得る. $\tilde{b}_0 = \tilde{\tau}(b_0)$ を $S^5 - K$ の基点としてとる. 基本群の $g_1,\dots,g_d$ を $L_{\eta_0}^a$ の中にとり, それを $\tilde{\tau}_\sharp$ で持ち上げたものを $\tilde{g}_1,\dots,\tilde{g}_d$ とする. van Kampen-Zariski による基本関係式 $R_1,\dots,R_s$ は単位円板 Δ からの連続写像 $r_j : \Delta \to \mathbb{C}^2 - C$ で $r_j|\partial\Delta$ が R_j を代表するようにつくられている. これは $\tilde{\tau}$ でそのまま $S^5 - K$ に持ち上がるから, $\tilde{g}_1,\dots,\tilde{g}_d$ は同じ関係式 $R_j(\tilde{g}_1,\dots,\tilde{g}_d)$, $j = 1,\dots,s$ を満たすことがわかる. すなわち自然な準同型写像 $\psi : \pi_1(\mathbb{C}^2 - C, b_0) \to \pi_1(S^5 - K, \tilde{b}_0)$ を得る. さて次の完全列の可換図式を考えよう.

$$
\begin{array}{ccccccccc}
1 & \longrightarrow & \mathbb{Z} & \xrightarrow{a} & \pi_1(\mathbb{C}^2 - C) & \xrightarrow{b} & \pi_1(\mathbb{P}^2 - C) & \longrightarrow & 1 \\
& & \downarrow{\scriptstyle c} & & \downarrow{\scriptstyle \psi} & & \downarrow{\scriptstyle \mathrm{id}} & & \\
1 & \longrightarrow & \mathbb{Z} & \xrightarrow{a'} & \pi_1(\mathbb{S}^5 - K) & \xrightarrow{b'} & \pi_1(\mathbb{P}^2 - C) & \longrightarrow & 1
\end{array}
$$

$\mathrm{Ker}(b')$ は基点 b_0 の S^1 軌道 ξ で生成される. $\mathrm{Ker}(b)$ の生成元は大円

$$
\omega : t \mapsto (\eta_0, Re^{2\pi ti}, 1)
$$

で生成され, これは射影空間の中では

$$
t \mapsto (\eta_0/R, e^{2\pi ti}, 1/R)
$$

で定義されるループで R が十分大きければ基点の S^1-軌道

$$t \mapsto (\eta_0 e^{2\pi ti}/R, e^{2\pi ti}, e^{2\pi ti}/R)$$

とホモトピックなので，上の図式の c は $c(\omega) = \xi$ となっている．5 項補題から ψ は同型写像である．

さて $\bar{f}(x,y) = f(x,y,1)$ とおくと次の図式は可換である．

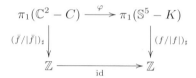

一方 $S^5 - K$ は $E := F \times I$ の両端をモノドロミー写像 $h : F \to F$ で同一視したものであるから，$S^5 - K$ の Alexander 多項式は次のように得られる．$\varphi : S^5 - K \to S^1$ を Milnor 束，$F_t = \varphi^{-1}(e^{2\pi ti})$，$F = F_0$ とし，$h_t : F \to F_t$ をモノドロミーの 1-パラメーター変換群とする．E を左右に無限に繋げた空間 $\tilde{E} := E \times \mathbb{R}$ に写像 $\pi : \tilde{E} \to S^5 - K$ を $\pi(p,t) = h_t(p)$ で定義すれば $\pi : \tilde{E} \to S^5 - K$ は $\mathrm{Ker}\,\varphi_\sharp$ に対応する巡回被覆で $H_1(\tilde{E})$ は $\mathbb{C}[t]$-加群として $H_1(F)$ で生成され，t の作用はモノドロミー作用 $h_*, h = h_1$ にほかならない．したがって Alexander 多項式は特性多項式と一致する． □

系 6.13 ([73])

1. C が既約なら Alexander 多項式が自明である必要十分条件は $H_1(F;\mathbb{Z})$ が有限群となることである．ここで自明とは $\Delta_C(t) = 1$ のことをいう．

2. C が既約成分を r 個持っているとする．このとき $(t-1)^{r-1} | \Delta_C(t)$ で $\pi_1(\mathbb{C}^2 - C)$ が可換なら $\Delta_C(t)$ は自明で $(t-1)^{r-1}$ となる．

証明 Wang 完全列を考える．

$$H_2(S^5 - K) \longrightarrow H_1(F) \xrightarrow{h_* - \mathrm{id}} H_1(F) \longrightarrow H_1(S^5 - K) \longrightarrow \mathbb{Z} \longrightarrow 0$$

Lefshetz 双対性からくる同型 $H_1(S^5 - K) \cong H^4(S^5, K)$ である．一方対の完全列

$$\cdots \longrightarrow H^3(S^3) \longrightarrow H^3(K) \longrightarrow H^4(S^5, K) \longrightarrow \cdots$$

から $H^4(S^5, K) \cong H^3(K) \cong \mathbb{Q}^r$ から $h_* - \mathrm{id}$ の余核の次元は $r-1$ でなければならない. h は周期写像だから対角行列と思ってよく, 固有値 1 の多重度 $r-1$ である. $\qquad\qquad\qquad\qquad\qquad\qquad\qquad\qquad\Box$

6.7 Fox 計算法

Alexander 多項式の実際の計算法として, Fox ([22]) の位相的方法と A. Libgober, Loeser-Vaquié ([45, 49]) の代数幾何学的方法があるが, ここでは Fox の方法を説明しよう. 基本群 $G := \pi_1(\mathbb{C}^2 - C)$ の生成元と関係式表現

$$G = \langle x_1, \ldots, x_n \mid R_1, \ldots, R_m \rangle$$

が与えられているとする. ここで $F(n)$ は $x_1, \ldots, x_n$ で生成された階数 n の自由群, $R_j \in F(n)$, $1 \le j \le m$ は関係式に対応する単語 (word) である. 合成全射準同型

$$\varphi : F(n) \longrightarrow \pi_1(\mathbb{C}^2 - C) \overset{\Psi}{\longrightarrow} \mathbb{Z}$$

は自然に群環の環準同型写像 $\hat{\varphi} : \mathbb{C}[F(n)] \to \mathbb{C}[t, t^{-1}]$ を引き起こす. 次に Fox 微分 $\partial/\partial x_i : \mathbb{C}[F(n)] \to \mathbb{C}[F(n)]$ を定義する. $\partial/\partial x_i$ は $\mathbb{C}$ 線形で

$$\frac{\partial}{\partial x_j} x_i = \delta_{i,j}, \quad \frac{\partial}{\partial x_j}(uv) = \frac{\partial u}{\partial x_j} + u \frac{\partial v}{\partial x_j}, \quad u, v \in \mathbb{C}[F(n)]$$

を満たすことで一意的に定まる. ここで u, v は単語を表す. これを使って Alexander 行列 M を定義する. M は $m \times n$ 行列で

$$M = \left(\hat{\varphi}\left(\frac{\partial R_i}{\partial x_j} \right) \right) \{ 1 \le i \le m, \ 1 \le j \le n \}$$

Alexander 多項式は行列 M の $(n-1) \times (n-1)$ 小行列式の最大公約式と一致する (Fox [22]).

既約でない曲線で各成分同士が横断的な場合に関しては Alexander 多項式は自明であることが多い ([73]). その理由は全射 $\Psi : \pi_1(\mathbb{C}^2 - C) \to \mathbb{Z}$ が Hurewicz の全射 $\xi : \pi_1(\mathbb{C}^2 - C) \to H_1(\mathbb{C}^2 - C) \cong \mathbb{Z}^r$ と C に対するリンク

138 第6章 射影超曲面と基本群

数からくる全射 $\theta : H_1(\mathbb{C}^2 - C) \to \mathbb{Z}$, $\theta(a_1, \ldots, a_r) = a_1 + \cdots + a_r$ で定義されたことにある．そこで最後の θ を重さ付きで考えて，$\theta_{\mathbf{m}}(a_1, \ldots, a_r) = \sum_{i=1}^r m_i a_i$, $\gcd(m_1, \ldots, m_r) = 1$ に付随する Alexander 多項式をすべて考えれば既約成分の情報を読みとれる ([73])．これを θ-Alexander 多項式とよぶ．また無限循環被覆の代わりに多重循環被覆を考えてその特性多様体をトーラスの中で考える方法もある (Libgober [47])．

例 6.14 $C^a = \{y^2 - x^3 = 0\}$ とすると

$$\pi_1(\mathbb{C}^2 - C^a) = \langle x_1, x_2 \mid R_1 = x_1 x_2 x_1 (x_2 x_1 x_2)^{-1} \rangle$$

で定義される．$\varphi(x_i) = t$, $i = 1, 2$ だから，Alexander 行列は

$$M = [1 + t^2 - t, t - t^2 - 1]$$

で $\Delta_C(t) = t^2 - t + 1$.

注意 6.15 C を C^a を射影化した 3 次曲線 $Y^2 Z = X^3$, L_∞ を一般の位置にとると，$\pi_1(\mathbb{P}^2 - C \cup L_\infty) = \mathbb{Z}$ で一般 Alexander 多項式は自明，すなわち 1 である．

6.8 その他の諸結果

6.8.1 岡–坂本の定理

　2 つのアフィン曲線

$$C : f(x, y) = 0, \quad C' : g(x, y) = 0$$

が与えられ，$\deg C = d$, $\deg C' = d'$ で $\mathbb{C}^2$ の中に $C \cap C'$ がちょうど dd' 個あるとする．したがって C, C' は横断的に互いの特異点の外で交わっている．このとき次の同型が成り立つ．

6.8 その他の諸結果 **139**

定理 6.16（[**87**]）

$$\pi_1(\mathbb{C}^2 - C \cup C') \cong \pi_1(\mathbb{C}^2 - C) \times \pi_1(\mathbb{C}^2 - C').$$

略証 必要なら線形な座標変換をして $\deg_x f(x,y) = d$, $\deg_y g(x,y) = d'$ で $f(x,0) = 0$, $g(0,y) = 0$ はそれぞれ d, d' 個の相異なる根 $x = \alpha_1, \ldots, \alpha_d$, $y = \beta_1, \ldots, \beta_{d'}$ を持つとする. $C(t) := \{f(x,ty) = 0\}$, $C'(s) := \{g(sx,y) = 0\}$ を考えると Zariski 開集合 $W \subset \mathbb{C} \times \mathbb{C}$ が存在して, $\forall(t,s) \in W$, $C(t)$ と $C'(s)$ は横断的に交わっている. 座標軸に平行な直線を $L_a := \{x = a\}$, $L'_b := \{y = b\}$ とおく. 一方 $t \to 0$, $s \to 0$ に関して, $C(t) \to \bigcup_{i=1}^d L_{\alpha_i}$, $C'(s) \to \bigcup_{j=1}^{d'} L'_{\beta_j}$. 十分大きな $R > 0$ を固定して $|\alpha_i|, |\beta_j| < R$, $\forall i,j$ とできる.

$$\Delta_r^{(1)} := \{|x| \leq r,\ |y| \leq r\}, \quad \Delta_r^{(2)} := \{|x+y| \leq r,\ |y-x| \leq r\}$$

とおく. 十分小さい t, s, $(t,s) \in W$ をとれば

$$\pi_1(\Delta_R^{(i)} \setminus C(t) \cup C'(s)) \cong \pi_1(\Delta_R^{(i)} \setminus L \cup L') = F(d) \times F(d'), \quad i = 1, 2$$

ここで $L := \bigcup_{i=1}^d L_{\alpha_i}$, $L' := \bigcup_{j=1}^{d'} L'_{\beta_j}$, $F(d)$ は階数 d の自由群

となる. 直積を見るには $\Delta_R^{(1)}$ とファイバー束の自明性を使う. $F(d)$, $F(d')$ の生成元 $\xi_1, \ldots, \xi_d$, $\xi'_1, \ldots, \xi'_{d'}$ をそれぞれ, 対角線のペンシル $P_R = \{x + y = R\}$, 基点 $b_0 = (R, R)$ の $\pi_1(P_{2R} \setminus L \cup L', b_0)$ の生成元としてとれ, かつ $\xi_1, \ldots, \xi_d$ は（また $\xi_1, \ldots, \xi_{d'}$ は）$\pi_1(P_R \setminus L; b_0)$（または $\pi_1(P_R \setminus L'; b_0)$）の生成元としてよいから, 対角線ペンシルを使って基本群を計算すれば主張が従う. $\square$

注意 6.17 この定理を使って命題 6.8 の別証明が与えられる. C に対し, 一般的な直線を 2 つとってそれを L_∞, L_R, $R \gg 1$. $\mathbb{C}^{2'} := \mathbb{P}^2 - L_R$ とおけば

$$\pi_1(\mathbb{C}^{2'} - C \cup L_\infty) = \pi_1(\mathbb{C}^{2'} - C) \times \mathbb{Z}.$$

一方 $\pi_1(\mathbb{C}^{2'} - C \cup L_\infty) \to \pi_1(\mathbb{P}^2 - C \cup L_\infty) = \pi_1(\mathbb{C}^2 - C)$ は全射で $\pi_1(\mathbb{C}^2 -$

140　第 6 章　射影超曲面と基本群

L_∞) の生成元は ω にほかならないので，ω は $\pi_1(\mathbb{C}^2 - C)$ の中心に入る．

6.8.2　可換な基本群

1. 非特異な曲線 C の基本群 $\pi_1(\mathbb{P}^2 - C)$ が可換なことはすでに見たが，C が A_1 特異点のみを持つときも可換である．これは Zariski ([110]) が主張したが，その証明にはギャップがあった．正確には Severi の主張：「次数と A_1 特異点の個数を固定したモジュライが既約である」という Severi の主張の証明にギャップがあったが Zariski はこの主張を（ギャップを埋めずに）使っていた．このギャップは後に Harris ([30]) で（1986 年）埋められた．Fulton ([23]) は 1980 年に別法で可換性を証明した．この方向ではさらに Nori ([57]) が通常カスプ A_2 を c 個，A_1 特異点 を n 個持つ曲線で $6c + 2n < d^2$ なら可換であることを示している．

2. 曲線の退化族 C_t に対し $\pi_1(\mathbb{P}^2 - C_0)$ が可換なら，命題 6.11 より退化前の曲線の基本群 $\pi_1(\mathbb{P}^2 - C_t)$ も可換である．

3. $\pi_1(\mathbb{C}^2 - C_i)$, $i = 1, 2$ が可換で C_1, C_2 が横断的に交われば，$\pi_1(\mathbb{C}^2 - C_1 \cup C_2)$ も可換である．

6.8.3　非可換基本群

既約な曲線で最初に非可換となるのは射影空間では 4 次曲線 $(d = 4)$ で A_2 を 3 個持つ曲線：例えば次の曲線

$$D: \quad g(x,y) = (x-1)^3(3x+5) - 6(x-1)^2(y-1) - (y-1)^2 = 0$$

（A_2 を $(1,1)$ に持ち，原点で変曲点を持つ）を x 軸も対象軸として 2 次の被覆をとった 4 次曲線

$$C: \{(x,y) \mid f(x,y) := g(x,y^2) = 0\}$$

([67]) を考えると $(1,1), (1,-1), (0,0)$ がカスプとなる．$\pi_1(\mathbb{P}^2 - C) = \langle \rho, \xi \mid \rho\xi\rho = \xi\rho\xi, \ \rho^2\xi^2 = e \rangle$．この群は位数 12 で非可換である．具体的な計算に関しては [67] を見よ．

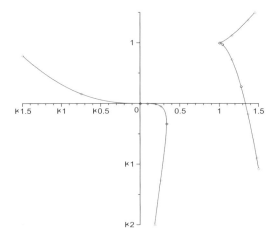

図 **6.10** D のグラフ

アフィン曲線の中では既約ではないが $d = 2$ で C が平行な 2 直線 $x^2 - 1 = 0$ なら $\pi_1(\mathbb{C}^2 - C) = F(2)$. 既約曲線では $d = 3$ で $C : y^2 - x^3 = 0$ とすると，基本群は $\pi_1(\mathbb{C}^2 - C) = \langle \rho, \xi \mid \rho\xi\rho = \xi\rho\xi \rangle$ と表現でき，これは 3 弦のブレイド群 B_3 と同型である．ただし C と L_∞ は横断的でなく，$\pi_1(\mathbb{P}^2 - C) = \mathbb{Z}/3\mathbb{Z}$ に注意する．

6.8.4 トーラス型曲線

$F_i(X, Y, Z)$ を簡約された i 次斉次多項式とし，$C_{p,q} : F := F_{ps}^q + F_{qs}^p = 0$, $p, q \geq 2$ とする．このような曲線を (p, q) トーラス型曲線という．$C_{p,q}$ の特異点は 2 種類ある．

2 曲線の交点：$F_{ps} = F_{qs} = 0$（内部特異点という）と

$$(\alpha, \beta, \gamma) \in \mathbb{P}^2, \quad \frac{\partial F}{\partial X}(\alpha, \beta, \gamma) = \frac{\partial F}{\partial Y}(\alpha, \beta, \gamma) = \frac{\partial F}{\partial Z}(\alpha, \beta, \gamma) = 0$$

$F_{ps}(\alpha, \beta, \gamma) \neq 0$.

このような特異点を外部特異点という．適当な $a \in \mathbb{C}^*$ を選んで $aF_{ps}^q + F_{qs}^p = 0$ を考えれば，外部特異点は消せる．特に $\gcd(p, q) = 1$ で $F_{ps} =$

142 第6章 射影超曲面と基本群

$F_{qs} = 0$ が横断的に交わるとき,適当な $a \in \mathbb{C}^*$ を選んで $aF_{ps}^q + F_{qs}^p = 0$ を考えれば,$C_{p,q}$ の特異点は内部特異点のみとなる.それらの点では位相的に (p,q)-カスプ:$x^p + y^q = 0$ と同型になる.そのようなとき,一般的な横断的 (p,q)-トーラス曲線とよぶ.

定理 6.18 ([**110, 60, 62**]) 一般的な横断的 (p,q) 型トーラス曲線の基本群は $s = 1$,すなわち $\deg C = pq$ のとき $\pi_1(\mathbb{P}^2 - C_{p,q}) \cong \mathbb{Z}/p\mathbb{Z} * \mathbb{Z}/q\mathbb{Z}$ となる.$\mathbb{C}^2$ では $\pi_1(\mathbb{C}^2 \setminus C_{p,q})$ は局所基本群 $\pi_1(\mathbb{C}^2 \setminus C'_{p,q})$ に同型である.ここで $C'_{p,q} := \{y^p - x^q = 0\}$ とおく.

この主張は $p = 2$,$q = 3$ のとき,Zariski が示した.一般の (p,q) のときは,岡 [60, 62] によって示された.さらにこの結果は次の命題 6.19 のように拡張された.

6.9 ジョイン型曲線の基本群

2 つの多項式 $f(y)$,$g(x)$,

$$g(x) = \prod_{i=1}^{m}(x - \alpha_i)^{\lambda_i}, \quad f(y) = \prod_{j=1}^{\ell}(y - \beta_j)^{\nu_j}, \quad \alpha_i, \beta_j \in \mathbb{C}$$

を使い平面曲線

$$C : f(y) - ag(x) = 0, \quad a \in \mathbb{C}^* \tag{6.7}$$

を考える.C をジョイン型平面曲線という.$d_y = \deg_y f(y)$,$d_x := \deg_x g(x)$ とする.C の特異点には $\{(\alpha_i, \beta_j) \mid \lambda_i, \nu_j \geq 2\}$ がまず含まれる.局所的には Brieskorn 特異点 $B_{\lambda_i, \nu_j} : x^{\lambda_i} - y^{\nu_j} = 0$ と同型である.これらをトーラス型曲線の場合と同じく**内部特異点**という.内部特異点は a に依らず含まれる.それ以外に $g(x)$ のゼロでない臨界値を持つ臨界点を $\gamma_1, \ldots, \gamma_{m'}$,$f(y)$ のゼロでない臨界値を持つ臨界点を $\delta_1, \ldots, \delta_{\ell'}$ とすると,$m' \leq m - 1$,$\ell' \leq \ell - 1$ で,もし $g(\gamma_i) = f(\delta_j)$ なら点 (γ_i, δ_j) は C の特異点で p, q をそれぞれ $g'(\gamma_i) = 0$,$f'(\delta_j) = 0$ の多重度とすれば C は点 (γ_i, δ_j) で $B_{p,q} : x^p - y^q = 0$ と同型になる.特に f, g が単純臨界点を持つなら A_1 特異点である.このよ

うな特異点を**外部特異点**とよぶ. C が**一般的**とは外部特異点を持たないときをいう.

与えられた $f(y)$, $g(x)$ に対して内部特異点は変えずに a を一般的（正確には有限個の例外値を除いて）に選べば, C を一般的にできる. さらに α_i, β_j, a がすべて実数のとき, **実ジョイン型曲線**という. 実ジョイン型曲線の場合には $\ell' = \ell - 1$, $m' = m - 1$ である. 実際

$$\alpha_1 < \cdots < \alpha_m, \quad \beta_1 < \cdots < \beta_\ell \tag{6.8}$$

と順番をつけると $f(y)$, $g(x)$ の微分 f', g' の根 $f'(y) = 0$, $g'(x) = 0$ のうち実根で $f(y) = 0$, $g(x) = 0$ の根とそれぞれ相異なるものは各区間 (β_j, β_{j+1}) に（最大値の原理！）1つあるのでそれを δ_j とする. $\beta_1 < \delta_1 < \beta_2 < \delta_2 < \cdots < \delta_{\ell-1} < \beta_\ell$. $\deg_y(f'(y)/\prod_j (y - \beta_j)^{\nu_j - 1}) = \ell - 1$ だから δ_j はすべて単純根である. 同様に $g'(x) = 0$ の実根 $\gamma_1, \ldots, \gamma_{m-1}$ があり, $\alpha_1 < \gamma_1 < \alpha_2 < \gamma_2 < \cdots < \gamma_{m-1} < \alpha_m$ となる.

定理 6.19 ([62, 20]) C を上の (6.7) で定義された一般ジョイン型曲線とする. $\nu_0 = \gcd(\nu_1, \ldots, \nu_\ell)$, $\lambda_0 = \gcd(\lambda_1, \ldots, \lambda_m)$ とする. このとき

$$\pi_1(\mathbb{C}^2 - C) \cong G(\nu_0, \lambda_0)$$

となる. さらに

$$\pi_1(\mathbb{P}^2 - C) \cong \begin{cases} G(\nu_0, \lambda_0; d_y/\nu_0) & d_y \geq d_x \\ G(\lambda_0, \nu_0; d_x/\lambda_0) & d_x \geq d_y \end{cases}$$

ここで $G(p, q; r)$ は $G(p, q)$ の商群

$$G(p, q; r) = G(p, q)/\langle \omega^r \rangle.$$

群 $G(p, q)$ の定義は (6.2) を見よ.

系 6.20 ([62]) $\nu_0 = 1$ か $\lambda_0 = 1$ なら $\pi_1(\mathbb{C}^2 \setminus C) = \mathbb{Z}$.

群 $G(p, q)$, $G(p, q; r)$ のさらに詳しい情報は後述の命題 6.22 を見よ.

まず証明を実ジョイン型に帰着させるため次の命題を示そう.

144 第6章 射影超曲面と基本群

命題 6.21 1. 一般的なジョイン型曲線は特異点の同型類を変えずに一般実ジョイン型に変形できる.

2. $C : f_m(x,y)^p + f_n(x,y)^q = 0$, $mp = nq$ を横断的な一般型のトーラス曲線で mn 個の交点を $\mathbb{C}^2$ に持つとする ($m = \deg f_m$, $n = \deg f_n$). このとき位相型を変えずに C をジョイン型曲線

$$h_m(x)^p + h_n(y)^q = 0$$

$$h_m(x) = (x - \alpha_1) \cdots (x - \alpha_m), \quad h_n(y) = (y - \beta_1) \cdots (y - \beta_n)$$

に変形できる. ここで $\alpha_1, \ldots, \alpha_m, \beta_1, \ldots, \beta_n$ はそれぞれ相異なる実数である.

証明 局所的特異点の位相同型類が不変ならば補空間 $\mathbb{P}^2 - C$ や $\mathbb{C}^2 - C$ の位相同型も保たれることに注意する. (1) に関しては $\mathbb{C}^m \setminus \Delta_m$, $\mathbb{C}^\ell \setminus \Delta_\ell$, $\Delta_k = \{ \mathbf{z} \in \mathbb{C}^k \mid z_i = z_j, \exists (i,j)\, 1 \le i < j \le k \}$ を考えてまず各根をその中で変形して実根になるように変形する:すなわち $\alpha_i(t), \beta_j(t)$, $0 \le t \le t$ で

$$\alpha_i(0) = \alpha_i, \quad \alpha_i(1) \in \mathbb{R}$$

$$\beta_j(0) = \beta_j, \quad \beta_j(1) \in \mathbb{R}$$

しかる後に $f_t(y) = \prod_{j=1}^{\ell} (y - \beta_j(t))^{\nu_j}$, $g_t(x) = \prod_{i=1}^{m} (x - \alpha_i(t))^{\lambda_i}$ とおき,適当なパラメーターをかけて

$$C_t : f_t(y) = a(t) g_t(x)$$

を考えれば位相同型のままで実ジョイン型にできる.

(2) まず必要なら線形座標変形を行い $\deg_x f_m = \deg_y f_m$, $\deg_x f_n = \deg_y f_n = n$ と仮定する. しかる後に必要なら $x \mapsto x + \alpha$, $y \mapsto y + \beta$ の変換をして $f_m(x,0) = 0$, $f_n(0,y) = 0$ はそれぞれ相異なる根を持つようにできる. さらに $f_m(x,y) = f_n(x,y) = 0$ は横断的で対応するトーラス型曲線は外部特異点を持たないとしてよい. $F_m(X,Y,Z)$, $F_n(X,Y,Z)$ を f_m, f_n の斉次化とする. $\mathcal{P}_m$, $\mathcal{P}_n$ をそれぞれ m, n 次の3変数斉次多項式の空間とし, N_m, N_n をその次元とする. $\bar{F}_m(X,Z) := F_m(X,0,Z)$, $\bar{F}_n(Y,Z) := F_n(0,Y,Z)$ と定義する. $F_m, \bar{F}_m \in \mathcal{P}_m$, $F_n, \bar{F}_n \in \mathcal{P}_n$ である. $\mathcal{P}_m \times \mathcal{P}_n \times \mathbb{P}^2$

の中で次の代数的集合 W を考える.

$$W = \{(H_m, H_n, \mathbf{p}) \mid H_m(\mathbf{p}) = H_n(\mathbf{p}) = 0, \operatorname{rank} J(H_m, H_n)(\mathbf{p}) \le 1\}$$

ここで $J(H_m, H_n)$ は Jacobi 行列. $\Pi : W \to \mathcal{P}_m \times \mathcal{P}_n$ を自然な射影とする. Grauert の固有写像定理 ([25]) から $\Pi(W)$ は代数的集合. 一方仮定より $(F_m, F_n), (\bar{F}_m, \bar{F}_n) \notin \Pi(W)$. すなわち $\Pi(W)$ は固有な部分多様体で, $\mathcal{P}_m \times \mathcal{P}_n \setminus \Pi(W)$ は Zariski 開集合. この補空間の中で 2 点を繋ぐ道 $(F_m(t), F_n(t))$, $0 \le t \le 1$ がとれて, $(F_m(0), F_n(0)) = (F_m, F_n)$, $F_m(1)$, $F_n(1)) = (\bar{F}_m, \bar{F}_n)$ とできる. 適当なスカラー関数 $a(t)$ をかけて $C(t)$: $F_m(t)^p + F_n(t)^q a(t) = 0$ は外部特異点を持たないようにできる. □

6.9.1 定理 6.19 の証明.

証明の議論は有用なので簡単に証明をしてみる. まず次の群を考えよう. $\pi_1(\mathbb{C}^2 \setminus C_{p,q})$ の関係式表現を思い出そう (6.2,[62]).

$$G(p, q) := \langle a_i, \omega \mid \omega = a_{p-1} a_{p-2} \cdots a_0, \ i \in \mathbb{Z}, \ \mathcal{R}_{q,k}, \ \mathcal{R}'_{p,k} \rangle$$

$$\mathcal{R}_{q,k} : a_{k+q} = a_k \quad (\text{周期性}), \quad k \in \mathbb{Z}$$

$$\mathcal{R}'_{p,k} : a_{k+p} = \omega a_k \omega^{-1} \quad (\text{共役性}), \quad k \in \mathbb{Z}$$

$\mathcal{R}'_{p,k}$ はこれによって関係式の表現が簡明になるように便宜上無限の生成元を導入するものである. この群はアフィンの基本群 $\pi_1(\mathbb{C}^2 - C)$ の記述に現れる. 重要な性質は元 ω は

$$\omega = a_{i+p-1} a_{i+p-2} \cdots a_i, \quad \forall i \in \mathbb{Z} \tag{6.9}$$

と p 個の連続した生成元の積として表され, 連続であれば出発元の a_i に依らないことである.

射影空間の補空間の記述として次の商群を考えよう.

$$G(p, q; r) := G(p, q)/\langle \omega^r \rangle$$

すなわち関係式 $\omega^r = e$ を追加した群. まずこの群の構造として次の性質がある.

命題 6.22（**Th.2.12, [62]**）　整数 $s := \gcd(p,q)$, $\alpha := \gcd(q/s,r)$ を考える．このとき

1. $G(p,q;r)$ の中で ω^α で生成される巡回群 $\langle \omega^\alpha \rangle$ は巡回群 $\mathbb{Z}/(r/s)\mathbb{Z}$ と同型で，

2. $G(p,q;r)/\langle \omega^\alpha \rangle \simeq \mathbb{Z}_{p/s} * \mathbb{Z}_\alpha * F(s-1)$.

系 6.23　$\gcd(p,q) = 1$ のとき，$G(p,q;q) \simeq \mathbb{Z}_p * \mathbb{Z}_q$.

命題 6.22 の証明は割愛する．

命題 6.21 によって C は一般実ジョインと仮定できる．さらに議論の簡明さのため $a > 0$ を十分大きくとって

$$\max\{|f'(\delta_j)| \mid j = 1, \ldots, \ell - 1\} < \min\{a|g'(\gamma_i)| \mid i = 1, \ldots, m - 1\} \quad \text{(A)}$$

かつ $d_y \geq d_x$ と仮定しておこう．基本群の計算に直線族 $L_\eta = \{x = \eta\}$, $\eta \in \mathbb{C}$, を考える．基本群の関係式を与える特異な直線の集合は $\Lambda = \{0\} \cup \{\eta \mid ag'(\eta) = f'(\delta_j)\}$ に対応し，$\eta \neq 0$ なら一般的の仮定より L_η は $y = \delta_j$ で単純に接している．問題はいかにこれらの特異ファイバーの情報を固定したラインに持ってくるかである．このために $f(y)$ の臨界値の集合に g の臨界点を加えて

$$C(f) := \{0\} \cup \{f(\delta_j) \mid j = 1, \ldots, \ell - 1\} \cup \{\gamma_i \mid i = 1, \ldots, m - 1\}$$

を考え，実数軸の上で $C(f)$ を頂点とするグラフ（竹グラフ）Σ_f を考えて，Σ_f の多項式 $ag(x)$ による引き戻しを Γ とすると，仮定 (A) から Γ は m 個の星状グラフ（サテライトグラフ）$\Gamma(\alpha_i)$, $i = 1, \ldots, m$ の和で，$\Gamma(\alpha_i)$, $\Gamma(\alpha_{i+1})$ は共通の頂点 γ_i のみで交わる．また $\Gamma(\alpha_i)$ は α_i を中心の頂点とする $2\lambda_i$ 枝を持つ星状グラフ．そのうちの λ_i 個は Σ_f の原点 0 の右の正の部分，残りの λ_i 個の枝は Σ_f の負の部分に対応し，時計回りに交互にでてくる．星状グラフ $\Gamma(\alpha_i), \Gamma(\alpha_{i+1})$ は実直線に沿って間に γ_i を通って繋げられる．基本群の基底を L_ε の上にとる．$0 < \varepsilon \ll 1$. 各根 β_j の周りに反時計回りに $g_{j,0}, \ldots, g_{j,\nu_j-1}$ 個の生成元，合わせて $\sum_{j=1}^\ell \nu_j = d_y$ 個の生成元がとれる．図 6.11 は下の例のときの生成元を示している．小さなループの中心

に $f(\varepsilon, y) = 0$ の根が 1 ついる. モノドロミー関係式の計算は Γ に沿って行う. まず $\Gamma(\alpha_1)$ から始める.

(1) $x = \alpha_1$ のモノドロミー関係式として点 (α_1, β_j) で特異点型 $y^{\beta_j} - x^{\alpha_1} = 0$ だから

$$g_{j,k+\lambda_1} = g_{j,k}, \quad g_{j,k+\nu_j} = \omega_j g_{j,k} \omega_j^{-1}, \quad 1 \le j \le \ell, \ k \in \mathbb{Z} \tag{6.10}$$

$$\omega_j = g_{j,\nu_j-1} \cdots g_{j,0}. \tag{6.11}$$

$\mathbb{P}^2$ での基本群を考えるときはさらに次の関係式を追加する.

$$\omega_1 \omega_2 \cdots \omega_m = e. \tag{6.12}$$

(2) 次に $\Gamma(\alpha_1)$ の各枝のモノドロミーを考察する. 仮定によって，任意の j に関して $ag(x) = f(\delta_j)$ の解が $f(\delta_j) > 0$ ならサテライト $\Gamma(\alpha_1)$ の正の枝に，$f(\delta_j) < 0$ なら $\Gamma(\alpha_1)$ の負の枝にちょうど λ_1 個現れる. これらのモノドロミー関係式は

$$g_{j,a_j+k} = g_{j+1,b_j+k}, \quad k = 0, \ldots, \lambda_1 - 1 \tag{6.13}$$

で与えられる. 定数 a_j, b_j は最初の順番づけによるが，重要ではない. 関係式 (6.10) と合わせて

$$g_{j,a_j+k} = g_{j+1,b_j+k}, \quad \forall k \in \mathbb{Z} \tag{6.14}$$

あらためて $g_k = g_{1,j}$, $j \in \mathbb{Z}$ を生成元にとり，$\omega = g_{\nu_0-1} g_{\nu_0-2} \cdots g_0$, $\nu_0 = \gcd(\nu_1, \ldots, \nu_\ell)$ とおくと (6.10), (6.14) を合わせて，次の関係式に還元できる.

$$\mathcal{R}_{j,\alpha_1} : g_{j+\alpha_1} = g_j, \quad j \in \mathbb{Z} \tag{6.15}$$

$$\mathcal{R}_{\nu_0,k} : g_{j+\nu_0} = \omega g_j \omega^{-1}, \quad j \in \mathbb{Z}. \tag{6.16}$$

次にサテライト $\Gamma(\alpha_2)$ のモノドロミーを読むために，$x = \alpha_1 + \varepsilon$ から $x = \alpha_2 - \varepsilon$ までファイバーを動かす. 任意の δ_j に関して $f(y)$ と $g(x)$ が (α_1, α_2) で同符号なら $ag(x) = f(\delta_j)$ の根が γ_1 の左右に 2 つある（異符号なら根なし）. ファイバーを最初の根では右回り，2 回目の根では左回りによけて進む. そうすると $L_{\alpha_2-\varepsilon}$ の中の生成元の状況は $x = \alpha_1 + \varepsilon$ とまったく同一で

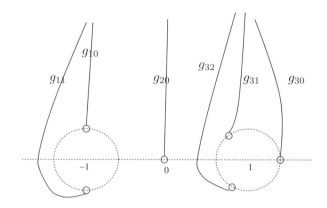

図 **6.11** 生成元

ある．$x = \alpha_2$ のモノドロミーは

$$g_{j+\alpha_2} = g_j, \quad \forall j. \tag{6.17}$$

$\Gamma(\alpha_2)$ のサテライトの枝は新しい関係式を与えない．以下順次すべてのサテライトの関係式を読んで合わせると，容易に次の結論に到達する．

$$\pi_1(\mathbb{C}^2 - C) = \langle g_j, \omega \mid \omega = g_{\nu_0-1}g_{\nu_0-2}\cdots g_0, \mathcal{R}_{\lambda_0,k}, \mathcal{R}'_{\nu_0,k}\rangle \tag{6.18}$$

$$= G(\nu_0, \lambda_0), \quad \lambda_0 = \gcd(\lambda_1, \ldots, \lambda_m). \tag{6.19}$$

$\pi_1(\mathbb{P}^2 - C)$ を考えるならさらに (6.12) は $\omega^{d_y/\nu_0} = e$ となる．さらに詳しい説明は [62, 20] を見よ．

6.9.2 サテライトグラフの例

$f(y) = (y-1)^3 y(y+1)^2$, $g(x) = (x-1)^2(x+1)^3$ を考える．生成元およびサテライトグラフは図 6.11 および図 6.12 で与えられる．

6.10 巡回被覆変換

C を $f(x,y) = 0$ で定義される平面曲線とし，$f(x,y)$ は次のように展開

6.10 巡回被覆変換

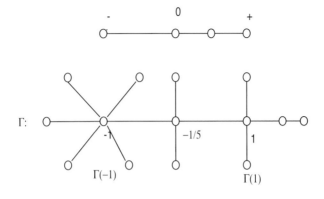

図 **6.12** サテライト

されているとする.

$$f(x,y) = \prod_{i=1}^{k}(y^a - \alpha_i x^b)^{\nu_i} + (低次項).$$

$\alpha_1,\ldots,\alpha_k$ は相異なる零でない複素数, $\gcd(a,b)=1$ とする. $d_x := \deg_x f = b\sum_{i=1}^{k}\nu_i$, $d_y := \deg_y f = a\sum_{i=1}^{k}\nu_i$. 無限遠直線 L_∞ が**中心的**とは $\pi_1(\mathbb{P}^2 - C \cup L_\infty) \to \pi_1(\mathbb{P}^2 - C)$ の核が, 中心に入る無限巡回群で L_∞ の投げ縄元 (lasso) ω で生成されているときをいう. L_∞ の**投げ縄元**とは L_∞ に直交する小さな円板の境界で定義される反時計に向きをとったループを基点まで紐で結んだものをいう. 例えば $a=b$, $\nu_i = 1$, $(i=1,\ldots,k)$ なら L_∞ が C に横断的に交わっているので中心的である. $D := \{y=0\}$ を分岐集合とする n 次巡回被覆写像

$$\varphi_n: \quad \mathbb{C}^2 \to \mathbb{C}^2, \quad (x,y) \mapsto (x,y^n)$$

を考える. φ_n による C の持ち上げ $\mathcal{C}_n(C;D)$ を次のように定義する.

$$\mathcal{C}_n(C;D) := \{f^{(n)}(x,y) = 0\}, \quad f^{(n)}(x,y) := f(x,y^n).$$

φ_n は自然に射影空間の有理写像 $(X:Y:Z) \mapsto (XZ^{n-1}:Y^n:Z^n)$ として拡張する. 基本群の準同型写像 $\Phi_n : \pi_1(\mathbb{P}^2 - \mathcal{C}_n(C;D)) \to \pi_1(\mathbb{P}^2 - C)$ を引き起こす. D が一般的とは $C \cap D$ が横断的なときをいう. このとき

150 第6章 射影超曲面と基本群

定理 6.24 (Th(3.4),[69]) D を一般的とする.

1. 自然な写像 $\pi_1(\mathbb{C}^2 - \mathcal{C}_n(C;D)) \xrightarrow{\varphi_\sharp} \pi_1(\mathbb{C}^2 - C)$ は同型写像である.

2. (i) $a \geq b$ とする. 次の可換図式があり, Φ_n は全射, ω を L_∞ の投げ縄, $\tilde{\omega}$ を $\tilde{L}_\infty$ の投げ縄元とすると $\tilde{\omega} = \varphi^{-1}(\omega^n) = (\varphi_n^{-1}(\omega))^n$, $\mathrm{Ker}\,\Phi_n$ は正規群として $\varphi_n^{-1}(\omega)$ で生成される(正確には $\varphi^{-1}(\omega)$ は閉曲線ではない. $(\varphi_n^{-1}(\omega))^n = \varphi_n^{-1}(\omega^n)$ は順次 ω を n 回持ち上げたもので最後に閉じた曲線となる).

$$
\begin{array}{ccc}
\pi_1(\mathbb{P}^2 - \mathcal{C}_n(C;D)) & \xrightarrow{\Phi_n} & \pi_1(\mathbb{P}^2 - C) \\
\tilde{\iota}_\sharp \uparrow & & \uparrow \iota_\sharp \\
\pi_1(\mathbb{C}^2 - \mathcal{C}_n(C;D)) & \xrightarrow[\varphi_{n\sharp}]{} & \pi_1(\mathbb{C}^2 - C)
\end{array}
$$

特に L_∞ が中心的なら $\tilde{L}_\infty$ も中心的で次の完全列を得る.

$$
1 \longrightarrow \mathbb{Z}/n\mathbb{Z} \xrightarrow{\iota} \pi_1(\mathbb{P}^2 - \mathcal{C}_n(C;D)) \xrightarrow{\Phi_n} \pi_1(\mathbb{P}^2 - C) \longrightarrow 1.
$$

(ii) $na \leq b$ のとき, Φ_n は同型写像で, $\tilde{\omega} = \varphi_n^{-1}(\omega)$ である.

証明 上下の空間を区別するため, 上の座標を $(x, \tilde{y})$, 下の座標を (x, y) と書く. $y = \tilde{y}^n$ である. 簡単のため $\tilde{C} := \mathcal{C}_n(C;D)$, $\tilde{D} := \{\tilde{y} = 0\}$. また $\tilde{\mathbb{C}}^2$ を φ_n の定義空間とする. その射影空間を $\tilde{\mathbb{P}}^2$ の無限遠直線を $\tilde{L}_\infty$ と書く. $M_\eta := \{y = \eta\} \subset \mathbb{C}^2$, $\tilde{M}_\eta := \{y = \eta\} \subset \tilde{\mathbb{C}}^2$ とおく. 直線族 $M_\eta := \{y = \eta\}$, $\tilde{M}_\eta = \{y = \eta\}$ を使って基本群 $\pi_1(\mathbb{C}^2 - C)$, $\pi_1(\mathbb{C}^2 - \tilde{C})$ を計算することにすれば, $U := (\mathbb{C}^2 - C) \cap \{|y| \leq \delta^n\}$, $\tilde{U} := (\tilde{\mathbb{C}}^2 - C) \cap \{|\tilde{y}| \leq \delta\}$ は直積となるので

$$
U - D \cong \Delta^*_{\delta^n} \times (M_{\delta^n} - M_{\delta^n} \cap C)
$$

$$
\tilde{U} - \tilde{D} \cong \Delta^*_\delta \times (\tilde{M}_\delta - \tilde{M}_\delta \cap C)
$$

このことから

$$\pi_1(\tilde{\mathbb{C}}^2 - \tilde{C} \cup \tilde{D}) \xrightarrow{\varphi_{n\sharp}} \pi_1(\mathbb{C}^2 - C \cup D)$$

$$\downarrow{\cong} \qquad\qquad\qquad \downarrow{\cong}$$

$$\pi_1(\tilde{\mathbb{C}}^2 - \tilde{C}) \times \mathbb{Z} \xrightarrow[\varphi_{n\sharp} \times n]{} \pi_1(\mathbb{C}^2 - C) \times \mathbb{Z}$$

実際 $\varphi_{n\sharp}$ は被覆写像より単射で,

$$\varphi_n : \tilde{M}_\eta \to M_{\eta^n}$$

は位相同型写像だから, $\varphi_{n\sharp} : \pi_1(\tilde{\mathbb{C}}^2 - \tilde{C}) \to \pi_1(\mathbb{C}^2 - C)$ は全射であり, $\varphi_{n\sharp} \times n$ において明らかに n 倍写像なので, $\varphi_{n\sharp} : \pi_1(\tilde{\mathbb{C}}^2 - \tilde{C}) \to \pi_1(\mathbb{C}^2 - C)$ は同型写像である.

次に主張 2 を示そう. まず易しい場合:$na \leq b$ のときを考える. $\deg C = \deg \tilde{C} = d_x$ で, したがって直線 $\tilde{M}_\eta$, M_{η^n} の中に生成元をとり無限遠直線 $\tilde{L}_\infty$ の投げ縄 $\tilde{\omega}$, ω も同様にとって φ_n で L_∞ の投げ縄 ω に対応するようにできる. したがって主張は 5 項補題から従う.

$$1 \longrightarrow \mathbb{Z} \longrightarrow \pi_1(\tilde{\mathbb{C}}^2 - \tilde{C}) \longrightarrow \pi_1(\tilde{\mathbb{P}}^2 - \tilde{C}) \longrightarrow 1$$

$$\downarrow{\mathrm{id}} \qquad\qquad \downarrow{\varphi_{n\sharp}} \qquad\qquad \downarrow{\Phi_n}$$

$$1 \longrightarrow \mathbb{Z} \longrightarrow \pi_1(\mathbb{C}^2 - C) \longrightarrow \pi_1(\mathbb{P}^2 - C) \longrightarrow 1$$

次に $a \geq b$ の場合を考える. $\deg C = d_y$, $\deg \mathcal{C}_n(C; D) = nd_y$ である. このときは直線族 $\tilde{L}_\eta := \{x = \eta\}$, $L_\eta = \{x = \eta\}$ を使う. $\tilde{L}_\eta$ の座標 $\tilde{y}$ で $\varphi : \tilde{L}_\eta \to L_\eta$ は $\varphi_n(\tilde{y}) = \tilde{y}^n$ に注意する. 一般的直線 L_{η_0} を固定する. 必要なら x 軸の平行移動 $y \mapsto y + c, c \gg 0$ をして, 十分大きな $K > 0$ をとれば

$$C^a \cap L_{\eta_0} \subset \{y \mid \Im y > 0, \ |y| < K^n\}$$

と仮定できる. 基底 (x_{η_0}, R^n), $R \gg 1$ を直線 L_{η_0} の虚軸の十分大きなところに固定し, 1 次的基点 $b_0' = (x_{\eta_0}, K^n)$, b_0', b_0 は虚軸の線分 ℓ で結ぶ. $R \gg K \gg 1$ とする. $\pi_1(L_{\eta_0}^a - C, b_0')$ の生成元 $g_1, \ldots, g_d$ を図 6.13 のようにとり, ℓ で繋いで $\pi_1(L_{\eta_0}^a - C, b_0)$ の元とみなす. $\omega = g_d g_{d-1} \cdots g_1$ となる. $\pi_1(L_{\eta_0}^a - C, b_0')$ の生成元を次のようにとる. $H = \{y \mid 0 < \arg y < \pi\}$

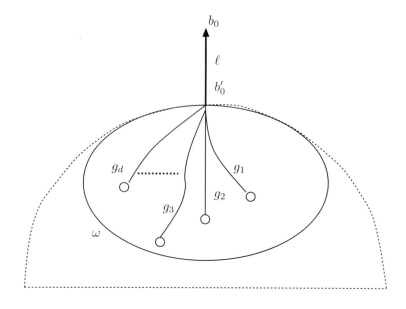

図 **6.13** 底空間の生成元

とおく. 角領域
$$\Omega_j := \left\{ y \,\middle|\, \frac{2\pi j}{n}i < \arg y < \frac{\pi(2+j)}{n}i,\ j=0,\ldots,n-1 \right\}$$
を考える. $\tilde{b}_0=(x_{\eta_0}, R\exp(\pi i/2n))$ を $\tilde{L}_{\eta_0}$ の基点, $\tilde{b}'_0=(x_{\eta_0}, K\exp(\pi i/2n))$, $\tilde{\ell}$ を $\tilde{b}'_0, \tilde{b}_0$ を結ぶ線分とする. また $\tilde{b}'_j = \tilde{b}'_0 \exp(2\pi ji/n)$ を Ω_j の 1 次的基点とする. $\varphi_n : \Omega_j \to H$ は位相同型だから φ_n の引き戻しとして $\pi_1(\Omega_j - C, \tilde{b}'_j)$ の生成元 $g_1^{(j)},\ldots,g_d^{(j)}$ と ω_j を得られる. これらは $\pi_1(L_{\eta_0}-\tilde{C}, \tilde{b}_0)$ の元とみなすときは, $\tilde{\ell}$ と $\tilde{b}'_0, \tilde{b}_j$ を結ぶ円弧を使う. したがって
$$\varphi_n(\tilde{b}'_j) = b'_0, \quad \varphi_{n\sharp}(g_k^{(j)}) = \omega^j g_k \omega^{-j}, \quad \varphi_{n\sharp}(\omega_j) = \omega$$
に注意すると
$$\{g_k^{(j)} \mid 1 \leq k \leq d, 0 \leq j \leq n-1\}$$
が $\pi_1(L_{\eta_0}-\tilde{C}, \tilde{b}_0)$ の生成元となり, $\tilde{L}_\infty$ の投げ縄元 $\tilde{\omega}$ としては $\tilde{\omega} = \tilde{\omega}_{n-1}\cdots\tilde{\omega}_0$ がとれる. ω は $\pi_1(\mathbb{C}^2-C, b_0)$ の中心に入っているので, $\tilde{\omega}$ も中心に入る

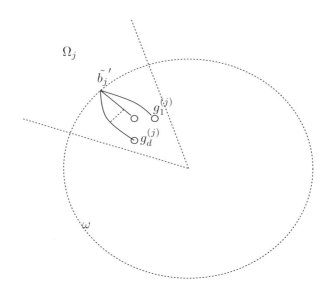

図 **6.14** $\pi_1(\mathbb{C}^2 - \tilde{C})$ の生成元

ので,主張は次の同型から従う.

$$\pi_1(\mathbb{P}^2 - \tilde{C}) \cong \pi_1(\tilde{\mathbb{C}}^2 - \tilde{C})/\langle \tilde{\omega} \rangle$$
$$\cong \pi_1(\mathbb{C}^2 - C)/\langle \omega^n \rangle.$$

さらなる詳細は [69] を見よ.

第7章 双対曲線

次数 d の既約な平面曲線 $C := \{F(X, Y, Z) = 0\}$ が与えられているとする. $f(x, y) := F(x, y, 1)$ は C のアフィン定義多項式となる. (X, Y, Z) を $\mathbb{P}^2$ の斉次座標, (x, y) をアフィン座標 $x = X/Z$, $y = Y/Z$, (U, V, W) を双対射影空間 $\check{\mathbb{P}}^2$ の斉次座標, (u, v) をアフィン座標 $u = U/W$, $v = V/W$ とする. 非特異な点 $p = (a, b, c) \in C$ に対して接線は

$$\frac{\partial F}{\partial X}(p)X + \frac{\partial F}{\partial Y}(p)Y + \frac{\partial F}{\partial Z}(p)Z = 0 \tag{7.1}$$

で与えられる. アフィン空間では

$$\frac{\partial f}{\partial x}(\alpha, \beta)x + \frac{\partial f}{\partial y}(\alpha, \beta)y = \frac{\partial f}{\partial x}(\alpha, \beta)\alpha + \frac{\partial f}{\partial y}(\alpha, \beta)\beta,$$

$$\alpha = a/c, \quad \beta = b/c.$$

と表される. **Gauss 写像** $\psi_C : C \to \check{\mathbb{P}}^2$ を $p = (\alpha, \beta, 1) \in C - \Sigma(C)$ に対し

$$\psi_C(p) = (U, V, W)$$

$$(U, V, W) = \left(\frac{\partial F}{\partial X}(p), \frac{\partial F}{\partial Y}(p), \frac{\partial F}{\partial Y}(p) \right), \text{ または}$$

$$= \left(\frac{\partial f}{\partial x}(\alpha, \beta), \frac{\partial f}{\partial y}(\alpha, \beta), -(\frac{\partial f}{\partial x}(\alpha, \beta)\alpha + \frac{\partial f}{\partial y}(\alpha, \beta)\beta) \right)$$

で定義して**双対曲線** $\check{C} \subset \check{\mathbb{P}}^2$ を $C - \Sigma(C)$ の像の閉包として定義する.

156 第7章 双対曲線

7.1 双対曲線 $\check{C} \subset \mathbb{P}^2$ の定義多項式

代数的には多項式環 $\mathbb{C}[X, Y, Z, U, V, W]$ のイデアル

$$\mathcal{A} = \left(F(X,Y,Z), U - \frac{\partial F}{\partial X}(X,Y,Z), V - \frac{\partial F}{\partial Y}(X,Y,Z), W - \frac{\partial F}{\partial Z}(X,Y,Z) \right)$$

から (X, Y, Z) を消去して得られる多項式 $\check{F}(U, V, W)$ が双対曲線を定義する. $\check{F}$ は Groebner 基底を使って求められるが一般にはかなり重たいときがある.

7.1.1 $\check{C}$ の次数

$\check{C}$ の次数 $\check{d}$ を求めよう. Bezout の定理より一般的な直線 $aU + bV + cW = 0$ との交点を数えればよい. 交点を Gauss 写像で引き戻した C の点は曲線

$$(\sharp): \quad F(X,Y,Z) = a\frac{\partial F}{\partial X} + b\frac{\partial F}{\partial Y} + c\frac{\partial F}{\partial Z} = 0 \tag{7.2}$$

の交点である. (7.2) は C の特異点を通ることは自明だが, $\check{C} \cap \{aU + bV + cW = 0\}$ が $\check{C}$ の正則点を横断的に交わると仮定してよく, 特異点でその (各成分の) 接錐の方向と直線 $aU + bV + cW = 0$ は横断的と仮定できる. すなわち各特異点で一般的な方向である. いま C の特異点を $\Sigma(C) = \{P_1, \dots, P_r\}$ とし, 対応する Milnor 数と多重度を $\mu_i, m_i, i = 1, \dots, r$ とする. ($\sharp$) は自明な解 $P_i, i = 1, \dots, r$ を持ちその点での交点数は a, b, c が一般のとき, $\mu_i + m_i - 1$ で与えられる ([40]). したがって再び Bezout の定理によって

$$\check{d} = d(d-1) - \sum_{i=1}^{r}(\mu_i + m_i - 1). \tag{7.3}$$

7.2 Puiseux 展開

(C, O) が原点で既約として定義式を $f(x, y) = 0$, $y = 0$ が接錐の方向とす

る．そのとき自然数 $N > 0$ が存在して C は次のようにパラメーター表示される．

$$y = \sum_{j=1}^{\infty} c_j x^{j/N}.$$

パラメーターを使って書き直すと

$$x = t^N, \quad y = \sum_{j \geq N}^{\infty} c_j t^j$$

次のように決まる整数の対の有限集合を Puiseux 対という．

$$\mathcal{P} = \{(m_1, n_1), (m_2, n_2), \ldots, (m_\ell, n_\ell)\},$$
$$\gcd(m_i, n_i) = 1, \quad i = 1, \ldots, \ell.$$

$\mathcal{P}$ の対は順序づけられていることに注意する．

1. 最初の対 (m_1, n_1)：$\nu_1 := \min\{j \mid c_j \neq 0,\ j/N \notin \mathbb{Z}\}$，$\nu_1/N$ を既約分数で表すと m_1/n_1．当然 n_1 は N の約数である．定義から $\nu_1 = Nm_1/n_1$ である．$N^{(2)} := N/n_1 = \gcd(\nu_1, N)$ とおく．

2. $n_1 = N$ なら終わり．$n_1 < N$ なら次に (m_2, n_2) は

$$\nu_2 := \min\left\{j \mid c_j \neq 0,\ \frac{n_1 j}{N} \notin \mathbb{Z}\right\}$$
$$\frac{\nu_2}{N} = \frac{m_2}{n_1 n_2} \text{ と書き，} \quad \gcd(m_2, n_2) = 1.$$

定義から $n_1 n_2 | N$, $m_2 > n_2 m_1$ で．

$$N^{(3)} := \gcd(\nu_2, N^{(2)}) = \gcd\left(\frac{N m_2}{n_1 n_2}, \frac{N}{n_1}\right)$$
$$= \frac{N}{n_1 n_2} \text{ とおく．}$$

3. 帰納的に同様な議論で $n_1 \cdots n_{k-1} < N$ なら

158 第 7 章 双 対 曲 線

$$\nu_k := \min\{j \mid c_j \neq 0, \ \frac{n_1 \cdots n_{k-1} j}{N} \notin \mathbb{Z}\},$$

$$\frac{\nu_k}{N} = \frac{m_k}{n_1 \cdots n_k}, \quad \gcd(m_k, n_k) = 1.$$

定義より

$$m_k > m_{k-1} n_k, \quad \nu_k = \frac{N m_k}{n_1 \cdots n_k}, \tag{7.4}$$

$$N^{(k+1)} := \gcd(\nu_k, N^{(k)}) = \frac{N}{n_1 \cdots n_k}. \tag{7.5}$$

4. 操作の終了：$n_1 \cdots n_\ell = N$ になったら終わる.

$$N = n_1 \cdots n_\ell, \quad N^{(k)} = n_k \cdots n_\ell, \ k \leq \ell.$$

Puiseux 対 $\mathcal{P}(C, p) := \{(m_1, n_1), \ldots, (m_\ell, n_\ell)\}$ は位相不変量であることが知られている ([10]).

定義 7.1 有理数 s を $s := \min\{j/N \mid c_j \neq 0\}$ と定義し，**Puiseux 位数** とよぶことにする.

注意 7.2 $s \leq m_1/n_1$ であるが特に $s < m_1/n_1$ なら $s \in \mathbb{Z}$ である. $s \notin \mathbb{Z}$ なら $s = m_1/n_1$ も注意しておく. $\ell = 0$ は C が原点で正則であることを示し，$s \geq 2$ で s は整数. さらに正則 ($\ell = 0$) で $s \geq 3$ の点を変曲点といい，$s - 2$ を変曲点の位数という.

7.2.1 特 性 指 数

Puiseux 展開と同値であるが特性指数 (Characteristic exponents [68]) も定義しよう. (C, p) が局所既約としてパラメーター表示

$$x = t^N, \quad y = y(t)$$

$$y(t) = \sum_{j \geq N}^{\infty} c_j t^j$$

に対して整数の有限集合 $\mathcal{P}(y(t); N) = \{\nu_1, \nu_2, \ldots, \nu_\ell\}$ を定義する. $N^{(1)} =$

N とおく.

1. $\nu_1 := \min\{j \mid c_j \neq 0,\ j \neq 0 \bmod N\}$, $N^{(2)} = \gcd(\nu_1, N)$.
2. $\nu_2 = \min\{j \mid c_j \neq 0,\ j \neq 0 \bmod N^{(2)}\}$, $N^{(3)} = \gcd(\nu_2, N^{(2)})$.
3. $\nu_k = \min\{j \mid c_j \neq 0,\ j \neq 0 \bmod N^{(k)}\}$, $N^{(k+1)} = \gcd(\nu_k, N^{(k)})$.
4. $N^{(\ell+1)} = 1$ となれば終了.

特性指数 $\mathcal{P}(y(t); N) := \{(\nu_1, \ldots, \nu_\ell), (N^{(2)}, \ldots, N^{(\ell)})\}$ が与えられれば Puiseux 対 $\mathcal{P}(C, p)$ は公式

$$n_1 = N/N^{(2)}, \ldots, n_\ell = N^{(\ell)}/N^{(\ell+1)} = N^{(\ell)} \tag{7.6}$$

$$m_1 = \nu_1/N^{(2)}, \ldots, m_\ell = \nu_\ell/N^{(\ell+1)} \tag{7.7}$$

から定まる.

7.3 特異点の Gauss 像

双対曲線の特異点を調べよう. 2 種類の特異点が考えられる.

(ds-1) C の局所的性質からくる特異点

(ds-2) C の大域的な性質からくる特異点

(ds-1) は特異点の Gauss 像や変曲点の像などがこれにあたる. (ds-2) は特別な接線からくるものである. もちろん (ds-1), (ds-2) が混ざった特異点も可能だがさらに複雑になる.

7.4 変 曲 点

非特異点 $p \in C$ を考える. p での接線 L_p が p を原点として $y = a_1 x$ で定義されるとき, $\frac{\partial f}{\partial y}(\mathbf{0}) \neq 0$ だから $f = 0$ を y に関して局所的に解いて

$$y = y(x) = a_1 x + \sum_{k \geq 2} a_k x^k, \quad k \geq 2$$

と書ける. このとき, 適当な $\mathcal{O}_p$ の単元 u をとって $f(x, y) = u(y - y(x))$ と書ける. C と L_p の p での交点数 $m(p)$ は $m(p) = I(y - a_1 x, f(x, y); \mathbf{0})$ で $m(p) = \min\{k \mid k \geq 2 \mid a_k \neq 0\}$ で与えられる. ほとんどすべての正則点で

160 第 7 章 双 対 曲 線

$m(p) = 2$ であるが $m(p) \geq 3$ のとき，p を**変曲点**とよぶ．$f(x, y(x)) \equiv 0$ を微分して

$$f_x + f_y y' = 0 \quad \text{すなわち} \quad y' = -\frac{f_x}{f_y}.$$

ここで f_x, f_y は偏微分を略記したもの．$H(F)$ を F のヘシアンとする：

$$H(F) := \det \begin{pmatrix} F_{XX} & F_{XY} & F_{XZ} \\ F_{YX} & F_{YY} & F_{YZ} \\ F_{ZX} & F_{ZY} & F_{ZZ} \end{pmatrix}$$

命題 7.3 ([**71**])　C の変曲点は $F = H(F) = 0$ の上にあり，その個数は重複度を考慮して数えると $3d(d-2) - \sum_{P \in \Sigma(C)} I(F, H(F); P)$ である．ここで $\Sigma(C)$ は特異点の集合で第 2 項は特異点からの寄与である．

証明　上の表現から $I(C, L_P; P) = \mathrm{ord}_x\, f(x, a_1 x) = \min\{k \geq 2 \,|\, a_k \neq 0\}$. したがって P が変曲点であるためには $y''(0) = 0$ が必要十分条件となる．

$$y''(x) = -\frac{f_{xx}f_y^2 - 2f_{xy}f_x f_y + f_{yy}f_x^2}{f_y^3}$$

よって p が変曲点である必要十分条件は

$$\mathcal{F}(f) := f_{xx}f_y^2 - 2f_{xy}f_x f_y + f_{yy}f_x^2 = 0.$$

一方

$$
\begin{aligned}
Z^2 H(F) &= Z \det \begin{pmatrix} F_{XX} & F_{XY} & ZF_{XZ} \\ F_{YX} & F_{YY} & ZF_{YZ} \\ F_{ZX} & F_{ZY} & ZF_{ZZ} \end{pmatrix} \\
&= \det \begin{pmatrix} F_{XX} & F_{XY} & (d-1)F_X \\ F_{YX} & F_{YY} & (d-1)F_Y \\ ZF_{ZX} & ZF_{ZY} & (d-1)ZF_Z \end{pmatrix}
\end{aligned}
$$

$$\equiv (d-1)^2 \det \begin{pmatrix} F_{XX} & F_{XY} & F_X \\ F_{YX} & F_{YY} & F_Y \\ F_X & F_Y & 0 \end{pmatrix} \bmod (F)$$

$$\equiv -(d-1)^2 \{ F_{XX} F_Y^2 + F_{YY} F_X^2 - 2 F_{XY} F_X F_Y \} \bmod (F)$$

ここで最初の等式には 3 列ベクトルに F_X, F_Y, F_Z に関する Euler 等式

$$(d-1) F_X = X F_{XX} + Y F_{XY} + Z F_{XZ}$$

等を使って変形し，2 番目の等式は 3 行ベクトルに同様な，変形を施して得られる．すなわちアフィン空間 $Z \neq 0$ で $\mathcal{F}(f) = -(d-1)^2 H(F)$. これより C の変曲点は無限直線上を含めて

$$F(X, Y, Z) = H(F)(X, Y, Z) = 0.$$

の共通根で定義される．後半の主張は Bezout の定理と $\deg H(F) = 3(d-2)$ より従う． $\square$

特異点 P での**変曲点指数** $\delta(C; P)$ を $\delta(C; P) := I(F, H(F); P)$ と定義する．σ を (C, P) の特異点と位相同値な特異点のクラスとし σ の一般変曲点指数を $\bar{\delta}(\sigma) = \min\{\delta(C; P) \mid (C, P) \in \sigma\}$ と定義する ([71])．よく出てくる Brieskorn 特異点 $y^p + x^q = 0$, $p \leq q$ の位相同値なクラスを $\beta_{p,q}$ で表すと，簡単な計算から

定理 7.4 ([71]) $\beta_{p,q}$ を考える．

1. $p < q$ とする．

$$\bar{\delta}(\beta_{p,q}) = \begin{cases} 3pq - 3q, & q > 2p \\ 3pq - 2(p+q), & q \leq 2p \end{cases}$$

2. $p = q$ のとき，$\bar{\delta}(\beta_{p,p}) = 3p^2 - 3p$.

系 7.5 ([71]) $\bar{\delta}(A_1) = 6$, $\bar{\delta}(A_2) = 8$, $\bar{\delta}(E_6) = 22$.

7.4.1 特異点の Gauss 像 (ds-1)

(ds-1) のタイプの特異点を調べるために，局所的なパラメーター表示を考えよう．$p \in C$ に対し (C, p) が仮に局所既約と仮定して $(x(t), y(t))$, $t \in \Delta_1$ をユニット円板上の (C, p) のパラメーター表示とする．$(x(t), y(t))$ が正則点なら接線は $y - y(t) = \frac{y'(t)}{x'(t)}(x - x(t))$ で与えられるので，対応する双対曲線 $\check{C}$ のパラメーター表示は

$$U(t) = y'(t), \quad V(t) = -x'(t), \quad W(t) = x'(t)y(t) - x(t)y'(t)$$

このパラメーター表示から

命題 7.6 Gauss 写像 $\psi_C : C \to \check{C}$ は双有理写像である．さらに $\check{\check{C}} = C$ かつ $\psi_{\check{C}} \circ \psi_C = \mathrm{id}$ である．

証明 $\check{C}$ のアフィン座標 $(u, v) = (U/W, V/W)$ でのアフィンパラメーター表示は

$$u(t) = \frac{y'(t)}{x'(t)y(t) - x(t)y'(t)}, \quad v(t) = \frac{-x'(t)}{x'(t)y(t) - x(t)y'(t)}$$

したがって $\check{\check{C}}$ のアフィン座標 (x, y) でのパラメーター表示 $(\check{\check{x}}(t), \check{\check{y}}(t))$ は

$$
\begin{aligned}
\check{\check{x}} &= \frac{v'}{u'v - uv'} \\
&= \frac{y(y''x' - x''y')}{(x'y - xy')^2} \bigg/ \frac{(x'y - xy')(x''y' - x'y'')}{(x'y - xy')^3} \\
&= x \\
\check{\check{y}} &= \frac{-u'}{u'v - uv'} \\
&= y
\end{aligned}
$$

すなわち $\check{\check{C}} = C$, $\psi_{\check{C}} \circ \psi_C = \mathrm{id}$ で $\psi_C : C \to \check{C}$ は有理同型である． $\square$

$p \in C$ を特異点と仮定する．特異点の近傍の像を調べるために Puiseux 展開を使う．

$$\begin{cases} x(t) = t^N \\ y(t) = \displaystyle\sum_{j=sN}^{\infty} b_j t^j \end{cases}, \quad s > 1.$$

N は (C,p) の多重度，すなわち p を通る一般直線との交点数であることはすぐわかる．Puiseux 対を上のように $\mathcal{P} = \{(m_1,n_1),\ldots,(m_\ell,n_\ell)\}$, $N = n_1 n_2 \cdots n_\ell$, $N^{(j)} = n_j n_{j+1} \cdots n_\ell$, $N_j = n_1 \cdots n_j$, $\nu_k = N m_k / n_1 \cdots n_k$ とおく．定義から

$$m_1 N^{(2)} < m_2 N^{(3)} < \cdots < m_\ell N^{(\ell+1)}, \quad N^{(\ell+1)} = 1$$

$$h_j := \sum_{m_j N^{j+1} \leq j < m_{j+1} N^{j+2}} b_j t^j$$

の零でない係数を持つ冪は $N^{(j+1)}$ で割れるが，$N^{(j)}$ では割れない．記号の都合で $m_0 = s$, $m_{\ell+1} = \infty$ と理解する．$y(t) = \sum_{j=0}^{\ell} h_j(t)$ となる．また

$$b_j \neq 0, \; j = m_j N^{(j+1)}, \; j = 1,\ldots,\ell, \quad \text{ただし} \quad N^{(\ell+1)} = 1.$$

双対空間では

$$U(t) = y'(t), \quad V(t) = -x'(t), \quad W(t) = x'(t)y(t) - x(t)y'(t)$$

なので

$$\mathrm{val}_t\, U(t) = sN - 1, \quad \mathrm{val}_t\, V(t) = N - 1, \quad \mathrm{val}_t\, W(t) = sN + N - 1$$

なのでアフィン座標 $u = U/V$, $w = W/V$ を用いると，

$$u(t) = -\sum_j \frac{j b_j}{N} t^{j-N}, \qquad \mathrm{val}_t\, u(t) = (s-1)N$$

$$w(t) = \sum_j \left(\frac{j}{N} - 1\right) b_j t^j, \quad \mathrm{val}_t\, w(t) = sN$$

したがって $u = 0$ が特異点での接錐の方向である．$s = m_1/n_1$, $\ell = 1$ のとき $(s-1)N = m_1 - n_1 \geq 1$ で $m_1 = n_1 + 1$ のとき $\mathrm{val}_t\, u(t) = 1$，すなわち $\check{C}$ は $\check{0}$ で非特異である．$\check{C}$ の Puiseux パラメーター表示を得るために，新

164 第 7 章 双対曲線

しいパラメーター τ をとって

$$\tau^{sN-N} = u(t), \quad t = t(\tau) = \tau \sum_{j=0}^{\infty} \lambda_k \tau^k$$

と書くと

補題 7.7 ([**71**])　初項 λ_0 は $\lambda_0^{sN-N} = -1/sb_{sN}$，それ以降に関しては $N^{(k)}$ を法として最初の零でない係数が現れる冪は $j = j_k$,

$$j_k = m_k N^{(k+1)} - sN, \ \ \text{で}$$

$$\lambda_{j_k} = \frac{-m_k N^{(k+1)} b_{m_k N^{(k+1)}}}{s(s-1)N^2 b_{sN}} \lambda_0^{m_k N^{(k+1)} - sN + 1}.$$

証明　等式

$$\tau = u(t(\tau)) = -\sum_j \frac{jb_j}{N} \tau^{j-N} \left(\sum_{k=0}^{\infty} \lambda_k \tau^k \right)^{j-N}.$$

から帰納法で示される.　　　　　　　　　　　　　　　　　　　$\square$

さて $(\check{C}, \psi_C(0))$ の多重度 $m(\check{C}) = (s-1)N$ は次のように与えられることに注意.

$$(s-1)N = \begin{cases} (s-1)n_1 \cdots n_\ell, & s \in \mathbb{Z}, \ s \geq 3 \\ N, & s = 2 \\ (m_1 - n_1)n_2 \cdots n_\ell, & s = m_1/n_1, \ m_1 > n_1 + 1 \\ n_2 \cdots n_\ell, & s = m_1/n_1, \ m_1 = n_1 + 1. \end{cases}$$

さて $w(t)$ を τ で書き換えて

$$w(t) = \sum_j \left(\frac{j}{N} - 1 \right) b_j t^j \implies w(\tau) = \sum_j d_j \tau^j$$

とおいてみると,

7.4 変 曲 点　　*165*

命題 7.8

$$d_j = 0, \ j < sN, \quad d_{sN} = (s-1)b_{sN}\lambda_0^{sN}$$

で

$$d_j \equiv 0 \bmod N^{(k)}, \quad j < m_k N^{(k+1)}$$
$$d_{m_k N^{(k+1)}} = -b_{m_k N^{(k+1)}}\lambda_0^{m_k N^{(k+1)}}.$$

以上の考察から次の定理を得る.

定理 7.9 （[**71**], [**104**] も参照せよ）$(C,0) \in \sigma(\mathcal{P};s)$ とし, $\breve{0}$ を $\breve{C}$ の対応する点とする. 接線 $x = 0$ が C のほかの点では横断的とする（すなわち $(\breve{C},\breve{0})$ は既約と仮定する）.

1. $s \in \mathbb{Z}$ と仮定する.
   (a) $s = 2$ なら $(\breve{C},\breve{0}) \in \sigma(\mathcal{P};2)$. すなわち $\sigma(\mathcal{P};2)$ は自己双対である. 特に $\mathcal{P} = \emptyset$ で C が変曲点でないなら $(\breve{C},\breve{0})$ もしかり.
   (b) $s > 2$ なら $(\breve{C},\breve{0}) \in \sigma(\mathcal{P}^+; \frac{s}{s-1})$. 特に変曲点なら（すなわち $\ell = 0$）$(\breve{C},\breve{0})$ はカスプ $u^s - w^{s-1} = 0$ となる. ここで

$$\mathcal{P}^+ = \{(s, s-1), (m_1, n_1), \dots, (m_\ell, n_\ell)\}.$$

2. $s = \frac{m_1}{n_1}$ のとき :
   (a) $m_1 - n_1 > 1$ なら $(\breve{C},\breve{0}) \in \sigma(\mathcal{P}^*; \frac{m_1}{m_1 - n_1})$. ここで

$$\mathcal{P}^* = \{(m_1, m_1 - n_1), (m_2, n_2), \dots, (m_\ell, n_\ell)\}.$$

   (b) $m_1 = n_1 + 1$ なら $(\breve{C},\breve{0}) \in \sigma(\mathcal{P}^-; m_1)$, $m_1 = n_1 + 1$. 特にカスプ $x^{n_1+1} - y^{n_1} = 0$ の双対は変曲点 $u^{n_1+1} - w = 0$. ここで

$$\mathcal{P}^- = \{(m_2, n_2), \dots, (m_\ell, n_\ell)\}.$$

定義 7.10　固定した Puiseux 対 $\mathcal{P} = \{(m_1, n_1), \dots, (m_\ell, n_\ell)\}$ を持つ平面曲線の芽の集合を $\sigma(\mathcal{P})$ としそれを Puiseux 次数で滑層分割する. 滑層の個

166 第 7 章 双 対 曲 線

数は $[m_1/n_1]$.

$$\sigma(\mathcal{P}) = \sigma(\mathcal{P};2) \amalg \sigma(\mathcal{P};3) \amalg \cdots \amalg \sigma(\mathcal{P};[m_1/n_1]) \amalg (\mathcal{P};m_1/n_1)$$

$$\sigma(\mathcal{P};s) = \{(C,p) \in \sigma(\mathcal{P}) \mid (C,p) \text{ の Puiseux 位数は } s\}$$

定理は各滑層の双対は位相同型な滑層になっていることを示している. (C,p) $\in \sigma(\mathcal{P};s)$ をとる. $\mathcal{P} = \emptyset$ なら $s \geq 2$ で $s > 2$ なら位数 $s-2$ の変曲点である.

例 7.11 Brieskorn 特異点 $\beta_{p,q}$, $p < q$ で $\gcd(p,q) = 1$ の場合を考えよう. 定理 7.9 より

系 7.12 $(C,0) \in \beta_{p,q}$, $b = \lfloor q/p \rfloor$, $(C,\mathbf{0}) \in \sigma((q,p),s)$ とする. $(\check{C},\check{\mathbf{0}})$ は次のようになる.

1. $q/p < 2$ なら $s = q/p$ で双対特異点は唯一つのクラスで
   (a) $q = p+1$ なら $(\check{C},\check{\mathbf{0}})$ は次数 $p-1$ の変曲点.
   (b) $q > p+1$ なら $(\check{C},\check{\mathbf{0}}) \in \sigma((q,q-p),\frac{q}{q-p})$.
2. $q/p \geq 2$ なら双対特異点のクラスは b 個ある.
   (a) $s = 2$ なら $(\check{C},\check{\mathbf{0}}) \in \sigma((q,p),2)$ (自己双対).
   (b) $2 < s \leq b$ なら $(\check{C},\check{\mathbf{0}}) \in \sigma((q,p)^+,\check{s})$, $(q,p)^+ = \{(s,s-1),(q,p)\}$, $\check{s} = \frac{s}{s-1}$.
   (c) $s = q/p$ なら $(\check{C},\check{\mathbf{0}}) \in \sigma((q,q-p),\frac{q}{q-p})$.

例として $\mathcal{P} = \{(3,11)\}$ を考えよう. $b = [q/p] = 3$ で $(\check{C},\check{\mathbf{0}})$ の位相同型クラスは 3 個ある.

1. $s = 2$. $C : (y+x^2)^3 + x^{11}$. $(\check{C},\check{\mathbf{0}}) \in \sigma((11,3),2)$. 定義多項式は
$$-145800000(w + u^2/4)^3 - \frac{2278125}{32}u^{11} + (\text{高次項}) = 0.$$

2. $s = 3$. $(\check{C},\check{\mathbf{0}}) \in \sigma(\{(3,2),(11,3)\},3/2\}$. 例えば $f(x,y) = (y+x^3)^3 + x^{11} = 0$ とすると $\check{C}$ は

$$452984832u^{11} - 9420668928u^8w^2 + 95551488u^{10} + 66791070720u^5w^4$$
$$- 1949101056u^7w^2 + 5038848u^9 - 285311670611w^8$$
$$- 170473771908u^2w^6 + 13337200800u^4w^4 - 102036672u^6w^2$$
$$- 31123310724uw^6 + 688747536u^3w^4 - 1549681956w^6$$
$$= \left(4u^3 - 27w^2\right)^3 + (\text{高次項}) = 0.$$

Puiseux 展開は

$$w = c_1u^{3/2} + c_2u^{11} + (\text{高次項}).$$

3. $s = 11/3$, $C : y^3 - x^{11} = 0$ とすると $\check{C}$ の定義式は

$$-285311670611w^8 + 452984832u^{11} = 0.$$

7.4.2 特別な接線からくる特異点 (ds-2)

1. k-共通接点. 点 $P_1, \ldots, P_k$ での接線が共通で ($k \geq 2$), 各点 P_i が非特異でかつ変曲点でないとすれば Gauss 写像で $P_1, \ldots, P_k$ は同じ点に移り, 一般にはその像は Brieskorn 特異点 $B_{k,k}$ になる. $k = 2$ が一般的で像は A_1 となる. $k \geq 3$ の多重接線がないと仮定すれば, その個数は双対曲線の A_1 の個数と一致する. 例えば C が A_1 を n 個, A_2 を c 個でほかの特異点はなく, 多重接線も通常 2 重接線のみ持っているとして $d, \check{d}$ をそれぞれの次数, また C の変曲点はすべて次数 1 とする. $\check{C}$ の A_1, A_2 の数をそれぞれ $\check{n}, \check{c}$ とする. $g, \check{g}$ を $C, \check{C}$ の種数とする. このとき次の公式は Class 公式としてよく知られている ([103]).

$$g = \frac{(d-1)(d-2)}{2} - (n+c) \tag{7.8}$$

$$= \frac{(\check{d}-1)(\check{d}-2)}{2} - (\check{n}+\check{c}) \tag{7.9}$$

$$\check{d} = d(d-1) - (3c + 2n), \tag{7.10}$$

$$\check{c} = 3d(d-2) - (8c + 6n), \tag{7.11}$$

168 第 7 章 双 対 曲 線

一般の特異点を許す既約曲線の場合は種数は特異点 P に対して $\mu(P), r(P)$ を局所的 Milnor 数，および既約成分の数とおくと次の一般化された Plücker の公式から得られる．

$$2 - 2g = 3d - d^2 + \sum_{P \in \Sigma(C)} (\mu(P) + r(P) - 1).$$

7.5 位相不変性

原点に孤立特異点を持つ平面曲線の族 $C_t = \{f_t(x,y) = 0\}$, $t \in U \subset \mathbb{C}$ が与えられたとき，Milnor 数が一定なら位相的に同型である ([42])．また位相的に同型なら，Puiseux データも一致する ([39])．しかし定理 7.9 が示すように，その付随する双対曲線族は位相同型族になるためには，特異点を固定したモジュライでは粗すぎる．次の情報を加える必要がある．

- 局所的には（簡単のため局所既約として）Puiseux データ +Puiseux 次数
- 大域的には多重接線の情報と変曲点の次数

を固定する必要がある．

例 7.13 4 次曲線で E_6 特異点を 1 個持つモジュライ空間 $\mathcal{M}$ を考えよう．$C \in \mathcal{M}$ に対し双対曲線 $\check{C}$ 次数 4 で $\delta(E_6) = 22$ だから，命題 7.3 より $24 - 22 = 2$ で一般に 2 個の変曲点を持つことより，2 個の A_2 を持たねばならない．$g(\check{C}) = 0$ であるから，A_1 を持つ．一方，変曲点が合流して次数 2 の変曲点になれば，$\check{C}$ は E_6 を持つ．そうするとそれ以外に特異点はない．幾何的には一般の場合の $2A_2 + A_1$ が合流して E_6 を生成することを示している．具体的な例として

$$C_s : f_s(x, y) := y^4 + sy^2x^2 + yx^3 + \left(\frac{5}{36}s^2 + 1\right)x^4 + x^3 = 0.$$

を考えよう．

$s \neq 0$ なら C_s は一般的で，変曲点を 2 個と 2 重接線 L を持つ．ここで L :

$(-s^2/9+1)x+y+1=0$. $s=0$ で C_0 は退化して，2本の変曲点は1個の次数2の変曲点 $P=(-1,0)$ となる．

$$C_0 : f_0(x,y) = y^4 + yx^3 + x^4 + x^3 = 0.$$

7.6 双対曲線の例と応用

7.6.1 3次曲線の双対曲線

1. C を非特異な3次曲線とする．双対曲線は6次曲線．変曲点は9個．3次曲線の変曲点はすべて次数1だから $\check{C}$ は9個のカスプ A_2 を持つ．$\check{C}$ の定義方程式を直接求めるのは容易ではないが，次のように双対曲線として求めるのは容易である．例えば $C = \{x^3 + y^3 + 1 = 0\}$ とすると $\check{C}$ は

$$g := v^6 - 2v^3 - 2v^3 u^3 + 1 + u^6 - 2u^3 = 0$$

で定義され，9個のカスプ A_2 を持つことが直接確かめられる．$\check{C}$ はトーラスタイプである ([86])．実際 g は次のように書ける．

$$
g = 4\big(u^2 + v^2 + 1 + u + v + uv\big)^3 \\
\quad - 3\big(1 + 2u + 2u^2 + u^3 + 2v + 2uv + 2u^2 v + 2v^2 + 2v^2 u + v^3\big)^2.
$$

$\check{C}$ はほかにも違ったトーラス分解がある．これに関しては徳永 ([100]) を参照されたい．

2. 3次曲線 C が A_1 を1個を持つとき，$\deg \check{C} = 4$．C の変曲点の数は3だから双対曲線 $\check{C}$ は Zariski が研究した A_2 を3個持つ4次曲線である．

3. 3次曲線 C がカスプを1個持つときは $\check{C}$ もカスプを1個持つ3次曲線．

170 第 7 章 双 対 曲 線

7.6.2 4次曲線の双対曲線

1. 非特異 4 次曲線 C のとき. 変曲点の数は 24. $\deg \check{C} = 12$ で $\check{C}$ の特異点は $24A_2 + 28A_1$ である. 例としては Pho Duc Tai [90] の次の例を見よう. Klein の 4 次曲線とよばれるものである.

$$C : x^3y + y^3z + z^3x = 0$$
$$\check{C} : g_4^3 + g_6^2 = 0 \quad ((3,2)\text{-トーラス型})$$
$$g_4 := u^3v + v^3w + w^3u,$$
$$g_6 = uv^5 + vw^5 + wu^5 - 5u^2v^2w^2.$$

非特異 4 次曲線で通常変曲点のみのモジュライは連結であるからその双対曲線は位相同型となる.

2. 非特異 4 次曲線で位数 2 の変曲点を 12 個持つモジュライを考えよう. これには 2 つの連結成分 $\mathcal{M}_1$, $\mathcal{M}_2$ がある. それぞれ Fermat 4 次曲線 F_4 とそのパートナー 4 次曲線 G_4 を含む. それらの双対曲線は $(3,4)$ および $(2,3)$ トーラス曲線となり Alexander 多項式で区別される Zariski 対をなす ([90]).

$$F_4 : \quad F_4 = x^4 + y^4 + z^4 = 0$$
$$\check{F}_4 : \quad -27(uvw)^4 + (u^4 + v^4 + w^4)^3 \quad ((3,4)\text{-トーラス型})$$
$$G_4 : \quad x^4 + y^4 + z^4 + 3(x^2y^2 + y^2z^2 + z^2x^2) = 0$$
$$\check{G}_4 : \quad g_4^3 + g_6^2 = 0 \quad ((3,2)\text{-トーラス型}), \ g_4, g_6 \text{ はアフィン座標で}$$
$$g_4 := 7u^4 + 7v^4 + 7 + 18v^2u^2 + 18v^2 + 18u^2$$
$$g_6 := 3i\sqrt{3}(3u^2 + 1 + v^2)(u^2 + 1 + 3v^2)(u^2 + 3 + v^2)$$

実際 2 つのモジュライ空間 $\mathcal{M}_1$, $\mathcal{M}_2$ が異なることは, Alexander 多項式で判定される. $\Delta_{\check{F}_4}(t) = (t^2 - t + 1)(t^4 - t^2 + 1)$, $\Delta_{\check{G}_4}(t) = t^2 - t + 1$ で与えられる.

7.7 Fermat 曲線と最大ノーダル曲線

非特異 n 次射影曲線が**最大ノーダル曲線**とは特異点はすべて A_1 で個数がちょうど $(n-1)(n-2)/2$, したがって C は有理曲線となるときをいう. 最大ノーダル曲線のモジュライ空間は Harris によって既約である ([30]). ここでは双対曲線を使って, 最大ノーダル曲線を具体的に構成する方法を与える. 詳細は [72] を参照せよ.

正整数 $m \geq s \geq 1$ に対して $\mathbb{Z}_{m,s} := \mathbb{Z}_m \times \mathbb{Z}_s$ とおき, 多重巡回被覆写像 $\pi_{m,s} : \mathbb{C}^2 \to \mathbb{C}^2$ を $\pi_{m,s}(x,y) = (x^m, y^s)$ で定義する. 射影空間では $\Pi_{m,s} : \mathbb{P}^2 \to \mathbb{P}^2$ は $\Pi_{m,s} : (X : Y : Z) \mapsto (X^m : Y^s Z^{m-s} : Z^m)$ と定義される. $\omega_n = \exp(2\pi i/n)$ とおき, $\mathbb{P}^2$ に $\mathbb{Z}_{m,s}$-作用を,

$$(\omega_m^j, \omega_s^k) \circ (X : Y : Z) := (X\omega_m^j : Y\omega_s^k : Z)$$

アフィンでは $(\omega_m^j, \omega_s^k) \circ (x,y) := (x\omega_m^j, y\omega_s^k)$ で定義する. 簡単のため $\gamma = (\omega_m^j, \omega_s^k)$ に対して $\gamma \circ P$ を P^γ と書くことにする. 曲線 $C := \{g(x,y) = 0\}$ 射影空間では $C : \{G(X,Y,Z) = 0\}$, $g(x,y) = G(x,y,1)$. また $C_{m,s} = \pi_{m,s}^{-1}(C)$ は

$$C_{m,s} : f(x,y) = 0, \quad f(x,y) := g(x^m, y^s)$$

と表され, 射影空間では $F(X,Y,Z) := G(X^m, Y^s Z^{m-s}, Z^m) = 0$ と表される. これより $f(x,y)$ は x^m, y^s の多項式である.

7.8 Gauss 写像

F の Gauss 写像 $G_F : \mathbb{P}^2 \to \check{\mathbb{P}}^2$, $G_f : \mathbb{C}^2 \to \check{\mathbb{C}}^2$ は次のようになることを思い出そう.

$G_F : (X : Y : Z) \mapsto (F_X : F_Y : F_Z)$, アフィン座標では

$$G_f : (x,y) \mapsto (f_x : f_y : -xf_x - yf_y) = \left(\frac{f_x}{-xf_x - yf_y}, \frac{f_y}{-xf_x - yf_y} \right)$$

双対射影空間にも同様に $\mathbb{Z}_{m,s}$-作用を考えると, 簡単な計算より, Gauss 写

172 第 7 章 双 対 曲 線

像は次を満たす. $\check{f}(u,v)$ を $\check{C}_{m,n}$ の定義多項式とする.

$$G_f(P^\gamma) = G_f(P)^{\gamma^{-1}}, \quad P \in \check{C}_{m,n} \tag{7.12}$$

$$\check{f}(u,v) = h(u^m, v^s), \quad \exists h \in \mathbb{C}[u,v] \tag{7.13}$$

したがって双対空間での曲線 $\tilde{C}$ を $\tilde{C} = \{h(u,v) = 0\}$ で定義し, 自然な商写像 $\check{\pi}_{m,s} : \check{C}_{m,s} \to \tilde{C}$ を考える. $\check{\pi}_{m,s}$ の多重値切断 $\lambda : C \to \check{C}_{m,s}$ を $\lambda(x,y) = (x^{1/m}, y^{1/s})$ で定義し, $\Phi_{m,s} : C \to \tilde{C}$ を

$$\Phi_{m,s}(x,y) = \check{\pi}_{m,s}(G_f(\lambda(x,y)))$$

を考える.

定理 7.14 $\Phi_{m,s}$ は有理同型写像で次は可換である.

$$
\begin{CD}
\check{C}_{m,s} @>{G_F}>> \check{C}_{m,s} \\
@V{\pi_{m,s}}VV @VV{\check{\pi}_{m,s}}V \\
C @>>{\Phi_{m,s}}> \tilde{C}
\end{CD}
$$

証明 同型を示そう. $\check{\lambda} : \tilde{C} \to \check{C}_{m,s}$ を $\check{\lambda}(u,v) = (u^{1/m}, v^{1/s})$ で定義し, 写像 $\Psi_{m,s} : \tilde{C} \to C$ を $\Psi_{m,s} := \pi_{m,s} \circ \Gamma_{\check{f}} \circ \pi_{m,s}$ で定義すると, $(x',y') = \lambda(x,y), (u,v) = G_f(x',y')$ とおくと

$$
\begin{aligned}
\Psi_{m,s} \circ \Psi_{m,s}(x,y) &= \pi_{m,s} \circ (G_{\check{f}} \circ \check{\lambda} \circ \check{\pi}_{m,s})(u,v) \\
&= \pi_{m,s} \circ G_{\check{f}}((u,v)^\gamma), \quad \exists \gamma \in \mathbb{Z}_{m,s} \\
&= \pi_{m,s} G_{\check{f}}(u,v))^{\gamma^{-1}} \\
&= \pi_{m,s}((x',y')^{\gamma^{-1}}) \\
&= (x,y)
\end{aligned}
$$

逆向きも同様に示される. □

注意 7.15 $\tilde{C}$ は双対曲線 $\check{C}$ ではない.

7.9 ノーダル曲線の構成

この章は [72] に沿って，説明する．まず自明な直線

$$L : x + y + 1 = 0$$

を考えてその $\pi_{n,n}$ による持ち上げ

$$\mathcal{F}_n : x^n + y^n + 1 = 0$$

は n 次 Fermat 曲線になる．$\mathcal{F}_n$ は $3n(n-2)$ の変曲点を持つ．実際は次数 $n-2$ の変曲点が各座標軸の上に n 個ある．双対曲線 $\check{\mathcal{F}}_n$ は次数は $\check{n} = n(n-1)$ でもし多重接線が通常のものばかりならそれを d 個として，

$$\frac{(\check{n}-1)(\check{n}-2)}{2} - d - 3n \times \frac{(n-1)(n-2)}{2} = \frac{(n-1)(n-2)}{2}$$

より

$$d = \frac{n^2(n-2)(n-3)}{2}.$$

主張 7.16 $\check{\mathcal{F}}_n$ はちょうど $\frac{n^2(n-2)(n-3)}{2}$ の A_1 を持つ．

証明 点 $P = (a, b)$, $P' = (a', b')$ で接線が一致するとすると，

$$a^n + b^n + 1 = a'^n + b'^2 + 1 = 0, \quad a^{n-1} = a'^{n-1}, \quad b^{n-1} = b'^{n-1}.$$

これより $\omega = \omega_{n-1}$ として

$$a' = a\omega^k, \; b' = b\omega^j, \; a_n(\omega^k - \omega^j) = (\omega^j - 1), \quad 1 \le j, k < n-1$$

$P \ne P'$ なら $(k, j), k < j$

$$a^n = \beta_{j,k}, \quad b^n = -1 - \beta_{j,k}, \quad \beta_{j,k} := \frac{\omega^k - 1}{\omega^k - \omega^j}$$

したがって，多重接線はすべて 2 重で，個数は $n^2\binom{n-2}{2} = n^2\frac{(n-2)(n-3)}{2}$ 個．詳細は [72] を見よ． $\square$

さて探している曲線は $\tilde{L} = \check{\mathcal{F}}_n/\mathbb{Z}_{n,n}$ で次数は $n-1$ である．$\check{\mathcal{F}}_n$ の

174   第 7 章 双 対 曲 線

$n^2 \frac{(n-2)(n-3)}{2}$ は $\tilde{L}$ の $\frac{(n-2)(n-3)}{2}$ 個の A_1 を生成するから，既約性と Plücker の公式からほかの特異点はないこともわかる．$\check{\mathcal{F}}_n$ は $3n$ 個の $B_{n,n-1}$ 特異点を座標軸上に持っていたが，これは $\tilde{L}$ では変曲点になっている．

定理 7.17 ([**72**])　$D_{n-1} := \tilde{L}$ は次数 $n-1$ の最大ノーダル曲線で，次の有理パラメーター表示を持つ．

$$D_{n-1} : u(t) = t^{n-1}, \quad v(t) = (-1-t)^{n-1}$$

最後の主張は L の自明なパラメーター表示

$$L : x(t) = t, \quad y(t) = -1 - t$$

と

$$\Phi_{n,n}(x,y) = \left((-1)^n \frac{x^{n-1}}{(x+y)^n}, (-1)^n \frac{y^{n-1}}{(x+y)^n} \right)$$

から従う．D_{n-1} の定義多項式は $k := u - t^{n-1}$, $\ell := v - (-1-t)^{n-1}$ から t に関して終結式をとれば得られる．例えば D_3 は次のように与えられる．

$$D_3 : -(u+v)^3 - 3(u+v)^2 - 3(u+v) + 27uv - 1 = 0$$

第 II 部

混合特異点

第8章　混合解析関数の芽

　原点の近傍 U で定義された関数 $f(\mathbf{z}, \bar{\mathbf{z}})$ が**混合解析関数**とは $U \times U$ で定義された $2n$ 変数の解析関数 $F(\mathbf{z}, \mathbf{w})$ において，$w_i = \bar{z}_i,\ i = 1, \ldots, n$ を代入した複素数値関数のことである．F が $\mathbf{0} = (\mathbf{0}, \mathbf{0})$ で Taylor 展開 $F(\mathbf{z}, \mathbf{w}) = \sum_{\nu, \mu} c_{\nu, \mu} \mathbf{z}^{\nu} \mathbf{w}^{\mu}$ を持つとすると，これを使って $f(\mathbf{z}, \bar{\mathbf{z}}) = \sum_{\nu, \mu} c_{\nu, \mu} \mathbf{z}^{\nu} \bar{\mathbf{z}}^{\mu}$ と展開できる．ここで $\mathbf{z}^{\nu} = z_1^{\nu_1} \cdots z_n^{\nu_n}$, $\bar{\mathbf{z}}^{\mu} = \bar{z}_1^{\mu_1} \cdots \bar{z}_n^{\mu_n}$ である．これを f の Taylor 展開という．混合解析関数の芽や混合多項式も同様に定義できる．以後断らなければ $V = f^{-1}(0) \subset \mathbb{C}^n$ が定義する原点での芽（**混合超曲面の芽**）として考える．$z_j = x_j + i y_j$, $\bar{z}_j = x_j - i y_j$ とおいて $2n$ 実変数 $(\mathbf{x}, \mathbf{y})$ に書き直して

$$f(\mathbf{x}, \mathbf{y}) = g(\mathbf{x}, \mathbf{y}) + i h(\mathbf{x}, \mathbf{y}),$$
$$g(\mathbf{x}, \mathbf{y}) = \Re f(\mathbf{x}, \mathbf{y}), \quad h(\mathbf{x}, \mathbf{y}) = \Im f(\mathbf{x}, \mathbf{y})$$

とおくと $V = \{(\mathbf{x}, \mathbf{y}) \in \mathbb{R}^{2n} \mid g(\mathbf{x}, \mathbf{y}) = h(\mathbf{x}, \mathbf{y}) = 0\}$ と書ける．混合超曲面の方法は実余次元 2 の完全交差実代数的集合の複素解析的アプローチを与えるものである．実際与えられた $\mathbb{R}^{2n}$ の完全交差多様体

$$V = \{(\mathbf{x}, \mathbf{y}) \in \mathbb{R}^{2n} \mid g(\mathbf{x}, \mathbf{y}) = h(\mathbf{x}, \mathbf{y}) = 0\}$$

に対して $z_j = x_j + i y_j$, $x_j = (z_j + \bar{z}_j)/2$, $y_j = (z_j - \bar{z}_j)/2i$ とおいて，

$$f(\mathbf{z}, \bar{\mathbf{z}}) := g\left(\frac{\mathbf{z} + \bar{\mathbf{z}}}{2}, \frac{\mathbf{z} - \bar{\mathbf{z}}}{2i}\right) + i h\left(\frac{\mathbf{z} + \bar{\mathbf{z}}}{2}, \frac{\mathbf{z} - \bar{\mathbf{z}}}{2i}\right)$$

とおくと，V は混合超曲面 $f^{-1}(0)$ と理解できる．

178 第 8 章　混合解析関数の芽

8.1　混合特異点

$f(\mathbf{z}, \bar{\mathbf{z}})$ を混合関数として，$\mathbf{a} = (\alpha_1, \ldots, \alpha_n) \in \mathbb{C}^n$ が f の**混合特異点**（あるいは臨界点）とは接空間の線形写像 $f_{\mathbf{a}} : T_{\mathbf{a}}\mathbb{C}^n \to T_{f(\mathbf{a})}\mathbb{C} \cong T_{f(\mathbf{a})}\mathbb{R}^2$ が全射でないときをいう．以下次の簡略記号を断りなしに使う．

$$f_{z_j} = \frac{\partial f}{\partial z_j}, \qquad\qquad f_{\bar{z}_j} = \frac{\partial f}{\partial \bar{z}_j},$$

$$\partial f = (f_{z_1}, \ldots, f_{z_n}), \quad \bar{\partial}f = (f_{\bar{z}_1}, \ldots, f_{\bar{z}_n}).$$

命題 8.1（Proposition 1, [77]）　次の条件は同値.

1. $\mathbf{a} = (a_1, \ldots, a_n)$ が f の混合特異点.
2. 複素数 α, $|\alpha| = 1$ があって，$\overline{\partial f(\mathbf{a}, \bar{\mathbf{a}})} = \alpha \bar{\partial} f(\mathbf{a}, \bar{\mathbf{a}})$ を満たす.

上の条件を満たすとき，$\mathbf{a}$ を混合超曲面 $f^{-1}(f(\mathbf{a}, \bar{\mathbf{a}}))$ の**混合特異点** (mixed singular point) という．簡単のため $f(\mathbf{a}, \bar{\mathbf{a}}) = f(\mathbf{a})$, $\overline{\partial f(\mathbf{a}, \bar{\mathbf{a}})}$ を $\overline{\partial f(\mathbf{a})}$ などと書くことが多い．

証明　$z_j = x_j + iy_j$, $f = g + ih$ とおいて g, h を実 $2n$ 変数の関数とみなす．$\mathbf{a}$ が特異点とする．以下共役部分 $\bar{\mathbf{a}}$ は自明だから省略して $dg(\mathbf{a})$, $dh(\mathbf{a})$ などとも略記して書く．$dg(\mathbf{a})$, $dh(\mathbf{a})$ がともに零なら $\alpha = 1$ でよいので，例えば $dg(\mathbf{a}) \neq 0$ とすると，ある実数 t があって

$$dh(\mathbf{a}) = tdg(\mathbf{a}). \tag{8.1}$$

ここで

$$dg = (d_{\mathbf{x}}g, d_{\mathbf{y}}g), \qquad dh = (d_{\mathbf{x}}h, d_{\mathbf{y}}h) \tag{8.2}$$

$$d_{\mathbf{x}}g = (g_{x_1}, \ldots, g_{x_n}), \quad d_{\mathbf{y}}g = (g_{y_1}, \ldots, g_{y_n}) \tag{8.3}$$

である．

$$\frac{\partial}{\partial z_j} = \frac{1}{2}\left(\frac{\partial}{\partial x_j} - i\frac{\partial}{\partial y_j}\right), \quad \frac{\partial}{\partial \bar{z}_j} = \frac{1}{2}\left(\frac{\partial}{\partial x_j} + i\frac{\partial}{\partial y_j}\right)$$

であるから関数 $k(\mathbf{z}, \bar{\mathbf{z}}) = k(\mathbf{x}, \mathbf{y})$ に対して

$$k_{z_j} = \frac{1}{2}(k_{x_j} - ik_{y_j}), \quad k_{\bar{z}_j} = \frac{1}{2}(k_{x_j} + ik_{y_j})$$
$$\partial k = \frac{1}{2}(d_{\mathbf{x}}k - id_{\mathbf{y}}k), \quad \bar{\partial}k = \frac{1}{2}(d_{\mathbf{x}}k + id_{\mathbf{y}}k).$$

特に k が実数値関数なら次式が成立する.

$$\overline{\partial k} = \bar{\partial}k. \tag{8.4}$$

条件 (8.1) は次と同値である.

$$\partial h(\mathbf{a}) = t\partial g(\mathbf{a}), \quad \bar{\partial}h(\mathbf{a}) = t\bar{\partial}g(\mathbf{a}).$$

仮定から（$\mathbf{z} = \mathbf{a}$ の代入は省略して）

$$d_{\mathbf{x}}h = td_{\mathbf{x}}g, \quad d_{\mathbf{y}}h = td_{\mathbf{y}}g$$
$$\partial h = t\partial g, \quad\quad \bar{\partial}h = t\bar{\partial}g.$$

これから

$$\partial f = \partial g + i\partial h = 2(1 + it)\partial g, \tag{8.5}$$
$$\bar{\partial}f = \bar{\partial}g + i\bar{\partial}h = 2(1 + it)\bar{\partial}g. \tag{8.6}$$

g は実数値関数だから

$$\overline{\partial g}(\mathbf{a}) = \bar{\partial}g(\mathbf{a}). \tag{8.7}$$

ゆえに

$$\overline{\partial f}(\mathbf{a}) = \alpha\bar{\partial}f(\mathbf{a}), \quad \alpha = \frac{1 - it}{1 + it}. \tag{8.8}$$

上の議論は $dg(\mathbf{a}) = dh(\mathbf{a}) = 0$ でも成立している. $dg(\mathbf{a}) = 0$, $dh(\mathbf{a}) \neq 0$ のときも同様にできる.

逆に $\overline{\partial f}(\mathbf{a}) = \alpha\bar{\partial}f(\mathbf{a})$ と仮定する. $\alpha = \pm 1$ なら $dh(\mathbf{a}) = 0$ か $dg(\mathbf{a}) = 0$ だから明らか. よって $\alpha \neq \pm 1$ として $\alpha = a + ib$ とおく. $\overline{\partial f} = \alpha\bar{\partial}f$ から容易な計算で

180　第 8 章　混合解析関数の芽

$$\bar{\partial}h = \frac{1-a-ib}{-b+(a+1)i}\bar{\partial}g, \quad \frac{1-a-ib}{-b+(a+1)i} = \frac{-2b}{b^2+(1+a)^2}.$$

□

補題 8.2　$V = f^{-1}(0)$ で $\mathbf{p} \in S_r \cap V$ で V は $\mathbf{p}$ で混合非特異とする．（$r > 0$ なので $\mathbf{p} \neq \mathbf{0}$.）このとき，球面 S_r と V が $\mathbf{p}$ で横断的でない必要十分条件は次の同値な条件を満たすことである．

1. ある複素数 $\alpha \in \mathbb{C}^*$ で $\mathbf{p} = \alpha\overline{\bar{\partial}f}(\mathbf{p}) + \bar{\alpha}\bar{\partial}f(\mathbf{p})$ となることである．
2. 実数 c, d があって
$$\mathbf{z} = c\bar{\partial}g(\mathbf{p}) + d\bar{\partial}h(\mathbf{p}).$$

証明　$\mathbf{p} \in V$ は混合非特異だから非横断的な条件は
$$\mathbf{p} = c\bar{\partial}g + d\bar{\partial}h, \quad \exists c, d \in \mathbb{R}$$

が $\mathbf{z} = \mathbf{p}$ で成立することである．以下 $\mathbf{z} = \mathbf{p}$ を省略する．等式
$$\bar{\partial}g = \frac{\bar{\partial}f + \overline{\partial f}}{2}, \quad \bar{\partial}h = \frac{i(\bar{\partial}f - \overline{\partial f})}{2}$$

を使うと，
$$\mathbf{z} = \frac{c-di}{2}\bar{\partial}f + \frac{c+di}{2}\overline{\partial f}.$$

を得る．逆向きも同様に等式
$$\partial f = \partial g + i\partial h, \quad \bar{\partial}f = \bar{\partial}g + i\bar{\partial}h$$

を使えばいい．

□

注意 8.3　混合超曲面 $V = f^{-1}(0)$ に関して $\mathbf{a} \in V$ が実解析集合として特異点であることと，混合特異点であることは同じではない．例えば $f = z_1\bar{z}_1 + \cdots + z_n\bar{z}_n - 1$ とすると V は $2n-1$ 次元球面でいたるところ滑らかだが，いたるところ混合特異点である．

8.2 Newton 境界

混合解析関数の芽 $f(\mathbf{z}, \bar{\mathbf{z}}) = \sum_{\nu,\mu} c_{\nu,\mu} \mathbf{z}^\nu \bar{\mathbf{z}}^\mu$ に対して，複素解析関数にならって，Newton 境界を定義しよう．まず

$$\Gamma_+(f; \mathbf{z}) = \bigcup_{\nu,\mu} \{\nu + \mu + \mathbb{R}^n_+ \mid c_{\nu,\mu} \neq 0\} \text{ の凸包}$$

$$\Gamma(f; \mathbf{z}) := \Gamma_+(f; \mathbf{z}) \text{ のコンパクトな面の和}$$

と定義する．これはあたかも解析関数 $\sum_{\nu,\mu} c_{\nu,\mu} \mathbf{z}^{\nu+\mu}$ の Newton 境界と同じようだが $\tau = (\tau_1, \ldots, \tau_n)$ を固定して $\sum_{\nu+\mu=\tau} c_{\nu,\mu}$ は零となることもあるので，正確には同一ではない．重さベクトル $P = {}^t(p_1, \ldots, p_n) \in N$ に対して，正則関数のときと同じく，$d(P)$, $\Delta(P)$, 面多項式 f_P を

$$d(P) := \min\{P(\xi) \mid \xi \in \Gamma_+(f)\}$$

$$\Delta(P) := \{\xi \in \Gamma_+(f) \mid P(\xi) = d(P)\}$$

$$f_P(\mathbf{z}, \bar{\mathbf{z}}) := \sum_{\mu+\nu \in \Delta(P)} c_{\nu,\mu} \mathbf{z}^\nu \bar{\mathbf{z}}^\mu$$

と定義する．ここで $P(\xi)$ は正則関数のときと同様に $P(\xi) = \sum_{i=1}^n p_i \xi_i$ で定義される．

注意 8.4 Newton 境界のある $\mathbb{R}^n$ の点と区別するため重さベクトルは縦ベクトルで表すのが著者の流儀で，特にそれ以上の意味はない．

8.3 Newton 境界と非退化性

正則関数の特異点の研究に Newton 境界が重要な役割を果たしたが，それを混合関数に拡張を試みる．$\Delta \in \Gamma(f)$ に対し f が Δ 上で**非退化**とは $f_\Delta : \mathbb{C}^{*n} \to \mathbb{C}$ にとって 0 が非臨界値のときをいう（ここでは臨界値とは臨界点の値をいう．したがって逆像が空なら非臨界値となる．Milnor 束の構成のためにはもう少し強い非退化性が必要となる．$\Delta \in \Gamma(f)$ に対し f が Δ 上で**強義非退化**とは $f_\Delta : \mathbb{C}^{*n} \to \mathbb{C}$ が全射で臨界点を持たないときをい

182 第8章 混合解析関数の芽

う. ここで

$$\mathbb{C}^{*n} := \{\mathbf{z} \in \mathbb{C}^n \mid z_j \neq 0, \ j = 1, \ldots, n\}$$

である. すべての面 $\Delta \in \Gamma(f)$ (頂点を含む) に対し f が Δ 上で非退化の
とき (あるいは強義非退化のとき) f は **Newton 非退化** (同様に **Newton
強義非退化**) という. 紛れがなければ単に (強義) 非退化ということが多
い.

8.3.1 例

1. 混合多項式関数 $\rho : \mathbb{C}^n \to \mathbb{C}$, $\rho(\mathbf{z}, \bar{\mathbf{z}}) := |z_1|^2 + \cdots + |z_n|^2$ は非退
化だが, 強義非退化ではない. 実際すべての面多項式 $\rho_I = \sum_{i \in I} |z_i|^2$ は
$\rho_I^{-1}(0) \cap \mathbb{C}^{*n} = \emptyset$ だから非退化だが, $\mathbb{C}^{*n}$ のすべての点が混合臨界点だから
強義非退化ではない.

2. 同様に $f = z_j \rho(\mathbf{z}, \bar{\mathbf{z}})$, $\forall j$ は非退化だが, 強義非退化ではない.

注意 8.5 このような例を排除するために**強義非退化**の定義にすべての Δ
に対して $f_\Delta : \mathbb{C}^{*n} \to \mathbb{C}$ が全射を要求するのである.

8.4 極擬斉次多項式とラディアル擬斉次多項式

一般の混合超曲面を調べる前に状況を少し前もって理解するために, 特別
なクラスである混合擬斉次多項式の場合を調べることにする.

混合多項式 $f(\mathbf{z}, \bar{\mathbf{z}}) = \sum_{\nu,\mu} a_{\nu,\mu} \mathbf{z}^\nu \bar{\mathbf{z}}^\mu$ が重さベクトル $P = {}^t(p_1, \ldots, p_n)$ で
次数 d_p の**極擬斉次混合多項式** (polar weighted homogeneous polynomial)
とは

$$a_{\nu,\mu} \neq 0 \implies \sum_{j=1}^n p_j(\nu_j - \mu_j) = d_p. \tag{8.9}$$

なるときをいう. d_p を f の極次数といい, $d_p = \mathrm{pdeg}\, f$ と表す. f が重さ
ベクトル $Q = {}^t(q_1, \ldots, q_n)$ で次数 d_r のラディアル擬斉次混合多項式 (radi-

ally weighted homogeneous polynomial) とは

$$a_{\nu,\mu} \neq 0 \implies \sum_{j=1}^{n} q_j(\nu_j + \mu_j) = d_r. \tag{8.10}$$

d_r を f のラディアル次数といい，$d_r = \mathrm{rdeg}\, f$ と表す．f が**混合擬斉次混合多項式**とは極擬斉次混合多項式かつラディアル擬斉次混合多項式のときをいう．前章で定義した面多項式 $f_P(\mathbf{z}, \bar{\mathbf{z}})$ は重さベクトル P のラディアル擬斉次混合多項式である．

注意 8.6 極重さベクトルの関しては成分 p_i は負の整数も認める．ラディアル重さベクトルに関しては断らない限り $q_i \geq 0$, $i = 1, \ldots, n$ で整数を仮定する．[77, 83] では "極擬斉次混合多項式" を混合擬斉次混合多項式の意味でも使ったが，紛らわしいので極擬斉次混合多項式かつラディアル擬斉次混合多項式のときは混合擬斉次多項式ということにする．

いま極およびラディアル重さベクトル $P = {}^t(p_1, \ldots, p_n)$, $Q = {}^t(q_1, \ldots, q_n)$ が与えられらたとき，付随した $\mathbb{R}_+ \times S^1$-作用を次のように定義する．

$$\rho e^{i\theta} \circ (z_1, \ldots, z_n) = (\rho^{q_1} e^{ip_1\theta} z_1, \ldots, \rho^{q_n} e^{ip_n\theta} z_n), \quad \rho e^{i\theta} \in \mathbb{R}_+ \times S^1.$$

これを使うと次の等式が成り立つ．

$$f(\rho e^{i\theta} \circ \mathbf{z}, \overline{\rho e^{i\theta} \circ \mathbf{z}}) = \rho^{d_r} e^{id_p\theta} f(\mathbf{z}, \bar{\mathbf{z}}). \tag{8.11}$$

この等式を ρ で微分して $\rho = 1$ を代入して (または θ で微分して $\theta = 0$ を代入して) 次の関数等式を得る．

$$d_p f(\mathbf{z}, \bar{\mathbf{z}}) = \sum_{i=1}^{n} \{ p_i z_i \frac{\partial f}{\partial z_i}(\mathbf{z}, \bar{\mathbf{z}}) - p_i \bar{z}_i \frac{\partial f}{\partial \bar{z}_i}(\mathbf{z}, \bar{\mathbf{z}}) \} \tag{8.12}$$

$$d_r f(\mathbf{z}, \bar{\mathbf{z}}) = \sum_{i=1}^{n} \{ p_i z_i \frac{\partial f}{\partial z_i}(\mathbf{z}, \bar{\mathbf{z}}) + p_i \bar{z}_i \frac{\partial f}{\partial \bar{z}_i}(\mathbf{z}, \bar{\mathbf{z}}) \}. \tag{8.13}$$

等式 (8.11) と (8.12,8.13) はともに Euler 等式とよばれる．

定義 8.7 正規化した極重さベクトル $\hat{P}$ と正規化したラディアル重さベク

184 第 8 章 混合解析関数の芽

トル $\hat{Q}$ は次式で定義される.

$$\hat{P} = (p_1/d_p, \ldots, p_n/d_p), \quad \hat{Q} = (q_1/d_r, \ldots, q_n/d_r).$$

正規化した重さベクトルは一意的に定まる.

8.5 強義混合擬斉次多項式

混合擬斉次多項式 $h(\mathbf{z}, \bar{\mathbf{z}})$ がラディアル重さベクトルと極重さベクトルを同じくするとき（すなわち $P = Q$）, f を**強義混合擬斉次多項式** (strongly mixed weighted homogeneous polynomial) という. この場合付随する $\mathbb{R}_+ \times S^1$-作用は $\mathbb{C}^*$-作用になる:

$$t \circ \mathbf{z} = (z_1 t^{p_1}, \ldots, z_n t^{p_n}), \quad t \in \mathbb{C}^*$$

Euler 等式は

$$f(\rho e^{i\theta} \circ \mathbf{z}, \overline{\rho e^{i\theta} \circ \mathbf{z}}) = \rho^{d_r} e^{i d_p \theta} f(\mathbf{z}, \bar{\mathbf{z}}).$$

となる. 特に強義混合擬斉次多項式 $h(\mathbf{z}, \bar{\mathbf{z}})$ が $P = {}^t(1, \ldots, 1)$ を重さベクトルに持つとき, f を**強義混合斉次多項式** (strongly mixed homogeneous polynomial) という. このとき標準 $\mathbb{C}^*$ 作用 $t \circ \mathbf{z} = (tz_1, \ldots, tz_n)$ に関して Euler 等式

$$f(\rho e^{i\theta} \circ \mathbf{z}, \overline{\rho e^{i\theta} \circ \mathbf{z}}) = \rho^{d_r} e^{i d_p \theta} f(\mathbf{z}, \bar{\mathbf{z}})$$

は $f = 0$ が射影空間の混合超曲面 V を自然に定義することを示している.

$$V := \{(z_1 : \cdots : z_n) \in \mathbb{P}^{n-1} \mid f(\mathbf{z}, \bar{\mathbf{z}}) = 0\}.$$

注意 8.8 f を強義混合擬斉次多項式とし, P をその重さベクトルとする. 重さつき射影空間 $\mathbb{P}^{n-1}(P)$ は $\mathbb{C}^n \setminus \{\mathbf{0}\}$ の $\mathbb{C}^*$ による商空間とする. このとき $f = 0$ は重さつき射影空間 $\mathbb{P}^{n-1}(P)$ の中で混合超曲面 V を自然に定義する.

8.6 混合擬斉次多項式の大域 Milnor 束

混合擬斉次多項式は正則関数の中で擬斉次多項式が果たしたのと同様な役割を果たす.

命題 8.9 $f(\mathbf{z}, \bar{\mathbf{z}})$ を混合擬斉次多項式で重さベクトルを $P = {}^t(p_1, \ldots, p_n)$, $Q = {}^t(q_1, \ldots, q_n)$, 極次数とラディアル次数をそれぞれ d_p, d_r.

1. このとき
$$f : \mathbb{C}^n \setminus f^{-1}(0) \to \mathbb{C}^* \quad (\text{大域 Milnor 束})$$

およびそのトーラスへの制限

$$f : \mathbb{C}^{*n} \setminus f^{-1}(0) \to \mathbb{C}^* \quad (\text{トーリック Milnor 束})$$

は局所自明なファイバー束である. これらのファイバーはそれぞれ, 超曲面 $F = f^{-1}(1)$ とそのトーラスへの制限 $F^* := F \cap \mathbb{C}^{*n}$ で与えられる. モノドロミー写像 $h : F \to F$ (or $h : F^* \to F^*$) は次式で与えられる.

$$h(\mathbf{z}) = e^{2\pi i/d_p} \circ \mathbf{z} = (e^{2\pi p_1 i/d_p} z_1, \ldots, e^{2\pi p_n i/d_p} z_n).$$

2. Q を狭義正な重さベクトル (すなわち $q_i > 0, \forall i$) とする.
   (a) 任意の半径 $r > 0$ に関して

$$\varphi : S_r^{2n-1} \setminus K_r \to S^1, \quad K_r = f^{-1}(0) \cap S_r^{2n-1}, \quad \varphi(\mathbf{z}) = f(\mathbf{z})/|f(\mathbf{z})|.$$

は局所自明なファイバー束で同型類は半径 r に依らない.
   (b) 大域的 Milnor 束の制限

$$f : f^{-1}(S_\delta^1) \to S_\delta^1$$

の同型類は $\delta > 0$ に依らない. また球面 Milnor 束と同型である.

証明 証明は正則関数の場合とまったく同様だが簡単に示しておく. 極座標を使って

186 第 8 章 混合解析関数の芽

$$U_\theta := \{re^{i\xi} \in \mathbb{C} \mid \theta - \pi < \xi < \theta + \pi, \ r > 0\}$$

$F_\theta = f^{-1}(e^{i\theta})$ として局所自明写像を

$$\psi : F_\theta \times U_\theta \to f^{-1}(U_\theta), \quad \psi(\mathbf{z}, re^{i(\theta+\xi)}) = r^{1/d_r} e^{-i\xi/d_p} \circ \mathbf{z}$$

で定義すれば，$\psi(\mathbb{C}^{*n}) = \mathbb{C}^{*n}$ なので主張 (1) が従う．Q が狭義正なときはラディアル重さから決まる $\mathbb{R}_+$ 作用で任意の $\mathbf{z} \neq 0$ に対して $\rho \circ \mathbf{z}$ は $\rho \to 0$ のとき単調に原点に収束することを使えば主張 (2), (3) も同様に $\mathbb{R}_+ \times S^1$-作用を使って示せる． $\square$

8.7 ジョイン定理

$f_1(\mathbf{z}, \bar{\mathbf{z}})$, $f_2(\mathbf{w}, \bar{\mathbf{w}})$ をそれぞれ変数 $\mathbf{z} = (z_1, \dots, z_n)$, $\mathbf{w} = (w_1, \dots, w_m)$ に関して混合擬斉次多項式とし，$P_1 = {}^t(p_1, \dots, p_n)$, $Q_1 = {}^t(q_1, \dots, q_n)$ をそれぞれ正規化した f_1 の極重さベクトル，ラディアル重さベクトルとし，$P_2 = (r_1, \dots, r_m)$, $Q_2 = {}^t(s_1, \dots, s_m)$ をそれぞれ正規化した f_2 の極重さベクトル，ラディアル重さベクトルとする．正則関数のところで示したジョイン定理はまったく同様に混合多項式でも成立する．

定理 8.10 ([55]) f_1, f_2 を同上とし，$n + m$ 変数 $\mathbf{u}$ を $\mathbf{u} = (\mathbf{z}, \mathbf{w}) \in \mathbb{C}^{n+m}$ とし，$n + m$ 変数混合多項式 $f(\mathbf{u}, \bar{\mathbf{u}}) := f_1(\mathbf{z}, \bar{\mathbf{z}}) + f_2(\mathbf{w}, \bar{\mathbf{w}})$ を考える．このとき

1. $f(\mathbf{u})$ は混合擬斉次多項式で正規化重さベクトルはそれぞれ $P = {}^t(p_1, \dots, p_n, r_1, \dots, r_m)$, $Q = {}^t(q_1, \dots, q_n, s_1, \dots, s_m)$ で与えられる．

2. F_1, F_2, F をそれぞれ f_1, f_2, f の Milnor ファイバー，h_1, h_2, h を各モノドロミー写像とすると，自然なホモトピー同値写像 $\iota : F \to F_1 * F_2$ があって次の可換図式が成立する．

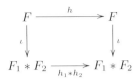

証明は正則関数のジョイン定理 3.35 の証明とまったく同様なので省略する.

8.8 単体的混合擬斉次多項式

混合多項式 $f(\mathbf{z},\bar{\mathbf{z}}) = \sum_{j=1}^{s} c_j \mathbf{z}^{\mathbf{n}_j} \bar{\mathbf{z}}^{\mathbf{m}_j}$ を考えよう. 係数 $c_1,\ldots,c_s$ は零でないとする. 次の Laurent 多項式を考える.

$$\hat{f}(\mathbf{w}) := \sum_{j=1}^{s} c_j \mathbf{w}^{\mathbf{n}_j - \mathbf{m}_j}, \quad \mathbf{w} = (w_1,\ldots,w_n) \in \mathbb{C}^n.$$

$\hat{f}$ を f に付随した **Laurent 多項式**という.

命題 8.11 $f(\mathbf{z},\bar{\mathbf{z}})$ が $(p_1,\ldots,p_n)$ を重さベクトルとする d_p 次の極擬斉次多項式ならば, $\hat{f}(\mathbf{w})$ も $(p_1,\ldots,p_n)$ を重さベクトルとする d_p 次の擬斉次 Laurent 多項式である.

定義 8.12 $\mathbf{n}_j = (n_{j,1},\ldots,n_{j,n})$, $\mathbf{m}_j = (m_{j,1},\ldots,m_{j,n}) \in \mathbb{N}^n$ とおく. $f(\mathbf{z},\bar{\mathbf{z}})$ が**単体的混合多項式**とは冪ベクトルの組 $\{\mathbf{n}_j + \mathbf{m}_j \mid j = 1,\ldots,s\}$ および $\{\mathbf{n}_j - \mathbf{m}_j \mid j = 1,\ldots,s\}$ がともに 1 次独立なときをいう. 単体的ならば $s \leq n$ で, 特に $s = n$ のときは f は**太っている** (full) という. $s = n$ のときは $f(\mathbf{z},\bar{\mathbf{z}})$ が単体的である必要十分条件は $\det(N \pm M) \neq 0$.

以後 $s \leq n$ と仮定する. $n \times s$ 行列 $N = (n_{i,j})$ と $M = (m_{i,j})$ を考える.

命題 8.13 $f(\mathbf{z},\bar{\mathbf{z}})$ を上のような混合多項式とする. $f(\mathbf{z},\bar{\mathbf{z}})$ が単体的ならば $f(\mathbf{z},\bar{\mathbf{z}})$ は適当な重さベクトルで混合擬斉次多項式になる.

証明 $s = n$ (f は太っている) としてよい. P を正規化した極重さベクトルとすると満たすべき方程式は

188 第 8 章 混合解析関数の芽

$$(\mathbf{m}_1 - \mathbf{n}_1, P) = \cdots = (\mathbf{m}_n - \mathbf{n}_n, P) = 1$$

であるが仮定よりこれは線形独立なので非自明な解を持つ. 同様に Q を正規化したラディアル重さベクトルとすると満たすべき方程式は

$$(\mathbf{m}_1 + \mathbf{n}_1, Q) = \cdots = (\mathbf{m}_n + \mathbf{n}_n, Q) = 1 \qquad (8.14)$$

であるが仮定よりこれは線形独立なので非自明な解を持つ. $\qquad\square$

注意 8.14 一般に (8.14) の解で得られる重さベクトルの成分は正とは限らない.

8.8.1 例

$a_i \geq 1, b_i \geq 0, \forall i$ として次の多項式を考える.

$B(\mathbf{z}, \bar{\mathbf{z}}) = z_1^{a_1+b_1} \bar{z}_1^{b_1} + \cdots + z_n^{a_n+b_n} \bar{z}_n^{b_n},$ 混合 Brieskorn 多項式

$f_I(\mathbf{z}, \bar{\mathbf{z}}) = z_1^{a_1+b_1} \bar{z}_1^{b_1} z_2 + \cdots + z_{n-1}^{a_{n-1}+b_{n-1}} \bar{z}_{n-1}^{b_{n-1}} z_n + z_n^{a_n+b_n} \bar{z}_n^{b_n},$ Tree 型

$f_{II}(\mathbf{z}, \bar{\mathbf{z}}) = z_1^{a_1+b_1} \bar{z}_1^{b_1} z_2 + \cdots + z_{n-1}^{a_{n-1}+b_{n-1}} \bar{z}_{n-1}^{b_{n-1}} z_n + z_n^{a_n+b_n} \bar{z}_n^{b_n} z_1,$ Cyclic 型

付随する Laurent 多項式はそれぞれ

$$\widehat{B}(\mathbf{z}) = z_1^{a_1} + \cdots + z_n^{a_n}$$

$$\widehat{f_I}(\mathbf{w}) = w_1^{a_1} w_2 + \cdots + w_{n-1}^{a_{n-1}} w_n + w_n^{a_n}$$

$$\widehat{f_{II}}(\mathbf{w}) = w_1^{a_1} w_2 + \cdots + w_{n-1}^{a_{n-1}} w_n + w_n^{a_n} w_1.$$

となる. これらは Orlik-Wagreich [88] で分類された孤立特異点を持つ擬斉次多項式に対応する. 混合 Brieskorn 多項式 B, f_I, f_{II} は単体的である.

以下 $f(\mathbf{z}, \bar{\mathbf{z}}) = \sum_{j=1}^{s} c_j \mathbf{z}^{\mathbf{n}_j} \bar{\mathbf{z}}^{\mathbf{m}_j}$ を単体的と仮定し, $P = {}^t(p_1, \ldots, p_n)$ をその極重さベクトル, m_p を極次数とする. $F^* = f^{-1}(1) \cap \mathbb{C}^{*n}$, $\hat{F}^* := \hat{f}^{-1}(1) \subset \mathbb{C}^{*n}$ を Milnor ファイバーとする. 次の定理は単体的混合多項式の Milnor 束は M, N のみで定まることを示している.

定理 8.15 ([**77**]) $f(\mathbf{z}, \bar{\mathbf{z}})$ を単体的混合多項式, $\hat{f}(\mathbf{w})$ を付随した Laurent 多項式とする. このとき自然な微分位相同型写像 $\varphi : \mathbb{C}^{*n} \to \mathbb{C}^{*n}$ があって

F^* を $\hat{F}^*$ に移し，次の可換図式を与える．特に f, $\hat{f}$ のトーリック Milnor 束は同型である．

$$
\begin{array}{ccccc}
F^* & \xrightarrow{\ \iota\ } & \mathbb{C}^{*n} - f^{-1}(0) & \xrightarrow{\ f\ } & \mathbb{C}^* \\
\downarrow{\scriptstyle \varphi|_{F^*}} & & \downarrow{\scriptstyle \varphi} & & \downarrow{\scriptstyle \mathrm{id}} \\
\hat{F}^* & \xrightarrow{\ \hat{\iota}\ } & \mathbb{C}^{*n} - \hat{f}^{-1}(0) & \xrightarrow{\ \hat{f}\ } & \mathbb{C}^*
\end{array}
$$

$\iota, \hat{\iota}$ は包含写像．特に微分位相同型写像 φ はモノドロミーと可換である．

証明 簡単のためまず $s = n$ と仮定する．

$$
\hat{f}(\mathbf{w}) = \sum_{j=1}^{n} c_j \mathbf{w}^{\mathbf{n}_j - \mathbf{m}_j}
$$

を思い出そう．$\mathbf{w} = (w_1, \ldots, w_n)$ を Laurent 多項式 $\hat{f}$ の座標とする．$\varphi : \mathbb{C}^{*n} \to \mathbb{C}^{*n}$ を $\varphi(\mathbf{z}) = \mathbf{w}$ とおいたとき，等式

$$
\mathbf{w}(\varphi(\mathbf{z}))^{\mathbf{n}_j - \mathbf{m}_j} = \mathbf{z}^{\mathbf{n}_j} \bar{\mathbf{z}}^{\mathbf{m}_j}, \quad j = 1, \ldots, s \tag{8.15}
$$

を満たすように構成する．これを満たせば

$$
\hat{f}(\varphi(\mathbf{z})) = f(\mathbf{z}), \quad \varphi(e^{i\theta} \circ \mathbf{z}) = e^{i\theta} \circ \varphi(\mathbf{z})
$$

も満たし，モノドロミー写像とも可換になる．z_j, w_j を極座標を使って

$$
z_j = \rho_j \exp(i\theta_j), \quad w_j = \xi_j \exp(i\eta_j), \quad j = 1, \ldots, n
$$

とおく．まず

$$
\eta_j = \theta_j, \quad j = 1, \ldots, n
$$

とおく．当然 $\arg \mathbf{z}^{\mathbf{n}_j} \bar{\mathbf{z}}^{\mathbf{m}_j} = \arg \mathbf{w}^{\mathbf{n}_j - \mathbf{m}_j}$ であるので，

190　第 8 章　混合解析関数の芽

$$\mathbf{z}^{\mathbf{n}_j} \bar{\mathbf{z}}^{\mathbf{m}_j} = \mathbf{w}^{\mathbf{n}_j - \mathbf{m}_j}$$

$$\Longleftrightarrow |\mathbf{z}^{\mathbf{n}_j + \mathbf{m}_j}| = |\mathbf{w}^{\mathbf{n}_j - \mathbf{m}_j}|$$

$$\Longleftrightarrow (n_{j1} + m_{j1}) \log \rho_1 + \cdots + (n_{jn} + m_{jn}) \log \rho_n$$

$$= (n_{j1} - m_{j1}) \log \xi_1 + \cdots + (n_{jn} - m_{jn}) \log \xi_n$$

これを行列で書き直すと

$$(N + M) \begin{pmatrix} \log \rho_1 \\ \vdots \\ \log \rho_n \end{pmatrix} = (N - M) \begin{pmatrix} \log \xi_1 \\ \vdots \\ \log \xi_n \end{pmatrix} \tag{8.16}$$

$(N - M)^{-1}(N + M) = (\lambda_{ij}) \in \mathrm{GL}(n, \mathbb{Q})$ と書く. φ を次のように定義する.

$$\varphi : \mathbb{C}^{*n} \to \mathbb{C}^{*n}, \quad \mathbf{z} \mapsto \mathbf{w}$$

$$\mathbf{z} = (\rho_1 \exp(i\theta_1), \ldots, \rho_n \exp(i\theta_n))$$

$$\mathbf{w} = (\xi_1 \exp(i\theta_1), \ldots, \xi_n \exp(i\theta_n))$$

$$\xi_j = \exp\left(\sum_{i=1}^n \lambda_{ji} \log \rho_i \right), \quad j = 1, \ldots, n.$$

φ が $\varphi : \mathbb{C}^{*n} \to \mathbb{C}^{*n}$ として微分位相同型なことは自明である.
$s < n$ のときは (8.16) を満たす解 (λ_{ij}) を 1 組とればいい.

$$\log \xi_j = \sum_{i=1}^n \lambda_{ji} \log \rho_i, \quad j = 1, \ldots, n$$

さて $f(\mathbf{z}, \bar{\mathbf{z}})$ と $\hat{f}(\mathbf{w})$ の Milnor 束をトーラス $\mathbb{C}^{*n}$ の中で考える.

$$f : \mathbb{C}^{*n} \backslash f^{-1}(0) \to \mathbb{C}^*, \quad \hat{f} : \mathbb{C}^{*n} \backslash \hat{f}^{-1}(0) \to \mathbb{C}^*$$

$\hat{f}(\mathbf{w})$ と $f(\mathbf{z}, \bar{\mathbf{z}})$ は同じ極重さベクトル $P = {}^t(p_1, \ldots, p_n)$ を持つ擬斉次多項式で次数を m_p とすると $\mathbb{C}^*$ 作用は同一で

$$\exp i\theta \circ \mathbf{z} = (\exp(ip_1\theta)z_1, \ldots, \exp(ip_n\theta)z_n)$$

$$\exp i\theta \circ \mathbf{w} = (\exp(ip_1\theta)w_1, \ldots, \exp(ip_n\theta)w_n)$$

で与えられるのでモノドロミーも同一写像

$$h^* : F^* \to F^*, \quad \mathbf{z} \mapsto \exp(2\pi i/m_p) \circ \mathbf{z}$$

$$\hat{h}^* : \hat{F}^* \to \hat{F}^*, \quad \mathbf{w} \mapsto \exp(2\pi i/m_p) \circ \mathbf{w}$$

で与えられ，次図式は可換であるので主張は従う.

$$
\begin{array}{ccc}
F_\alpha^* & \xrightarrow{\ h^*\ } & F_\alpha^* \\
\varphi \downarrow & & \downarrow \varphi \\
\hat{F}_\alpha^* & \xrightarrow{\ \hat{h}^*\ } & \hat{F}_\alpha^*
\end{array}
$$

ここで $F_\alpha^* = f^{-1}(\alpha) \cap \mathbb{C}^{*n}$, $\hat{F}_\alpha^* = \hat{f}^{-1}(\alpha) \cap \mathbb{C}^{*n}$, $\alpha \in \mathbb{C}^*$ である. $\square$

注意 8.16 1. 上の λ_{ij} は正とは限らないので φ は一般には $\mathbb{C}^{*n}$ の上でのみ定義されている.

2. 混合 Brieskorn 多項式 $f(\mathbf{z}, \bar{\mathbf{z}}) = z_1^{a_1+b_1}\bar{z}_1^{b_1} + \cdots + z_n^{a_n+b_n}\bar{z}_n^{b_n}$ の場合は [93] で詳しく調べられた. この場合 $\varphi : f^{-1}(1) \to \hat{f}^{-1}(1)$ は次式で与えられる.

$$w_j^{a_j} = z_j^{a_j+b_j}\bar{z}_j^{b_j}, \quad j = 1, \ldots, n$$

極座標で $z_j = \rho_j e^{i\theta_j}$, $w_j = r_j e^{i\eta_j}$ とおくと $\eta_j = \theta_j$, $r_j = \rho_j^{(a_j+2b_j)/a_j}$ となる. したがって φ は $\mathbb{C}^n$ 上に定義が拡張されて，座標軸以外では微分可能である. Milnor 束は Brieskorn 多項式 $\hat{f}(\mathbf{z}) = z_1^{a_1} + \cdots + z_n^{a_n}$ と位相同型であるが，φ は座標軸の上で微分可能ではない. 実は φ は微分位相同型に修正できる ([82]). さらに次がいえる.

定理 8.17 ([82, 33]) $B(\mathbf{z}, \bar{\mathbf{z}})$, $f_I(\mathbf{z}, \bar{\mathbf{z}})$, $f_{II}(\mathbf{z}, \bar{\mathbf{z}})$ のリンクは対応する多項式 $\hat{B}(\mathbf{w})$, $\hat{f_I}(\mathbf{w})$, $\widehat{f_{II}}(\mathbf{w})$ のリンクにそれぞれアイソトーピックである.

証明 多項式の族を考える.

192 第 8 章 混合解析関数の芽

$$B_t(\mathbf{z}, \bar{\mathbf{z}}) = (1-t)B(\mathbf{z}, \bar{\mathbf{z}}) + t\widehat{B}(\mathbf{z})$$

$$f_{I,t}(\mathbf{z}, \bar{\mathbf{z}}) = (1-t)f_I(\mathbf{z}, \bar{\mathbf{z}}) + t\widehat{f_I}(\mathbf{z})$$

$$f_{II,t}(\mathbf{z}, \bar{\mathbf{z}}) = (1-t)f_{II}(\mathbf{z}, \bar{\mathbf{z}}) + t\widehat{f_{II}}(\mathbf{z}).$$

$F_t(\mathbf{z}, \bar{\mathbf{z}})$ を上の 3 つの族のいずれかとして $V_t = \{\mathbf{z} \in \mathbb{C}^n \,|\, F_t(\mathbf{z}, \bar{\mathbf{z}}) = 0\}$ とおくと，証明は次の補題に帰着される．

補題 8.18 任意の $0 \le t \le 1$ に対し，V_t は原点以外で非特異であって，任意の $r > 0$ に対して S_r^{2n-1} と V_t は横断的に交わる．

証明 ここでは Brieskorn 型の場合を [82] にならって証明してみよう．

$$f(\mathbf{z}, \bar{\mathbf{z}}) = z_1^{a_1+b_1}\bar{z}_1^{b_1} + \cdots + z_n^{a_n+b_n}\bar{z}_n^{b_n},$$

$$\hat{f}(\mathbf{z}, \bar{\mathbf{z}}) = z_1^{a_1} + \cdots + z_n^{a_n},$$

$$f_t(\mathbf{z}, \bar{\mathbf{z}}) = (1-t)(z_1^{a_1+b_1}\bar{z}_1^{b_1} + \cdots + z_n^{a_n+b_n}\bar{z}_n^{b_n}) + t(z_1^{a_1} + \cdots + z_n^{a_n})$$

$$= \sum_{j=1}^{n} z_j^{a_j}\left(t + (1-t)|z_j|^{2b_j}\right).$$

超曲面の族 $(0 \le t \le 1)V_t = f_t^{-1}(0)$ を考える．まず V_t が原点のみに特異点を持つことを，命題 8.1 を使って示す．$t = 0$ と $t = 1$ に関しては自明であるので $0 < t < 1$ と仮定して，$0 \ne \mathbf{w} \in \mathbb{C}^n$ があって混合特異点とすると，$\lambda \in S^1$ があって

$$\overline{\bar{\partial}f_t}(\mathbf{w}, \bar{\mathbf{w}}) = \lambda\,\bar{\partial}f(\mathbf{w}, \bar{\mathbf{w}})$$

が成り立つ．これは次式と同値である．

$$(a_j + b_j)\bar{w}_j^{a_j+b_j-1}w_j^{b_j}(1-t) + a_j\bar{w}_j^{a_j-1}t = b_j w_j^{a_j+b_j}\bar{w}_j^{b_j-1}(1-t)\lambda, \,\forall j.$$

両辺に $\bar{w}_j$ をかけて，

$$\bar{w}_j^{a_j}\left\{(a_j + b_j)|w_j|^{2b_j}(1-t) + a_j t\right\} = w_j^{a_j}|w_j|^{2b_j}(1-t)\lambda. \qquad (8.17)$$

上の式の左辺を L_j，右辺を R_j とおくと，

$$|L_j| \ge |w_j|^{a_j+2b_j}(a_j + b_j)(1-t) \ge |w_j|^{a_j+2b_j}b_j(1-t) = |R_j|$$

で等号は $w_j = 0$ のときのみである．したがって $\mathbf{w} \neq 0$ なら j が存在して等号が不成立となるがこれは (8.17) に矛盾する．

補題 8.18 の証明（Brieskorn のとき）：$\mathbf{w} \in V_t \cap S_{r_0}^{2n-1}$ をとる．

$$f_t(\mathbf{z}, \bar{\mathbf{z}}) = \sum_{i=1}^n \psi_j(z_j, \bar{z_j}), \quad \psi_j(z_j, \bar{z_j}) := z_j^{a_j}(t + (1-t)|z_j|^{2b_j})$$

を思い出そう．実数値関数 $\varphi_j(r)$, $j = 1, \ldots, n$ で

$$\varphi_j(1) = 1, \ \psi_j(\varphi_j(r)w_j, \varphi_j(r)\bar{w}_j) = r\psi_j(\mathbf{w}_j, \bar{w}_j), \quad j = 1, \ldots, n$$

なるものがとれたとしよう．解析曲線

$$\varphi : [1 - \epsilon, 1 + \epsilon] \to \mathbb{C}^n, \quad \varphi(r) = (\varphi_1(r)w_1, \ldots, \varphi_n(r)w_n)$$

を考えると $f_t(\varphi(r), \overline{\varphi(r)}) = r f_t(\mathbf{w}, \overline{\mathbf{w}}) = 0$ であるから φ の像は $r = 1$ で $\mathbf{w}$ を通る V_t の中に含まれる解析曲線となる．$\mathbf{v}$ を $r = 1$ の接ベクトルとすると，$\mathbf{v} \in T_{\mathbf{w}}V_t$ だから $\mathbf{v} \notin T_{\mathbf{w}}S_{r_0}^{2n-1}$ を示せば，V_t と $S_{r_0}^{2n-1}$ の点 $\mathbf{w}$ での横断性がいえたことになる．

1. φ_j の存在：$w_j = 0$ なら $\varphi_j = 0$ をとればいいので，$w_j \neq 0$ とする．$\psi_j(\varphi_j(r)w_j, \varphi_j(r)\bar{w}_j) = r\psi_j(\mathbf{w}_j, \bar{w}_j)$ は

$$\varphi_j(r)^{a_j}(t + (1-t)|w_j|^{2b_j}\varphi_j(r)^{2b_j}) = r|w_j|^{a_j}(t + (1-t)|w_j|^{2b_j}) \quad (8.18)$$

と同値である．$\hat{\psi}_j(s) = s^{a_j}(t + (1-t)|w_j|^{2b_j}s^{2b_j})$ とおくと上式の左辺は $\hat{\psi}_j(\varphi_j(r))$ となる．関数 $\hat{\psi}_j(s)$ は s の単調増加関数だから，陰関数の定理を使えば $\hat{\psi}_j(s) - r|w_j|^{a_j}(t + (1-t)|w_j|^{2b_j})$ を s に関して解いて $\varphi_j(r)$ が得られる．

2. $\mathbf{v} = (v_1, \ldots, v_n)$ とすると $\mathbf{v} \neq 0$：$w_j \neq 0$ とすると $v_j = \frac{d\varphi_j}{dr}(1)w_j$ だが等式

$$\hat{\psi}_j(\varphi_j(r)) - r|w_j|^{a_j}(t + (1-t)|w_j|^{2b_j}) \equiv 0$$

を r で微分して $r = 1$ とおくと，$\frac{d\hat{\psi}_j}{ds}(1)\frac{d\varphi_j}{dr}(1) = |w_j|^{a_j}(t + (1-t)|w_j|^{2b_j})$ が得られ，$v_j \neq 0$ となる．

3. $\mathbf{v} \notin T_{\mathbf{w}}S_{r_0}^{2n-1}$：距離関数 $\rho(\mathbf{z}) := \sum_{i=1}^n |z_i|^2$ を考える．

194   第 8 章   混合解析関数の芽

$$\frac{d\rho(\varphi(r))}{dr}\Big|_{r=1} = \frac{d\sum_{j=1}^{n}|\varphi_j(r)^2|w_j|^2}{dr}\Big|_{r=1}$$
$$= 2\sum_{j=1}^{n}\frac{d\varphi_j}{dr}(1)\varphi_j(1)|w_j|^2 > 0$$

だから球面に接していない.   □

F_I, F_{II} に関しての補題の証明はもう少し複雑なので割愛する. [82, 33] を
参照されたい.

第9章 Milnor束

この章では Newton 強義非退化な一般の混合関数が Milnor 束を持つことを示す.

9.1 非自明な座標部分空間和

$f(\mathbf{z}, \bar{\mathbf{z}})$ を与えられた混合関数とする. $J \subset \{1, 2, \ldots, n\}$ に対し, $\mathbb{C}^J = \{\mathbf{z} \in \mathbb{C}^n \mid z_j = 0, \ j \notin J\}$ で制限写像 $f^J := f|_{\mathbb{C}^J}$ を思い出そう. 正則関数の場合と同様に次の集合を考える.

$$\mathcal{I}_{nv}(f) = \{I \subset \{1, \ldots, n\} \mid f^I \not\equiv 0\}$$
$$\mathcal{I}_v = \{I \subset \{1, \ldots, n\} \mid f^I \equiv 0\}.$$

$I \in \mathcal{I}_{nv}(f)$ に対し $\mathbb{C}^I$ を f の非自明な座標部分空間という. V の部分開集合

$$V^\sharp := \bigcup_{I \in \mathcal{I}_{nv}(f)} V \cap \mathbb{C}^{*I}.$$

とおく. f が利便なら

$$\mathcal{I}_{nv}(f) = \{\forall I \subset \{1, \ldots, n\} \mid I \neq \emptyset\}, \quad V^\sharp = V \setminus \{\mathbf{0}\}$$

となることに注意しよう.

196 第9章 Milnor 束

定理 9.1 $f(\mathbf{z}, \bar{\mathbf{z}})$ が強義非退化な混合関数とする. そのとき正の数 r_0 が存在して次を満たす.

1. (特異点の孤立性) $V^\sharp \cap B_{r_0}$ は混合非特異である. 特に f が利便なら孤立特異点である.
2. (横断性) 球面族 S_r, $0 < r \le r_0$ は $V^\sharp$ に横断的に交わる.

この主張はもちろん f が正則関数のときも成立しているし, 以下の証明は正則関数の場合の証明を含んでいる.

証明 (1) を示そう. V の混合特異点を $\Sigma_m(V)$ で表す. r_0 が存在しないと仮定して曲線選択定理を使うと実解析的曲線で $\mathbf{z}(t) \in \mathbb{C}^n$, $0 \le t \le 1$ が存在して $t > 0$ で $\mathbf{z}(t) \in \Sigma_m(V) \cap V^\sharp$, $\mathbf{z}(t) \ne \mathbf{0}$ かつ $\mathbf{z}(0) = \mathbf{0}$ なるものがとれる. 命題 8.1 によって実解析族 $\lambda(t) \in S^1 \subset \mathbb{C}$ が存在して

$$\overline{\partial f}(\mathbf{z}(t), \bar{\mathbf{z}}(t)) = \lambda(t) \bar{\partial} f(\mathbf{z}(t), \bar{\mathbf{z}}(t)) \tag{9.1}$$

とできる. $I = \{j \mid z_j(t) \not\equiv 0\}$ とおく. 仮定から $\mathbf{z}(t) \in V^\sharp$, $I \in \mathcal{I}_{nv}(f)$ なので $f^I \not\equiv 0$. f^I も非退化な混合関数である (命題 5.5 参照).

簡明のため $I = \{1, \dots, m\}$ と仮定し $f^I(\mathbf{z}(t), \bar{\mathbf{z}}(t))$ の Taylor 展開を考える:

$$z_i(t) = b_i t^{a_i} + (高次項), \quad b_i \ne 0, \ i = 1, \dots, m$$
$$\lambda(t) = \lambda_0 + \lambda_1 t + (高次項), \quad \lambda_0 \in S^1 \subset \mathbb{C}.$$

$A = (a_1, \dots, a_m)$ とおき, $f^I(\mathbf{z}, \bar{\mathbf{z}})$ の面多項式 f_A^I を考える. $d = d(A; f^I) > 0$, $\mathbf{b} = (b_1, \dots, b_m) \in \mathbb{C}^{*m}$ とおくと

$$\frac{\partial f}{\partial z_j}(\mathbf{z}(t), \bar{\mathbf{z}}(t)) = \frac{\partial f_A^I}{\partial z_j}(\mathbf{b}, \bar{\mathbf{b}}) t^{d - a_j} + (高次項), \quad j = 1, \dots, m$$

$$\frac{\partial f}{\partial \bar{z}_j}(\mathbf{z}(t), \bar{\mathbf{z}}(t)) = \frac{\partial f_A^I}{\partial \bar{z}_j}(\mathbf{b}, \bar{\mathbf{b}}) t^{d - a_j} + (高次項), \quad j = 1, \dots, m,$$

$$\mathrm{ord}_t \frac{\partial f^I}{\partial z_j}(\mathbf{z}(t), \bar{\mathbf{z}}(t)) = \mathrm{ord}_t \frac{\partial f^I}{\partial \bar{z}_j}(\mathbf{z}(t), \bar{\mathbf{z}}(t)), \quad j = 1, \dots, m.$$

これと (9.1) より, 次の等式を得る.

$$\overline{\partial f_A^I}(\mathbf{b}) = \lambda_0 \bar{\partial} f_A^I(\mathbf{b}).$$

一方 $f^I(\mathbf{z}(t)) \equiv 0$ から $f_A^I(\mathbf{b}) = 0$. これは点 $\mathbf{b} \in \mathbb{C}^{*I}$ が $f_A^I : \mathbb{C}^{*I} \to \mathbb{C}$ の臨界点で臨界値 0 であるということであるが,強義非退化性の仮定に反する.

主張 (2) は Corollary 2.9, [52] と同様の議論で従うが,別証明を与える.主張を否定して曲線選択補題と補題 8.2 を使うと,実解析的な曲線で $\mathbf{z}(t) \in \mathbb{C}^n$, $0 \le t \le 1$ が存在して $t > 0$ で $\mathbf{z}(t) \in \Sigma_m(V) \cap V^\sharp$, $\mathbf{z}(t) \ne \mathbf{0}$ かつ $\mathbf{z}(0) = \mathbf{0}$. 実数値解析族 $c(t)$, $d(t)$ が存在して

$$\mathbf{z}(t) = c(t)\bar{\partial} g(\mathbf{z}(t), \bar{\mathbf{z}}(t)) + d(t)\bar{\partial} h(\mathbf{z}(t), \bar{\mathbf{z}}(t)) \tag{9.2}$$

とできる.上と同じく $I = \{j \mid z_j(t) \not\equiv 0\}$ とおく.仮定から $\mathbf{z}(t) \in V^\sharp$, $I \in \mathcal{I}_{nv}(f)$ なので $f^I \not\equiv 0$. 簡明のため $I = \{1, \dots, m\}$ と仮定し $f^I(\mathbf{z}(t))$ と $\mathbf{z}(t)$, $c(t)$, $d(t)$ の Taylor 展開を考える:

$$z_i(t) = b_i t^{a_i} + (\text{高次項}), \quad b_i \ne 0,\ i = 1, \dots, m$$

$$c(t) = c_0 t^e + (\text{高次項})$$

$$d(t) = d_0 t^e + (\text{高次項}), \quad c_0, d_0 \in \mathbb{R},\ (c_0, d_0) \ne (0, 0).$$

上のように $A = (a_1, \dots, a_m)$, $d = d(A; f^I) > 0$, $\mathbf{b} = (b_1, \dots, b_m) \in \mathbb{C}^{*m}$ として $a_{\min} := \min\{a_i \mid i \in I\}$, $I_{\min} := \{i \mid a_i = a_{\min}\}$ とおく. (9.2) から

$$a_{\min} = e + d \tag{9.3}$$

$$c_0 g_{A, \bar{z}_j}(\mathbf{b}) + d_0 h_{A, \bar{z}_j}(\mathbf{b}) = \begin{cases} 0, & j \notin I_{\min} \\ b_j, & j \in I_{\min}. \end{cases} \tag{9.4}$$

一方 $f(\mathbf{z}(t), \bar{\mathbf{z}}(t)) \equiv 0$ から $f_A^I(\mathbf{b}) = 0$ だが,これは $g_A(\mathbf{b}) = h_A(\mathbf{b}) = 0$ と同値である. $k(\mathbf{z}, \bar{\mathbf{z}}) := c_0 g_A(\mathbf{z}, \bar{\mathbf{z}}) + d_0 h_A(\mathbf{z}, \bar{\mathbf{z}})$ とおくと $k(\mathbf{b}) = 0$ で (9.3) は

$$k_{\bar{z}_j}(\mathbf{b}) = \begin{cases} 0, & j \notin I_{\min} \\ b_j, & j \in I_{\min} \end{cases}$$

と同値である. k は実数値混合関数でラディアル擬斉次多項式である. Euler 等式を使うと (8.7) より $\overline{\partial k}(\mathbf{a}) = \bar{\partial} k(\mathbf{a})$ だから

198 第 9 章 Milnor 束

$$k(\mathbf{b}) = \sum_j^m a_j(b_j k_{z_j}(\mathbf{b}) + \bar{b}_j k_{\bar{z}_j}(\mathbf{z})) \qquad ((9.3) \text{ より})$$

$$= \sum_{j \in I_{min}} a_j(b_j k_{z_j}(\mathbf{b}) + \bar{b}_j k_{\bar{z}_j}(\mathbf{b}))$$

$$= \sum_{j \in I_{min}} 2a_j|b_j|^2 > 0.$$

これは $k(\mathbf{b}) = 0$ に矛盾する. $\square$

注意 9.2 $f(\mathbf{z}, \bar{\mathbf{z}}) = \sum_{i=1} |z_i|^2$ のときは $V = \{\bar{0}\}$, $V^\sharp = \emptyset$ で「横断性」が成り立つ.

9.2 管状 Milnor 束 I（孤立特異点の場合）

補題 9.3 $f(\mathbf{z}, \bar{\mathbf{z}})$ は強義非退化な混合関数と仮定する. r_0 を定理 9.1 のごとくとる. 正の数 δ_0 があって任意の $\eta \neq 0$, $|\eta| \leq \delta_0$ に対して,

1. ファイバー $V_\eta := f^{-1}(\eta)$ は $B^{2n}_{r_0}$ の中に特異点を持たない.
2. さらに f が利便とすると, 任意の r_1, $r_1 \leq r_0$ に対して, 必要なら δ_0 を r_1 に応じてさらに小さくとりなおして, 任意の $\eta \neq 0$, $|\eta| \leq \delta_0$ と任意の r, $r_1 \leq r \leq r_0$ に対して, 球面との交わり $V_\eta \cap S^{2n-1}_r$ は横断的である.

証明 (1) を示そう. この主張には利便性は必要ない. 成り立たないとして矛盾を示す. 曲線選択補題 ([52, 28]) から, 実解析曲線 $\mathbf{z}(t)$, $0 \leq t \leq 1$ が存在して $\mathbf{z}(0) = \mathbf{0}$ かつ $f(\mathbf{z}(t), \bar{\mathbf{z}}(t)) \neq 0$, $t \neq 0$ かつ $\mathbf{z}(t)$ が $f : \mathbb{C}^n \to \mathbb{C}$ の臨界点と仮定する. 命題 8.1 から, 複素数値実解析関数 $\lambda(t) \in S^1$ で次を満たすようにできる.

$$\overline{\partial f}(\mathbf{z}(t), \bar{\mathbf{z}}(t)) = \lambda(t)\bar{\partial} f(\mathbf{z}(t), \bar{\mathbf{z}}(t)). \qquad (9.5)$$

$I := \{j \mid z_j(t) \not\equiv 0\}$. 簡単のため $I = \{1, \ldots, m\}$ とし f^I を考える. $f(\mathbf{z}(t), \bar{\mathbf{z}}(t)) = f^I(\mathbf{z}(t), \bar{\mathbf{z}}(t)) \not\equiv 0$ だから, $f^I \neq 0$. $\mathbf{z}(t)$ と $\lambda(t)$ の級数展開を考える:

$$z_i(t) = b_i t^{a_i} + (\text{高次項}), \quad b_i \neq 0, \; i = 1, \ldots, m$$
$$\lambda(t) = \lambda_0 + \lambda_1 t + (\text{高次項}), \quad \lambda_0 \in S^1 \subset \mathbb{C}.$$

$A = {}^t(a_1, \ldots, a_m)$, $\mathbf{b} = (b_1, \ldots, b_m)$ とおくと

$$\frac{\partial f}{\partial z_j}(\mathbf{z}(t), \bar{\mathbf{z}}(t)) = \frac{\partial f_A^I}{\partial z_j}(\mathbf{b}) t^{d - a_j} + (\text{高次項}),$$

$$\frac{\partial f}{\partial \bar{z}_j}(\mathbf{z}(t), \bar{\mathbf{z}}(t)) = \frac{\partial f_A^I}{\partial z_j}(\bar{\mathbf{b}}) t^{d - a_j} + (\text{高次項}), \quad d = d(A; f^I).$$

$$\mathrm{ord}_t \frac{\partial f^I}{\partial z_j}(\mathbf{z}(t), \bar{\mathbf{z}}(t)) = \mathrm{ord}_t \frac{\partial f^I}{\partial \bar{z}_j}(\mathbf{z}(t), \bar{\mathbf{z}}(t)).$$

したがって (9.5) より,

$$\overline{df_A^I}(\mathbf{b}) = \lambda_0 \bar{d} f_A^I(\mathbf{b})$$

となり $\mathbf{b}$ が $f_A^I : \mathbb{C}^{*I} \to \mathbb{C}$ の臨界点となり f の強義非退化性に反する.

(2) の証明はまず $r_0 > 0$ が存在してすべての球面 S_r, $0 < r \leq r_0$ は $V^\sharp = V \setminus \{\mathbf{0}\}$ に横断的に交わる. 後は任意の固定した $r_1 \leq r_0$ に対し, $\delta(r_1)$ が存在して $V \cap B_{r_1, r_0}$ のコンパクト性を使って $f^{-1}(\eta) \pitchfork S_r$ が $r_1 \leq r \leq r_0$, $|\eta| \leq \delta(r_1)$ が成り立つ. ここで $\pitchfork$ は横断的交わりを示す. また $B_{r_1, r_0} := \{\mathbf{z} \mid r_1 \leq \|\mathbf{z}\| \leq r_0\}$. □

系 9.4 (管状 Milnor 束 (孤立特異点の場合)) $f(\mathbf{z}, \bar{\mathbf{z}})$ を強義非退化混合関数で利便とする. r_0, δ_0 を補題 9.3 のようにとると,

$$E(r_0; \delta_0)^* = \{\mathbf{z} \in \mathbb{C}^n \mid \|\mathbf{z}\| \leq r_0, \; 0 < |f(\mathbf{z}, \bar{\mathbf{z}})| \leq \delta_0\} \tag{9.6}$$

$$f : E(r_0, \delta_0)^* \to D_{\delta_0}^*, \quad D_{\delta_0}^* := \{\eta \in \mathbb{C} \mid 0 < |\eta| \leq \delta_0\} \tag{9.7}$$

は局所自明なファイバー束である.

9.3 球面 Milnor 束

球面 Milnor 束 $f/|f| : S_r - K_r \to S^1$ を考えよう. まず $\mathbb{C}^n - V$ 上で次の2つのベクトル場を考えよう.

$$\mathbf{v}_1(\mathbf{z}, \bar{\mathbf{z}}) = \overline{\partial \log f}(\mathbf{z}, \bar{\mathbf{z}}) + \bar{\partial} \log f(\mathbf{z}, \bar{\mathbf{z}})$$

$$\mathbf{v}_2(\mathbf{z}, \bar{\mathbf{z}}) = i(\overline{\partial \log f}(\mathbf{z}, \bar{\mathbf{z}}) - \bar{\partial} \log f(\mathbf{z}, \bar{\mathbf{z}}))$$

命題 9.5 解析曲線 $\mathbf{z}(t)$, $\mathbf{z}(0) = \mathbf{w}$, $\frac{d\mathbf{z}}{dt}(0) = \mathbf{v}$ に対して次の等式が成立する. $\mathbf{v}_1(\mathbf{w}, \bar{\mathbf{w}})$, $\mathbf{v}_2(\mathbf{w}, \bar{\mathbf{w}})$ を $\mathbf{v}_1, \mathbf{v}_2$ と略記する.

$$\left. \frac{d \log f(\mathbf{z}(t), \bar{\mathbf{z}}(t))}{dt} \right|_{t=0} = \Re(\mathbf{v}, \mathbf{v}_1) + i\Re(\mathbf{v}, \mathbf{v}_2). \tag{9.8}$$

これと等式 $\log f(\mathbf{z}) = \log|f(\mathbf{z})| + i \arg f(\mathbf{z})$ より,

$$\left. \frac{d \log|f(\mathbf{z}(t), \bar{\mathbf{z}}(t))|}{dt} \right|_{t=0} = \Re(\mathbf{v}, \mathbf{v}_1) \tag{9.9}$$

$$\left. \frac{d \arg f(\mathbf{z}(t), \bar{\mathbf{z}}(t))}{dt} \right|_{t=0} = \Re(\mathbf{v}, \mathbf{v}_2). \tag{9.10}$$

証明 解析曲線 $\mathbf{z}(t)$, $-\epsilon \leq t \leq \epsilon$ に対して

$$\left. \frac{d \log f(\mathbf{z}(t), \bar{\mathbf{z}}(t))}{dt} \right|_{t=0} = \sum_{j=1}^{n} \left(v_j \frac{\partial \log f}{\partial z_j}(\mathbf{w}, \bar{\mathbf{w}}) + \bar{v}_j \frac{\partial \log f}{\partial \bar{z}_j}(\mathbf{w}, \bar{\mathbf{w}}) \right)$$

$$= \Re(\mathbf{v}, (\overline{\partial \log f} + \bar{\partial} \log f)(\mathbf{w}, \bar{\mathbf{w}})) + i\Re(\mathbf{v}, i(\overline{\partial \log f} - \bar{\partial} \log f)(\mathbf{w}, \bar{\mathbf{w}}))$$

$$= \Re(\mathbf{v}, \mathbf{v}_1) + i\Re(\mathbf{v}, \mathbf{v}_2).$$

$\square$

$\mathbb{C}^n$ のベクトル $X_1, \ldots, X_k$ に対してそれらが $\mathbb{R}$ 上で生成する部分実ベクトル空間を $\langle X_1, \ldots, X_k \rangle_{\mathbb{R}}$ で表す.

主張 9.6 次の 2 つの 2 次元空間は $\mathbb{C}^n \setminus V$ で一致する.

$$\langle \bar{\partial} g(\mathbf{a}), \bar{\partial} h(\mathbf{a}) \rangle_{\mathbb{R}}, \quad \langle \mathbf{v}_1(\mathbf{a}), \mathbf{v}_2(\mathbf{a}) \rangle_{\mathbb{R}}$$

実際主張は次式から得られる.

$$\mathbf{v}_1 = \frac{\overline{\partial f}}{\bar{f}} + \frac{\bar{\partial} f}{f} = \frac{1}{|f|^2}(f(\overline{\partial g} - i\overline{\partial h}) + \bar{f}(\bar{\partial} g + i\bar{\partial} h))$$
$$= \frac{1}{|f|^2}(2g\bar{\partial} g + 2h\bar{\partial} h)$$
$$\mathbf{v}_2 = i\frac{\overline{\partial f}}{\bar{f}} + \frac{\bar{\partial} f}{f} = \frac{i}{|f|^2}(f(\overline{\partial g} - i\overline{\partial h}) + \bar{f}(\bar{\partial} g + i\bar{\partial} h))$$
$$= \frac{1}{|f|^2}(-2h\bar{\partial} g - 2g\bar{\partial} h).$$

球面 Milnor 束の存在のため次の補題を用意する.

補題 9.7 ([84]) $\mathbf{z} \in S_\varepsilon \setminus K_\varepsilon$ が $\varphi = f/|f|$ の臨界点である必要十分条件は $\mathbf{v}_2(\mathbf{z})$ と $\mathbf{z}$ が $\mathbb{R}$ 上で 1 次従属であることである.

補題 9.8 正の数 ε_1 が存在して任意の $\mathbf{z} \in B_{\varepsilon_1} \setminus f^{-1}(0)$ に対して $\mathbf{v}_2(\mathbf{z})$ と $\mathbf{z}$ が $\mathbb{R}$ 上で 1 次独立である.

証明 補題 9.7 の主張は上の命題より従う. 補題 9.8 の証明を与える. 背理法で示す. 次のような解析曲線 $\mathbf{z}(t)$, $0 \le t \le 1$ が存在したとしよう.

(a) $\mathbf{z}(0) = \mathbf{0}$ かつ $\mathbf{z}(t) \in \mathbb{C}^n \setminus V$, $t > 0$.
(b) 実数値解析関数 $\lambda(t)$ が存在して

$$i(\overline{\partial \log f} - \bar{\partial} \log f)(\mathbf{z}(t), \bar{\mathbf{z}}(t)) = \lambda(t)\mathbf{z}(t).$$

補題 9.3 より $\overline{\partial \log f} - \bar{\partial} \log f$ は $f^{-1}(0)$ の外では零ベクトルではないので $\lambda(t) \not\equiv 0$.

$I = \{j \mid z_j(t) \not\equiv 0\} \subset \{1, \dots, n\}$ を考えよう. 便宜上 $I = \{1, \dots, m\}$ としてよい. Taylor 展開を考える.

$$z_j(t) = a_j t^{p_j} + (高次項), \quad a_j \ne 0, \ p_j > 0, \ j \in I.$$

重さベクトル $P = {}^t(p_1, \dots, p_m)$ と点 $\mathbf{a} = (a_1, \dots, a_m) \in \mathbb{C}^{*I}$ と整数 $d = d(P; f^I)$ を考える. このとき

$$f(\mathbf{z}(t), \bar{\mathbf{z}}(t)) = f^I(\mathbf{z}(t), \bar{\mathbf{z}}(t)) = \alpha t^q + (\text{高次項}), \quad q \geq d,\ \alpha \neq 0$$

$$\frac{\partial f^I}{\partial z_j}(\mathbf{z}(t), \bar{\mathbf{z}}(t)) = \frac{\partial f_P^I}{\partial z_j}(\mathbf{a}) t^{d-p_j} + (\text{高次項}), \quad 1 \leq j \leq m$$

$$\frac{\partial f^I}{\partial \bar{z}_j}(\mathbf{z}(t), \bar{\mathbf{z}}(t))) = \frac{\partial f_P^I}{\partial \bar{z}_j}(\mathbf{a}) t^{d-p_j} + (\text{高次項}), \quad 1 \leq j \leq m$$

$$\lambda(t) = \lambda_0 t^s + (\text{高次項}), \quad \lambda_0 \in \mathbb{R}^*$$

とおける.

(b) から $1 \leq j \leq m$ で $d - p_j - q \leq s + p_j$ で

$$i\left(\overline{\frac{\partial f_P^I}{\partial z_j}(\mathbf{a})}/\bar{\alpha} - \frac{\partial f_P^I}{\partial \bar{z}_j}(\mathbf{a})/\alpha \right) = \begin{cases} 0, & d - p_j - q < s + p_j \\ \lambda_0 a_j, & d - p_j - q = s + p_j. \end{cases}$$

$J := \{j \mid d - p_j - q = s + p_j\}$ を考える. $J = \emptyset$ と仮定すると等式

$$\overline{\partial f_P^I(\mathbf{a})} = \frac{\bar{\alpha}}{\alpha} \times \bar{\partial} f^I(\mathbf{a}), \quad j \leq m$$

を得るが $f_P^I : \mathbb{C}^{*I} \to \mathbb{C}$ が $\mathbf{z} = \mathbf{a}$ に臨界点を持つことになり, 仮定に矛盾する. したがって $J \neq \emptyset$. さて次の微分等式を考える.

$$\frac{d}{dt} f^I(\mathbf{z}(t), \bar{\mathbf{z}}(t)) = q\alpha t^{q-1} + (\text{高次項})$$

$$= \sum_{j=1}^m \frac{\partial f^I}{\partial z_j}(\mathbf{z}(t), \bar{\mathbf{z}}(t)) \frac{dz_j(t)}{dt} + \sum_{j=1}^m \frac{\partial f^I}{\partial \bar{z}_j}(\mathbf{z}(t), \bar{\mathbf{z}}(t)) \frac{d\bar{z}_j(t)}{dt}.$$

最後の右辺の 2 項は次のように書ける.

$$\left(\frac{d\mathbf{z}(t)}{dt}, \overline{\partial f^I}(\mathbf{z}(t), \bar{\mathbf{z}}(t)) \right) = \left(P_{\mathbf{a}}, \overline{\partial f_P^I(\mathbf{a})} \right) t^{d-1} + (\text{高次項}),$$

$$\left(\frac{d\bar{\mathbf{z}}(t)}{dt}, \overline{\partial f^I}(\mathbf{z}(t), \bar{\mathbf{z}}(t)) \right) = \left(P_{\bar{\mathbf{a}}}, \overline{\partial f_P^I(\mathbf{a})} \right) t^{d-1} + (\text{高次項}).$$

ここで $P_{\mathbf{a}} = (p_1 a_1, \ldots, p_m a_m)$, $P_{\bar{\mathbf{a}}} = (p_1 \bar{a}_1, \ldots, p_m \bar{a}_m)$ とおいた. これより次式を得る.

$$q\alpha t^{q-1} + (\text{高次項}) =$$
$$\left((P\mathbf{a}, \overline{\partial f_P^I(\mathbf{a})}) + (P\bar{\mathbf{a}}, \overline{\partial f_P^I(\mathbf{a})}) \right) t^{d-1} + (\text{高次項}). \quad (9.11)$$

ここで次の等式に注意する.

$$\Re\left(P\mathbf{a}, i\frac{\overline{\partial f_P^I(\mathbf{a})}}{\bar{\alpha}}\right) + \Re\left(P\bar{\mathbf{a}}, i\frac{\overline{\bar{\partial} f_P^I(\mathbf{a})}}{\bar{\alpha}}\right) = \Re\left(P\mathbf{a}, i\frac{\overline{\partial f_P^I(\mathbf{a})}}{\bar{\alpha}} - i\frac{\bar{\partial} f_P^I(\mathbf{a})}{\alpha}\right)$$

$$= \Re\left(\sum_{j\in J}\lambda_0|a_j|^2 p_j\right)$$

$$= \lambda_0\sum_{j\in J}|a_j|^2 p_j \neq 0.$$

したがって

$$\left(P\mathbf{a}, \overline{\partial f_P^I(\mathbf{a})}\right) + \left(P\bar{\mathbf{a}}, \overline{\bar{\partial} f_P^I(\mathbf{a})}\right)$$

$$= \alpha i\left(\left(P\mathbf{a}, i\frac{\overline{\partial f_P^I(\mathbf{a})}}{\bar{\alpha}}\right) + \left(P\bar{\mathbf{a}}, i\frac{\overline{\bar{\partial} f_P^I(P\bar{\mathbf{a}})}}{\bar{\alpha}}\right)\right) \neq 0.$$

ゆえに (9.11) より

$$f_P^I(\mathbf{a}) \neq 0, \quad q = d$$

$$q\alpha = \left(P\mathbf{a}, \overline{\partial f_P^I(\mathbf{a}, \bar{\mathbf{a}})}\right) + \left(P\bar{\mathbf{a}}, \overline{\bar{\partial} f_P^I(\mathbf{a})}\right), \quad \text{言い換えると}$$

$$-qi = \left(P\mathbf{a}, i\frac{\overline{\partial f_P^I(\mathbf{a}, \bar{\mathbf{a}})}}{\bar{\alpha}}\right) + \left(P\bar{\mathbf{a}}, i\frac{\overline{\bar{\partial} f_P^I(\bar{\mathbf{a}})}}{\bar{\alpha}}\right).$$

上式の実部をとって明らかな矛盾を得る.

$$0 = \Re\left(\sum_{j\in J}\lambda_0|a_j|^2 p_j\right) = \sum_{j\in J}\lambda_0|a_j|^2 p_j \neq 0.$$

□

9.4　Milnor 束 II（非孤立特異点を持つ場合）

　この章では f が強義非退化は仮定するが利便とは仮定しない. したがって特異点は孤立してないことが多い. 非負重さベクトル $P = (p_i)$ に対して $I(P) = \{i \mid p_i = 0\}$ と定義する. $d(P) = 0$ となるのは $\Gamma_+(f) \cap \mathbb{R}^{I(P)} \neq \emptyset$ と同値であることに注意しよう. したがって

$$d(P) > 0 \iff f^{I(P)} \equiv 0 \iff I(P) \in \mathcal{I}_v(f).$$

利便でない場合を調べるために $\Gamma_+(f)$ の境界のうち座標平面に入っていないコンパクトでない面を含めた Newton 境界を考える。それを $\Gamma'(f)$ で表す。

定義 9.9 $I \in \mathcal{I}_v(f)$ を固定する。$\mathbb{C}^I$ の距離関数 $\rho_I(\mathbf{z}) := \sum_{i \in I} |z_i|^2$ を考える。f が座標部分空間 $\mathbb{C}^I$ で**局所的に馴れている** (locally tame) とは $r_I >$ が存在して任意の $\mathbf{a}_I = (\alpha_i)_{i \in I}, \rho_I(\mathbf{a}_I) \leq r_I$ を固定し、任意の P で $I(P) = I$ なるものをとってきたとき、$f_{P,\mathbf{a}_I} := f_P|_{z_I = \mathbf{a}_I}$ が $\{z_j, j \in I^c\}$ の関数として強義非退化なときをいう。これがすべての $I \in \mathcal{I}_v(f)$ と P, $I(P) = I$ で成り立つとき、f は**自明部分空間で局所的に馴れている**という ([84])。

命題 5.5 は次のようになる。

命題 9.10 $f(\mathbf{z}, \bar{\mathbf{z}})$ を強義非退化な混合関数で自明部分空間で馴れているとする。$I \in \mathcal{I}_{nv}$ に対して f^I も強義非退化な混合関数で自明部分空間で馴れている。

与えられた $f(\mathbf{z}, \bar{\mathbf{z}})$ に対し $r_{nc} = \min\{r_I \mid I \in \mathcal{I}_v(f)\}$ とおく。また任意の $I \in \mathcal{I}_{nv}(f)$ に対して $V^{\sharp I} = V^{\sharp} \cap \mathbb{C}^{*I}$ とおくと、$V^{\sharp} = \amalg_{I \in \mathcal{I}_{nv}} V^{\sharp I}$ で r_0 を

$$\forall r \leq r_0 \implies S_r^{2|I|-1} \pitchfork V^{\sharp I}, \ \forall I \in \mathcal{I}_{nv}(f)$$

となるようにとっておく。Hamm-Lê の補題 3.1 の非退化混合特異点版は次のようになる。

補題 9.11 ([84]) $f(\mathbf{z}, \bar{\mathbf{z}})$ を強義非退化かつ自明部分空間で局所的に馴れていると仮定する。$\rho_0 = \min\{r_{nc}, r_0\}$ とおく。このとき勝手な $0 < r_1 \leq \rho_0$ に対して正の数 $\delta(r_1)$ が存在して次を満たす。

1. 近傍ファイバー $V_\eta := f^{-1}(\eta)$ は任意の $\eta \neq 0$, $|\eta| \leq \delta(r_1)$ に対し $B^{2n}_{\rho_0}$ の中で非特異である。

2. 同上の η と任意の r, $r_1 \leq r \leq \rho_0$ に対して S_r と V_η は横断的に交わる。

9.4 Milnor 束 II（非孤立特異点を持つ場合） **205**

証明 主張 (1) はすでに見た（補題 9.3) ので (2) を示そう．背理法を使う．曲線選択補題より解析曲線 $\mathbf{z}(t)$ と複素数値関数 $\alpha(t)$, $0 \le t \le 1$ がとれて次を満たす．

$$z_j(t) = \alpha(t) \overline{\frac{\partial f}{\partial z_j}}(\mathbf{z}(t)) + \bar{\alpha}(t) \frac{\partial f}{\partial \bar{z}_j}(\mathbf{z}(t)), \ \forall j \tag{9.12}$$

$$0 \ne f(\mathbf{z}(t)) \to 0 \ (t \to 0), \quad r_1 \le \|\mathbf{z}(t)\| \le \rho_0. \tag{9.13}$$

$f(\mathbf{z}(t))$ は零でなく，$f(\mathbf{z}(t)) \to 0$, $(t \to 0)$ かつ $r_1 \le \|\mathbf{z}(0)\| \le \rho_0$. ここで $\mathbf{z}(t)$, $\alpha(t)$ は次のように展開されるとする．

$$z_j(t) = b_j t^{p_j} + (\text{高次項}), \quad \text{かつ} \quad z_j(t) \not\equiv 0 \text{ なら } b_j \ne 0$$

$$\alpha(t) = \alpha_0 t^m + (\text{高次項}).$$

仮定より $f(\mathbf{z}(t)) \ne 0$, $t \ne 0$ で $\alpha(t) \ne 0$. いま $K = \{i \mid z_j(t) \not\equiv 0\}$ を考え $\mathbb{C}^K$ の中で $\mathbf{b} = (b_j) \in \mathbb{C}^{*K}$, $P = (p_j)$ とおき $I = I(P) = \{j \in K \mid p_j = 0\}$, $I_1 = K - I$, $\Delta = \Delta(P)$ とおく．以下の議論はまったく同じなので $K = \{1, \dots, n\}$ としてよい．

Case 1. $I \in \mathcal{I}_{nv}(f)$ の場合．すると $f^I \not\equiv 0$ で $\mathbf{b} \in V^\sharp$. 仮定より $\mathbf{b}$, $\|\mathbf{b}_I\| \le \rho_0$ $(b_I = (b_i)_{i \in I})$ で ρ_0 の選び方より $V^\sharp$ と $S_{\|\mathbf{b}\|}$ は横断的なので $S_{\|\mathbf{z}(t)\|}$ と $V_{f(\mathbf{z}(t))}$ も点 $\mathbf{z}(t)$ で十分小さな $t \ll 1$ に関して横断的となる．これは矛盾．

Case 2. 次に $I \in \mathcal{I}_v(f)$ と仮定．このとき $\Delta \in \Gamma_{nc}(f)$. 上の等式 (9.12) より

$$b_j t^{p_j} + (\text{高次項}) = \left(\alpha_0 \overline{\frac{\partial f_{\Delta(P)}}{\partial z_j}}(\mathbf{b}) t^{m+d(P)-p_j} + (\text{高次項}) \right)$$

$$+ \left(\bar{\alpha}_0 \frac{\partial f_{\Delta(P)}}{\partial \bar{z}_j}(\mathbf{b}) t^{m+d(P)-p_j} + (\text{高次項}) \right), \quad j \in K. \tag{9.14}$$

等式の両サイドの t に関する最小次数を比べる．右辺の j 番目は少なくとも $d(P) + m - p_j$ である．

1. まず $d(P) + m > 0$ とすると $j \in I$ に対し左辺は t の位数は左辺はゼロ，右辺は正となり $b_j = 0$ でなくてはならず矛盾．

2. $d(P) + m < 0$ と仮定すると

206 第 9 章 Milnor 束

$$0 = \alpha_0 \overline{\frac{\partial f_{\Delta(P)}}{\partial z_j}}(\mathbf{b}) + \bar{\alpha}_0 \frac{\partial f_{\Delta(P)}}{\partial \bar{z}_j}(\mathbf{b}), \quad \forall j \in K$$

となり $\mathbf{b}$ が f_Δ の混合臨界点となり非退化性に矛盾する. よって
3. したがって $d(P) + m = 0$ であって次式を得る.

$$b_j = \alpha_0 \overline{\frac{\partial f_{\Delta(P)}}{\partial z_j}}(\mathbf{b}) + \bar{\alpha}_0 \frac{\partial f_{\Delta(P)}}{\partial \bar{z}_j}(\mathbf{b}), \quad j \in I \tag{9.15}$$

$$0 = \alpha_0 \overline{\frac{\partial f_{\Delta(P)}}{\partial z_j}}(\mathbf{b}) + \bar{\alpha}_0 \frac{\partial f_{\Delta(P)}}{\partial \bar{z}_j}(\mathbf{b}), \quad j \in K - I. \tag{9.16}$$

最後の等式は面関数 $f_{\Delta(P),\mathbf{b}_I}$ が $\mathbf{b}_{K-I}$ で臨界点を持っていることを示しているがこれも ρ_0 のとり方に矛盾する. □

系 9.12 $f(\mathbf{z}, \bar{\mathbf{z}})$ は強義非退化な混合関数で局所的に馴れていると仮定する. r_0 を定理 9.1 のようにとる. $r_1 \leq r_0$ を満たす任意の r_1 に対し正の数 $\delta_0 \ll r_1$ があって $\eta \neq 0$, $|\eta| \leq \delta_0$, r, $r_1 \leq r \leq r_0$ に対して, $\delta(r_1)$ を補題 9.11 のようにとると, 任意の $0 < \delta \leq \delta(r_1)$ に対して Milnor 束

$$f : E(r_1, \delta)^* \to D(\delta)^*$$

は局所自明なファイバー束となる. ファイバー束の同型類は r_1, δ のとり方によらない.

定理 9.13 $f(\mathbf{z}, \bar{\mathbf{z}})$ は強義非退化な混合関数で局所的に馴れていると仮定する. r_0 を定理 9.1 を満たすようにとり, ε_1 を補題 9.8 の仮定を満たすようにとり, $r_1 \leq \min\{r_0, \varepsilon_1\}$ を満たすとすると,

$$f/|f| : S_{r_1} \setminus K \to S^1, \quad K = f^{-1}(0) \cap S_{r_1}$$

は局所自明なファイバー束となる.

証明 補題 9.3 より, $\mathbf{z}, \bar{\partial}g(\mathbf{z}), \bar{\partial}h(\mathbf{z})$ は $0 < |f(\mathbf{z})| \leq \delta(r_1)$ で $\mathbb{R}$ 上 1 次独立. 一方主張 9.6 によって $\mathbf{v}_1(\mathbf{z}), \mathbf{v}_2(\mathbf{z})$ は $\bar{\partial}g(\mathbf{z}), \bar{\partial}h(\mathbf{z})$ と同じ空間を張っている. したがって $S_{r_1} \setminus K$ 上のベクトル場 $\mathcal{V}$ で $\Re(\mathcal{V}(\mathbf{z}), \mathbf{v}_2(\mathbf{z})) = 1$ でさらに K の近くでは $\Re(\mathcal{V}(\mathbf{z}), \mathbf{v}_1(\mathbf{z})) = 0$ とできる. このとき積分曲線は K の近くでは f の絶対値を保つので, これによって局所自明構造を入れるこ

9.4 Milnor 束 II（非孤立特異点を持つ場合） **207**

とができる. □

さらに次のことが示せる.

定理 9.14 [84, 21]$f(\mathbf{z}, \bar{\mathbf{z}})$ を強義非退化で自明部分空間で局所的に馴れているとする. ρ_0 を補題 9.11 のようにとり $B^{2n}_{\rho_0}$ の中で考える. このとき自明な滑層分割 $\mathcal{S}_{can}$：

$$\mathcal{S}_{can} := \{V^{*I}, \, \mathbb{C}^{*I} \setminus V^{*I}, \, I \in \mathcal{I}_{nv}\} \cup \{\mathbb{C}^{*I}, \, I \in \mathcal{I}_v\}$$

に関して f は原点の近傍 $B^{2n}_{\rho_0}$ で (a_f) 条件を満たす. $\mathcal{S}_{can}$ は Whitney (b) 正規性を満たす.

この定理を使って補題 9.11 を示すこともできる ([84]). 以下に [84, 21] にならって略証を示す. 証明は少し面倒なので正則関数の場合（補題 5.11）の証明と比較せよ. f を実部と虚部に分け $f = g + ih$ と書く. $z_j = x_j + iy_j$ とおけば g, h は $2n$ 変数 $x_1, y_1, \ldots, x_n, y_n$ の解析関数であり, もちろん実数に値をとる混合関数でもある. 混合超曲面の接空間は複素構造を持たないのでその記述には 2 つの実ベクトル $\bar{\partial}g(\mathbf{z}, \bar{\mathbf{z}}), \bar{\partial}h(\mathbf{z}, \bar{\mathbf{z}})$ が必要である. すなわち §8.1 の議論で接空間を以下のように記述できる.

$$T_{\mathbf{a}}g^{-1}(0) = \{\mathbf{v} \in \mathbb{C}^n \,|\, \Re(\mathbf{v}, \bar{\partial}g) = 0\},$$
$$T_{\mathbf{a}}h^{-1}(0) = \{\mathbf{v} \in \mathbb{C}^n \,|\, \Re(\mathbf{v}, \bar{\partial}h) = 0\}.$$

ここで $(\mathbf{v}, \mathbf{w})$ は標準エルミート内積である. 重さベクトル $P = (p_1, \ldots, p_n)$ に対し, 強義非退化性から $g_P = \Re f_P, h_P = \Im f_P$ で Euler 等式 ([77]) は次のようになる.

$$g_P(\mathbf{z}, \bar{\mathbf{z}}) = 2 \sum_{i=1}^{n} p_i z_i \frac{\partial g_P}{\partial z_i}, \, h_P(\mathbf{z}, \bar{\mathbf{z}}) = 2 \sum_{i=1}^{n} p_i z_i \frac{\partial h_P}{\partial z_i}. \tag{9.17}$$

強義非退化性から $\forall \mathbf{a} = (a_1, \ldots, a_n) \in \mathbb{C}^{*n}, \{\bar{\partial}g_P(\mathbf{a}, \bar{\mathbf{a}}), \bar{\partial}h_P(\mathbf{a}, \bar{\mathbf{a}})\}$ は $\mathbb{R}$ 上 1 次独立である. 混合超曲面で起こる本質的問題は, $\bar{\partial}g_P, \bar{\partial}h_P$ が特異点に近づくとき, その極限が必ずしも 1 次独立とは限らないことである. $\mathbf{w}$ に実内積で直交する実余次元 1 の部分空間を $\mathbf{w}^{\perp} := \{\mathbf{v} \in \mathbb{C}^n \,|\, \Re(\mathbf{v}, \mathbf{w}) = 0\}$

208 第 9 章 Milnor 束

で表す. また長さ 1 に正規化したベクトル $\mathbf{w}/\|\mathbf{w}\|$ を $\mathbf{w}_{norm}$ で表す. 解析曲線 $\mathbf{z}(t)$, $0 \le t \le 1$ で $\mathbf{z}(0) = \mathbf{q} \in \mathbb{C}^{*K}$ で $K \in \mathcal{I}_v$, $\|\mathbf{q}\| \le \rho_0$ はなるものを考える. 2 つの極限 $v_{g,\infty} := \lim_{t \to 0}(\bar{\partial}g(\mathbf{z}(t)))_{norm}$, $v_{h,\infty} := \lim_{t \to 0}(\bar{\partial}h(\mathbf{z}(t)))_{norm}$ が $\mathbb{R}$ 上 1 次従属になる場合が問題である. この場合は

$$\lim_{t \to 0} T_{\mathbf{z}(t)} V = \lim_{t \to 0} \left((\bar{\partial}g(\mathbf{z}(t))^\perp \cap (\bar{\partial}h(\mathbf{z}(t)))^\perp \right)$$
$$\subsetneq v_{g,\infty}^\perp \cap v_{h,\infty}^\perp = v_{g,\infty}^\perp. \quad (9.18)$$

この問題を解決するため次の補題を用意する. $\mathbf{z}(t)$ を上のようにとる.

$$I = \{1 \le j \le n \,|\, z_j(t) \not\equiv 0, z_j(0) = 0\}, K = \{i \in \,|\, z_i(t) \not\equiv 0, z_i(0) \ne 0\},$$
$$J = (I \cup K)^c$$

とおく.

$$C(t): \begin{cases} \mathbf{z}(t) = (z_1(t), \ldots, z_n(t)), \ \mathbf{z}(0) = 0, \ \mathbf{z}(t) \in \mathbb{C}^{*I}, \ t > 0 \\ z_i(t) = a_i t^{p_i} + (\text{高次項}), \quad a_i \ne 0, \ i \in I \cup K \end{cases} \quad (9.19)$$

$$p_i > 0, \ i \in I, \ p_i = 0, \ i \in K. \quad (9.20)$$

命題 9.10 を使うと $I \cup K = \{1, \ldots, n\}$ としてよい. 重さベクトル $P = (p_i) \in N^{*I}$, 係数ベクトル $\mathbf{a} = (a_i)_{i \in I} \in \mathbb{C}^{*I}$ を考える. さらに $f^I \ne 0$ と仮定する. 実 2 次元のベクトル空間 $S(t) := <\bar{\partial}g(\mathbf{z}(t)), \bar{\partial}h(\mathbf{z}(t)) >_\mathbb{R}$ の基底の変換を考えよう. 与えられた実解析的スカラー関数 $b(t)$ に対し次を考えよう.

$$(\bar{\partial}g(\mathbf{z}(t)))_{b(t)} := \bar{\partial}g(\mathbf{z}(t)) + b(t)\bar{\partial}h(\mathbf{z}(t))$$
$$(\bar{\partial}h(\mathbf{z}(t)))_{b(t)} := \bar{\partial}h(\mathbf{z}(t)) + b(t)\bar{\partial}g(\mathbf{z}(t)).$$

次のいずれも $S(t)$ の基底であることは自明である.

$$\{\bar{\partial}g(\mathbf{z}(t)), \bar{\partial}h(\mathbf{z}(t))\}, \{\bar{\partial}g(\mathbf{z}(t)), (\bar{\partial}h(\mathbf{z}(t)))_{b(t)}\}, \{(\bar{\partial}g(\mathbf{z}(t)))_{b(t)}, \bar{\partial}h(\mathbf{z}(t))\}$$

補題 9.15 上の状況で ord $\bar{\partial}g(\mathbf{z}(t)) \le$ ord $\bar{\partial}h(\mathbf{z}(t))$ と仮定しよう.

1. 適当な解析関数 $b(t)$ をとって 2 つのベクトルの極限

$$\left\{ v_g(\infty) := \lim_{t \to 0} (\bar{\partial} g(\mathbf{z}(t)))_{norm}, \ v_h(\infty)' := \lim_{t \to 0} ((\bar{\partial} h(\mathbf{z}(t)))_{b(t)})_{norm} \right\}$$

が $\mathbb{R}$ 上 1 次独立とできる。このとき接空間 $T_{\mathbf{z}(t)} V_t$ の極限は 2 つの実部分空間の交わり

$$v_g(\infty)^{\perp} \cap (v_h(\infty)')^{\perp}$$

となり、さらに次の不等式を満たす。

$$\operatorname{ord} \bar{\partial} g(\mathbf{z}(t)), \ \operatorname{ord} (\bar{\partial} h(\mathbf{z}(t)))_{b(t)} \leq d(P, f^I) \tag{9.21}$$

ここで $V_t := \{ \mathbf{z} \in \mathbb{C}^n \mid f(\mathbf{z}, \bar{\mathbf{z}}) = f(\mathbf{z}(t), \bar{\mathbf{z}}(t)) \}$、すなわち V_t は点 $\mathbf{z}(t)$ を通るレベル超曲面とする。

2. さらに $f(\mathbf{z}(t), \bar{\mathbf{z}}(t)) \equiv 0$ なら $\lim_{t \to 0} (\mathbf{z}(t) - \mathbf{z}(0))_{norm} \in v_g(\infty)^{\perp} \cap (v_h(\infty)')^{\perp}$.

証明 Theorem 3.14, [21] に沿った証明をする。$I = \{ i \mid z_i(t) \neq 0, z_i(0) = 0 \}$, $K = \{ i \mid z_i(t) \neq 0, z_i(0) \neq 0 \}$ とおく。簡単のため $I = \{ 1, \ldots, m \}$, $K = \{ m+1, \ldots, n \}$, $\mathbf{a} = (a_1, \ldots, a_n)$, $\mathbf{q} = (0, \ldots, 0, a_{m+1}, \ldots, a_n)$ で

$$p_1 = p_2 = \cdots = p_k < p_{k+1} \leq \cdots \leq p_m, \ \exists k \leq m$$

と仮定しよう。$d := d(P, f)$ とおく。仮定から $\operatorname{ord} \mathbf{z}_I(t) = p_1$ で

$$\lim_{t \to 0} (\mathbf{z}(t) - \mathbf{z}(0))_{norm} = \mathbf{a}(\infty)_{norm}, \quad \mathbf{a}(\infty) := (a_1, \ldots, a_k, 0, \ldots, 0)$$

となる。

$$\frac{\partial g}{\partial \bar{z}_i}(\mathbf{z}(t)) = \frac{\partial g_P}{\partial \bar{z}_i}(\mathbf{a}) t^{d - p_i} + (高次項)$$

$$\frac{\partial h}{\partial \bar{z}_i}(\mathbf{z}(t)) = \frac{\partial h_P}{\partial \bar{z}_i}(\mathbf{a}) t^{d - p_i} + (高次項)$$

と展開される。上の式はすべての $i \in I \cup K$ で成立している。強義非退化と自明部分空間で馴れている仮定から

$$\operatorname{ord} \bar{\partial} g(\mathbf{z}(t)) \leq d - p_1, \quad \operatorname{ord} \bar{\partial} h(\mathbf{z}(t)) \leq d - p_1.$$

210 第 9 章 Milnor 束

となる. $\mathbb{C}^n$ 内の解析曲線 $\mathbf{v}(t)$, $\mathbf{v}(0) = 0$ に対し次のベクトルを考える.

$$\beta(\mathbf{v}(t)) := (\beta_1, \ldots, \beta_m), \ \beta_i = \mathrm{Coeff}(v_i(t), t^{d-p_i}), \ i = 1, \ldots, m$$

$$d(\mathbf{v}(t)) := \min\{\mathrm{ord}\, v_i(t) \mid i = 1, \ldots, n\},$$

$$\gamma_{\mathbf{v}} := \min\{i \mid \mathrm{ord}\, v_i(t) = d(\mathbf{v}(t))\}.$$

$\gamma_{\mathbf{v}}$ は $\lim_{t \to 0} \mathbf{v}(t)_{norm}$ でゼロでない最小の指数であることに注意する. $\gamma_{\mathbf{v}}$ を $\mathbf{v}(t)$ の**主指数**とよぶことにする. まず 2 つのベクトル関数 $\bar{\partial}g(\mathbf{z}(t))$, $\bar{\partial}h(\mathbf{z}(t))$ から出発する.

$$d_g := \mathrm{ord}(\bar{\partial}g(\mathbf{z}(t))), \ d_h := \mathrm{ord}(\bar{\partial}h(\mathbf{z}(t))), \ \gamma_g := \gamma_{\bar{\partial}g(\mathbf{z}(t))}, \ \gamma_h := \gamma_{\bar{\partial}h(\mathbf{z}(t))}$$

仮定から $d_g \leq d_h$. 2 つのベクトル関数 $\mathbf{v}(t), \mathbf{w}(t)$ に対して $2 \times m$ スカラー行列を考える:

$$A(\mathbf{v}(t), \mathbf{w}(t)) := \begin{pmatrix} \beta(\mathbf{v}(t)) \\ \beta(\mathbf{w}(t)) \end{pmatrix}$$

$$= \begin{pmatrix} \mathrm{Coeff}(v_1(t), t^{d-p_1}) & \cdots & \mathrm{Coeff}(v_m(t), t^{d-p_m}) \\ \mathrm{Coeff}(w_1(t), t^{d-p_1}) & \cdots & \mathrm{Coeff}(w_m(t), t^{d-p_m}) \end{pmatrix}$$

ここで $v_i(t)$ は $\mathbf{v}(t)$ の i-成分を表す. 強義非退化の仮定から $A(\bar{\partial}g(\mathbf{z}(t)), \bar{\partial}h(\mathbf{z}(t))$ の 2 つのの列ベクトル $\beta(\bar{\partial}g(\mathbf{z}(t)), \beta(\bar{\partial}h(\mathbf{z}(t))$ は $\mathbb{R}$ 上で 1 次独立である. 正規化したベクトルの極限 $\lim_{t \to 0}(\bar{\partial}g(\mathbf{z}(t)))_{norm}$ の j-成分がゼロでないのは $\mathrm{ord}\, \frac{\partial g}{\partial \bar{z}_j}(\mathbf{z}(t)) = d_g$ に限ることに注意する. 次の 3 つの場合が可能である.

1. 主指数が一致しない, すなわち $\gamma_g \neq \gamma_h$.
2. $\gamma_g = \gamma_h$ かつ $\{\mathrm{Coeff}\, \frac{\partial g}{\partial \bar{z}_{\gamma_g}}(\mathbf{z}(t)), t^{d_g}), \mathrm{Coeff}\, (\frac{\partial h}{\partial \bar{z}_{\gamma_h}}(\mathbf{z}(t)), t^{d_h})\}$ が $\mathbb{R}$ 上 1 次独立である.
3. $\gamma_g = \gamma_h$ かつ $\{\mathrm{Coeff}\, (\frac{\partial g}{\partial \bar{z}_{\gamma_g}}(\mathbf{z}(t)), t^{d_g}), \mathrm{Coeff}\, (\frac{\partial h}{\partial \bar{z}_{\gamma_h}}(\mathbf{z}(t)), t^{d_h})\}$ が $\mathbb{R}$ 上 1 次従属である.

(1),(2) の場合は何もしなくてよい. 実際正規化したベクトルは $\mathbb{R}$ 上で 1 次独立である. (3) の場合が問題である. まず実数 ρ_1 を次式を満たすようにとる.

$$\rho_1 \mathrm{Coeff}\,(\frac{\partial g}{\partial \bar{z}_{\gamma_g}}(\mathbf{z}(t)), t^{d_g}) + \mathrm{Coeff}\,(\frac{\partial h}{\partial \bar{z}_{\gamma_h}}(\mathbf{z}(t)), t^{d_h}) = 0.$$

そして $b_1(t) = \rho_1 t^{d_h - d_g}$ とおき基底の変換をして

$$\bar{\partial} h'(t) := \bar{\partial} h(\mathbf{z}(t)) + b_1(t) \bar{\partial} g(\mathbf{z}(t))$$

とおく．新しい基底は $\{\bar{\partial} g(\mathbf{z}(t))), \bar{\partial} h'(t)\}$ となる．この操作の後，次の 3 つの場合が可能である．$d' = \mathrm{ord}\,\bar{\partial} h'(t)$ とおく．

(1)′ $\bar{\partial} h'(t)$ の主指数が変わる，すなわち $\gamma_{\bar{\partial} h'(t)} \neq \gamma_{\bar{\partial} g(\mathbf{z}(t))}$．

(2)′ $\gamma_{\bar{\partial} h'(t)} = \gamma_{\bar{\partial} g(\mathbf{z}(t))}$ だが $\mathrm{Coeff}(\bar{\partial} h'_{\gamma_h}(t), t^{d'})$ と $\mathrm{Coeff}(\bar{\partial} g(\mathbf{z}_{\gamma_g}(t)), t^{d_g})$ が $\mathbb{R}$ 上 1 次独立である．

(3)′ $\gamma_{\bar{\partial} h'(t)} = \gamma_{\bar{\partial} g(\mathbf{z}(t))}$ かつ $\mathrm{Coeff}(\bar{\partial} h'_{\gamma_h}(t), t^{d'})$ と $\mathrm{Coeff}(\frac{\bar{\partial} g}{\partial \bar{z}_{\gamma_g}}(t), t^{d_g})$ が $\mathbb{R}$ 上 1 次従属である．

このとき，いずれにしても $A(\bar{\partial} f(\mathbf{z}(t)), \bar{\partial} h'(t))$ は第 1 行は同じで，第 2 行は第 1 行の $\rho_1(0)$ 倍を加えたものであることに注意する．(1)′ と (2)′ の場合はこの後何もしなくてよい．正規化したベクトルは $\mathbb{R}$ 上で 1 次独立である．(3)′ のときは同じ操作を続ける．k 回続けたとすると

$$\bar{\partial} h^{(k)}(t) = \bar{\partial} h(\mathbf{z}(t)) + \rho(t) \bar{\partial} g(\mathbf{z}(t)), \rho(t) := \sum_{i=1}^{k} b_k(t)$$

となる．$A(\bar{\partial} g(\mathbf{z}(t)), \bar{\partial} h^{(k)(t)})$ は $\beta(\bar{\partial} h) + \rho(0) \beta(\bar{\partial} g)$ となる．したがって第 1 行と第 2 行は $\mathbb{R}$ 上 1 次独立である．特に $\bar{\partial} h^{(k)}(t) := \bar{\partial} h(\mathbf{z}(t)) + \rho(t) \bar{\partial} g(\mathbf{z}(t))$ は次の不等式を満たす．

$$\mathrm{ord}\,\bar{\partial} h(\mathbf{z}(t)) < \mathrm{ord}\,\bar{\partial} h'(t) < \cdots < \mathrm{ord}\,\bar{\partial} h^{(k)}(t) \le d - p_1.$$

これからこの操作は有限回で終わることがわかる．

さらに $f_P(\mathbf{a}) = 0$ を仮定する．$\mathbf{a}(\infty) = (a_1, \ldots, a_k, 0, \ldots, 0)$ は正規化した勾配ベクトルの 2 つの極限

$$v^g(\infty) := \lim_{t \to 0} (\bar{\partial} g(\mathbf{z}(t))_{norm} \quad \text{and} \quad v^{h^{(k)}}(\infty) := \lim_{t \to 0} (\bar{\partial} h^{(k)}(t))_{norm}$$

に実直交することを示そう．まず $\Re(\mathbf{a}(\infty), v^g(\infty)) = 0$ を示そう．

212　第 9 章　Milnor 束

$d_g < d-p_1$ なら j-番目の係数 $v^g(\infty)_j$ は $j \leq k$ でゼロであるので，$\Re(v^g(\infty),$ $\mathbf{a}(\infty)) = 0$ は自明である．

$d_g = d - p_1$ なら

$$\frac{\partial g_P}{\partial \bar{z}_j}(\mathbf{a}) = 0, \, k+1 \leq j \leq m$$

で，$v^g(\infty) = (\frac{\partial g_P}{\partial \bar{z}_1}(\mathbf{a}), \ldots, \frac{\partial g_P}{\partial \bar{z}_k}(\mathbf{a}), \star, \ldots, \star)$. したがって主張は Euler 等式から従う．

$$\sum_{i=1}^{m} p_i a_i \frac{\partial g_P}{\partial \bar{z}_i}(\mathbf{a}) = p_1 \sum_{i=1}^{k} a_i \frac{\partial g_P}{\partial \bar{z}_i}(\mathbf{a}) = 0.$$

次に $v^{h^{(k)}}(\infty)$ を考える．等式 $h_P(\mathbf{a}) + \rho(0) g_P(\mathbf{a}) = 0$ から出発する．もし $d_{h^{(k)}} < d - p_1$, $v^{h^{(k)}}(\infty)$ なら $\Re(\mathbf{a}(\infty), v^{h^{(k)}}(\infty)) = 0$ は自明である．$d_{h^{(k)}} = d - p_1$ のとき，同様にラディアル擬斉次多項式 $h(\mathbf{z}, \bar{\mathbf{z}}) + \rho(0) g(\mathbf{z}, \bar{\mathbf{z}})$ の Euler 等式から

$$\frac{\partial h_P}{\partial \bar{z}_j}(\mathbf{a}) + \rho(0) \frac{\partial g_P}{\partial \bar{z}_j}(\mathbf{a}) = 0, \, k+1 \leq j \leq m.$$

□

定理 9.14 の証明:

　a_f 条件は点列 $\mathbf{w}_\nu \in \mathbb{C}^{*I \cup K}$, $I \in \mathcal{I}_{nv}$ が $\mathbf{w}_\nu \to \mathbf{r} \in \mathbb{C}^{*K}$, $K \in \mathcal{I}_v$ のときのみチェックすればよいので補題の状況を考えればいい．$\mathbf{z}(t)$, $0 \leq t \leq 1$ を補題 9.15 のようにとると，$\tau := \lim_{t \to 0} T_{\mathbf{z}(t)} V_t$ とおく．$\tau = v_g(\infty)^\perp \cap v^{h^{(k)}}(\infty)^\perp \supset \mathbb{C}^{*K}$ となり，$\tau \supset T_{\mathbf{q}} \mathbb{C}^{*K}$ で (a_f) 条件を満たしている．

　最後に $\mathcal{S}_{can}$ が Whitney 正規条件を満たすことを見よう．これも上のような $(V^{*I \cup K}, \mathcal{C}^{*K})$ のみで見ればいい．このため $\mathbf{q}$ に始まる $\mathbb{C}^{*K}$ 内の別の解析曲線 $\mathbf{w}(t)$, $0 \leq t \leq 1$, $\mathbf{w}(0) = \mathbf{q}$ を考えると $\mathbf{b} := \lim_{t \to 0} \overline{\mathbf{z}(t) - \mathbf{w}(t)}$ を考えると，$\mathbf{b}$ の $\mathbb{C}^I$ 成分はゼロでなければ τ に含まれる．$\mathbb{C}^K$ はすべて τ に含まれるのでいずれにしても $\mathbf{b} \in \tau$ でこれは Whitney (b) 条件が満たされていることを示す．

9.5 強義混合擬斉次多項式を面関数を持つ混合関数

$f(\mathbf{z}, \bar{\mathbf{z}})$ を混合関数で利便で強義非退化とする.

9.5.1 特異点解消

複素解析超曲面 V の孤立特異点は一般に特異点解消で学んだように,複素余次元 1 の例外曲面の有限集合を 1 点につぶして得られた.この事実は複素構造に深く関わっていて,混合特異点の場合は正しくない.この場合は実余次元 1 の例外曲面をつぶして得られるようである.さらに写像の特異点解消に関しても現象が異なってくる.Σ^* を双対 Newton 境界 $\Gamma^*(f)$ に許容された利便な正則単体錐分割とし

$$\hat{\pi} : X \to \mathbb{C}^n$$

を付随したトーリック爆発射とする.複素 Newton 非退化解析超曲面の場合のように一般には V や関数 f,いずれも $\hat{\pi}$ で解消されない ([78]).V の解消には X 上でさらに極型爆発射または実爆発射が必要である.

9.5.2 極型爆発射,実爆発射

X には例外デバイザー $\hat{E}(P)$, $P \in \mathcal{V}_+$ たちである.簡単のため $\hat{\pi} : X \to \mathbb{C}^n$ は利便なトーリック爆発射と仮定する.コンパクトなデバイザー $\hat{E}$ の法束は複素 1 次元束であるが,これを実で考えると実 2 次元のベクトル束である.これを

$$\mathbb{R}^2 \setminus \{\mathbf{0}\} \hookrightarrow \mathbb{R}^2 \times S^1, \text{ or } \mathbb{R}^2 \times \mathbb{R}P^1$$

に対して像の閉包をとったものを極型爆発射または実爆発射という.これをすべてのコンパクトなデバイザーで考えて X に射影を考えたものが X の**極型爆発射**または**実爆発射**

$$\omega_p : \mathcal{P}X \to X, \quad \omega : \mathcal{R}X \to X$$

である ([78]). これと $\hat{\pi} : X \to \mathbb{C}^n$ を合成したものを

$$\Phi_p : \mathcal{P}X \to \mathbb{C}^n, \quad \Phi : \mathcal{R}X \to \mathcal{C}^n$$

とおく. 詳細は [78] に譲るがいま少し説明しよう. n 単体 $\sigma = \mathrm{Cone}(P_1, \dots, P_n)$ をとる. $P_1, \dots, P_k \in \mathcal{V}_+$ と仮定してトーリック座標の中で埋め込み

$$\iota_{\sigma, p} : \mathbb{C}^n_\sigma \setminus \bigcup_{i=1}^k \hat{E}(P_i) \hookrightarrow \mathbb{C}^n \times (S^1)^k$$

$$\mathbf{u}_\sigma = (u_{\sigma 1}, \dots, u_{\sigma n}) \mapsto (\mathbf{u}_\sigma, \arg(u_1), \dots, \arg(u_k))$$

$$\iota_\sigma : \mathbb{C}^n_\sigma \setminus \bigcup_{i=1}^k \hat{E}(P_i) \hookrightarrow \mathbb{C}^n \times (\mathbb{R}P^1)^k$$

$$\mathbf{u}_\sigma = (u_{\sigma 1}, \dots, u_{\sigma n}) \mapsto (\mathbf{u}_\sigma, [u_1], \dots, [u_k])$$

による閉包をとる. ここで $[u_i]$ は $\mathbb{R}P^1 \cong S^1$ での同値類. これは座標のとり方に依らず定まる.

定理 9.16（Th 25, [78]） $f(\mathbf{z}, \bar{\mathbf{z}})$ が Newton 非退化な利便な混合多項式, 超曲面 $V = f^{-1}(0)$ を考える. このとき $\Phi_p : \mathcal{P}X \to \mathbb{C}^n$, $\Phi : \mathcal{R}X \to \mathcal{C}^n$ は V の解消を与える.

一般の証明は [78] に譲って, ここでは例で見る.

例 9.17 $f = z_1^2 \bar{z}_1 - z_2 \bar{z}_2^2$ を考える. f は混合擬斉次多項式だがラディアル重さ ${}^t(1, 1)$. 極重さは ${}^t(1, -1)$ で強義擬斉次多項式ではない. トーリック爆発射としては通常の爆発射とする. X は 2 つの座標近傍を持つ. 例えば $(U_0, (u, v))$, $\hat{\pi} : (u, v) \mapsto (z_1, z_2) = (uv, v)$ とすると,

$$\hat{\pi}^* f(u, v) = u^2 v^2 \bar{u} \bar{v} - v \bar{v}^2$$

で与えられる. $v = x + yi$ として $W_1 = \{x \neq 0\}$, $W_2 = \{y \neq 0\}$ で $t = y/x$, $s = x/y$ とおく. 例えば $\hat{W}_1 := U_0 \times W_1$ の座標は (u, v, x, t) でここで $W_1' = \hat{W}_1 \cap \mathcal{R}X$ とすると $\mathcal{R}X$ は $v = x + xti$ で定義されていて, W_1' の座標を (u, x, t) でとると

$$\hat{\pi}^* f(u, x, t) = u^2 \bar{u}(x + xti)(x^2 + x^2 t^2) - (x - xti)(x^2 + t^2 x^2)$$
$$= x^3(1 + t^2)\{u|u|^2(1 + ti) - (1 - ti)\}$$

したがって狭義持ち上げ $\tilde{V}$ は $\tilde{f} = u|u|^2(1 + ti) - (1 - ti) = 0$ で定義されている. 例外曲線 $x = 0$ との交わりは

$$E \cap U_0 \cap \tilde{V} = \{(u, 0, t) \mid \tilde{f} = 0\} = \left\{ (u, t) \,\middle|\, u|u|^2 - \frac{1 - ti}{1 + ti} \right\}$$

で,この ω での像は円 $|u| = 1$ となることがわかる.

次に f の代わりに $g(\mathbf{z}) = z_1^2 \bar{z}_1 - z_2^2 \bar{z}_2$ とすると,g は強義混合斉次多項式で重さは $P = {}^t(1, 1)$. このとき

$$\hat{\pi}^* g(u, v) = u^2 v^2 \bar{u}\bar{v} - v^2 \bar{v} = v^2 \bar{v}(u^2 \bar{u} - 1)$$

で X での例外曲線との交わりは

$$E \cap U_0 \cap \tilde{V} = \{(u, 0) \mid u^2 \bar{u} = 1\} = \{(1, 0)\}$$

で 1 点となり,$\tilde{V}$, $\hat{E}(P)$ は横断的に交わっていることがわかる. また強義持ち上げ $\tilde{V}$ は $u^2 \bar{u} - 1 = 0$ で定義され位相的に非特異となることがわかる.

定義 9.18 混合解析関数 $f(\mathbf{z}, \bar{\mathbf{z}})$ が強義極擬斉次多項式面関数を持つとは Newton 境界の(任意の次元の)任意の面 Δ に関して面多項式 $f_\Delta(\mathbf{z}, \bar{\mathbf{z}})$ が強義混合擬斉次多項式となるときをいう.

上の例での計算は $f(\mathbf{z}, \bar{\mathbf{z}})$ が強義混合擬斉次多項式面関数を持つ混合関数のときほぼ同じことが検証される. この例で推測されるように,一般の強義非退化混合超曲面 $V = \{f(\mathbf{z}, \bar{\mathbf{z}}) = 0\}$ はトーリック爆発射で解消されないが,強義混合擬斉次多項式面関数を持つ混合関数で強義非退化ならば,強義持ち上げは位相的に解消されて,定理 5.22,定理 5.28 も以下のように拡張される. 記号は 1 章にならう.

定理 9.19([83]) $f(\mathbf{z}, \bar{\mathbf{z}})$ を強義非退化混合関数で利便で強義混合擬斉次多項式面関数を持つとする. Σ^* を双対 Newton 境界 $\Gamma^*(f)$ に認容な利便な正則単体錐分割とし

216 第 9 章 Milnor 束

$$\hat{\pi} : X \to \mathbb{C}^n$$

を付随したトーリック爆発射とする.$V = f^{-1}(V)$ を f が定義する混合超曲面,$\tilde{V}$ を V の狭義持ち上げとする.このとき

1. $\tilde{V}$ は位相多様体で $\pi^{-1}(\mathbf{0}) \cap \tilde{V}$ の外では実解析多様体.
2. $f(\mathbf{z}, \bar{\mathbf{z}})$ の Milnor 束のモノドロミーのゼータ関数は次式で与えられる.

$$\zeta(t) = \prod_I \zeta_I(t), \quad \zeta_I(t) = \prod_{P \in \mathcal{S}_I} \left(1 - t^{\mathrm{pdeg}(P, f_P^I)} \right)^{-\chi(P)/\mathrm{pdeg}(P, f_P^I)}$$

証明は [83] を見られたい.$\mathcal{S}_I$ などの定義は正則関数のときと同じ(定理 5.28).

第10章 Thom不等式と混合射影曲線

10.1 強義混合擬斉次混合多項式

$f(\mathbf{z}, \bar{\mathbf{z}})$ が強義混合斉次多項式で極次数を q, ラディアル次数を d とする. すなわち次式を満たす.

$$f(te^{i\rho} \circ \mathbf{z}, \overline{te^{i\rho} \circ \mathbf{z}}) = t^d e^{iq\rho} f(\mathbf{z}, \bar{\mathbf{z}}), \quad te^{i\rho} \in \mathbb{R}^+ \times S^1. \tag{10.1}$$

ここで $\mathbb{C}^*$-作用 $te^{i\rho} \circ \mathbf{z}$ は通常の線形作用 $te^{i\rho} \circ \mathbf{z} = (te^{i\rho}z_1, \ldots, te^{i\rho}z_n)$ で定義される. $\tilde{V}$ をアフィン超曲面

$$\tilde{V} = f^{-1}(0) = \{\mathbf{z} \in \mathbb{C}^n \mid f(\mathbf{z}, \bar{\mathbf{z}}) = 0\}$$

とする. $\tilde{V}$ が原点で孤立特異点を持つと仮定する. 大域的 Milnor 束 $f : \mathbb{C}^n \setminus \tilde{V} \to \mathbb{C}^*$ を考えて F をそのファイバーとする. すなわち $F = f^{-1}(1) \subset \mathbb{C}^n$. モノドロミー写像 $h : F \to F$ は

$$h(\mathbf{z}) = (\eta z_1, \ldots, \eta z_n), \quad \eta = \exp\left(\frac{2\pi i}{q}\right)$$

で定義される. これは $\mathbb{C}^*$ 作用の $\Omega_q := \{\rho \in \mathbb{C} \mid \rho^q = 1\} \subset \mathbb{C}^*$ への制限に他ならない. さらに f は射影超曲面

$$V = \{[\mathbf{z}] \in \mathbb{P}^{n-1} \mid f(\mathbf{z}, \bar{\mathbf{z}}) = 0\}$$

を定義する.

$\pi : \mathbb{C}^n \setminus \{\mathbf{0}\} \to \mathbb{P}^{n-1}$ を商写像. その Milnor 束への制限も同じ π で表す.

218 第 10 章 Thom 不等式と混合射影曲線

$\pi: F \to \mathbb{P}^{n-1} \setminus V$ は q 次巡回被覆を定義する．V には自然に向きがあることに注意する．それはアフィン座標，例えば U_1 で $d = q + 2r$ とおいて

$$f(\mathbf{z}, \bar{\mathbf{z}})/(z_1^{q+r} \bar{z}_1^r) = f(1, u_2, \ldots, u_n, 1, \bar{u}_2, \ldots, \bar{u}_n) = 0,$$
$$u_i = z_i/z_1, \quad \bar{u}_i = \bar{z}_i/\bar{z}_1$$

で定義されるが，V の法束 $N_V = TU_1/TV$ は $df_{\mathbf{p}}: T_{\mathbf{p}}N_V \to T_{f(\mathbf{p})}\mathbb{C}$ が向き付け同型になるように向きがつけられる．一方 $\mathbb{P}^{n-1}$ には複素構造から自然な向きがあり，これから $T_{\mathbf{p}}V \oplus T_{\mathbf{p}}N_V \cong T_{\mathbf{p}}U_1$ が向き付け同型になるように V に向きを入れる．

定理 10.1 (Th11, [81]) V の $\mathbb{P}^{n-1}$ への埋め込み次数は q である．

証明 略証を与える．埋め込み次数を s とすると s は交点数 $[V] \cdot \mathbb{P}^1$ で与えられる ([80])．ここで $\mathbb{P}^1$ は一般的の位置にある射影直線とする．これを

$$z_j = a_j z_1 + b_j z_2, \quad j = 3, \ldots, n \tag{10.2}$$

と表すと交点は (10.2) を $f(\mathbf{z}, \bar{\mathbf{z}})$ に代入した 2 変数の強義混合斉次混合多項式

$$\hat{f}(z_1, z_2, \bar{z}_1, \bar{z}_2) = 0$$

の $\mathbb{P}^1$ での零点の符号を込めた個数である．射影座標 $u := z_2/z_1$ を使うと交点は

$$h(u, \bar{u}) := \hat{f}(1, u, 1, \bar{u}) = 0$$

と書け，上の多項式は最高次は $u^{q+r}\bar{u}^r$ で符号を込めた根の個数は十分大きな円板 $B_R^2, R > 0$ をとってすべての根を含むようにとれば Gauss 写像

$$G(\hat{f}) = h/|h|: S_R^1 \to S^1$$

の写像次数に等しくなり S_R^1 上で $u^{q+r}\bar{u}^r = u^q R^{2r}$ より写像次数は q となる．これを示すには次のようにする．$q_1, \ldots, q_k$ を $h(u, \bar{u}) = 0$ の根とする．それらはすべて単純根である（単純根の定義は下を見よ）．各 q_j を中心とした半径が ϵ（ϵ は十分小さい）のボール $B_\epsilon^2(q_j)$ をとる．$U = B_R^2 \setminus$

$\cup_{j=1}^{k} \mathrm{Int} B_{\epsilon}^{2}(q_{j})$ を考えると Gauss 写像 $h/|h|$ は U 上で拡張して定義されるので S_{R}^{1} での写像次数は各 $S_{\epsilon}^{1}(q_{j})$ での写像次数の和となるので主張が従う（$\mathrm{Int}\, B_{r}$ は開円板を表す）．詳細は [81, 80] を参照せよ． $\qquad\square$

定義 10.2 一変数混合多項式 $h(u, \bar{u})$ を $u = x + yi$ とおき，$h = h_{1}(x, y) + ih_{2}(x, y)$ と実部，虚部に分ける．根 $u_{0} = x_{0} + iy_{0}$ が単純根とは h_{1}, h_{2} のヤコビアンの u_{0} での値がゼロでないときをいう．ヤコビアンの正負に応じてそれぞれ正の単純根，負の単純根という．

10.1.1 Milnor ファイバーと射影曲線

Milnor ファイバーと射影曲線の関係を調べよう．Hopf ファイバー束を Milnor ファイバーに制限すれば $\pi : F \to \mathbb{P}^{n-1} - V$ は $\mathbb{Z}/q\mathbb{Z}$-巡回被覆で自己同型写像の群はモノドロミー写像で生成される．念のため次の補題を述べておく．V を f が $\mathbb{P}^{n-1}$ で定義する射影超曲面とする．

補題 10.3 V が非特異点を持つなら F は連結である．

証明 F は $\mathbb{C}^{n}$ の中で $f(\mathbf{z}, \bar{\mathbf{z}}) - 1 = 0$ で定義される．$\deg_{r}(f) = q + 2r$ とする．ジョイン多項式 $g(\mathbf{z}, w) := f(\mathbf{z}) - w^{q+r}\bar{w}^{r}$ を考えると，g は斉次多項式である．g が $\mathbb{P}^{n}$ の中で定義する超曲面を $V(g)$ とする．アフィン座標 $U_{w} := \{w \neq 0\}$, $u_{j} = z_{j}/w, j = 1, \ldots, n$ で $V(g)$ を表現すると

$$V(g) \cap U_{w} = \{\mathbf{u} \in \mathbb{C}^{n} \mid f(\mathbf{u}, \bar{\mathbf{u}}) - 1 = 0\}$$

となり F と一致することがわかる．また $V(g) \cap U_{w} = V(g) - V(f) \cap V(g)$ と思える．さて $V(g) \cap U_{w}$ が連結を示そう．$p = (p_{1} : p_{2} : \cdots : p_{n}) \in V(f)$ を非特異な点として例えば $p_{1} \neq 0$ 仮定して $U_{1} := \{z_{1} \neq 0\} \subset \mathbb{P}^{n}$ で $V(g) \cap U_{w}$ を見てみよう．アフィン座標 $v_{j} = z_{j}/z_{1}, j = 2, \ldots, n$, $x := w/z_{1}$ を使うと $V(g) \cap U_{w}$ は

$$V(g) \cap U_{1} \cap U_{w} = \{(\mathbf{v}, x) \in U_{1} \mid f(\mathbf{v}, \bar{\mathbf{v}}) - x^{q+r}\bar{x}^{r} = 0, \, x \neq 0\}$$

と書ける．ここで $\mathbf{v} = (1, v_{2}, \ldots, v_{n})$ とおく．射影

220 第 10 章 Thom 不等式と混合射影曲線

$$\pi : V(g) \cap U_1 \cap U_w \to \mathbb{C}^{n-1} \setminus V(f) \cap \{z_1 = 1\}, \quad (\mathbf{v}, x) \mapsto \mathbf{v}$$

を考えると q 枚の非分岐被覆となっており, p を通る V のノーマル方向の円板 D を考えると（D の座標関数は f でよい）, π は $x^{q+r}\bar{x}^r - f = 0$ で定義される q 次巡回被覆と思えるから $\pi^{-1}(D^*)$ は連結となる. ここで $D^* = D \setminus \{0\}$. 任意の点 $q \in V(g) \cap U_1 \cap U_w$ は上の被覆を使って $\pi^{-1}(D^*)$ に繋げるので, これから $V(g) \cap U_w$ の連結性が従う. □

以下 V は非特異とする.

命題 10.4 Euler 標数は次の等式を満たす.

1. $\chi(F) = q\chi(\mathbb{P}^{n-1} \setminus V) = q(n - \chi(V))$.
2. $\chi(V) = n - \chi(F)/q$.
3. 次は完全列である.

$$1 \longrightarrow \pi_1(F) \xrightarrow{\pi_\sharp} \pi_1(\mathbb{P}^{n-1} \setminus V) \longrightarrow \mathbb{Z}/q\mathbb{Z} \longrightarrow 1.$$

系 10.5 $q = 1$ のときは射影 $\pi : F \to \mathbb{P}^{n-1} \setminus V$ は位相同型である.

系 10.6 $n = 3$ とすると射影曲線 V の種数 $g(V)$ は次を満たす.

$$g(V) = \frac{1}{2}\left(\frac{\chi(F)}{q} - 1\right)$$

証明 等式 $\chi(V) = 2 - 2g = 3 - \chi(F)/q$ からすぐ得られる. □

モノドロミー $h : F \to F$ は F の自由作用で周期 q を持つので周期写像のゼータの公式 (3.27) から

命題 10.7 Milnor モノドロミー $h : F \to F$ は次のように与えられる.

$$\zeta(t) = (1 - t^q)^{-\chi(F)/q}.$$

特に $q = 1$ なら $h = \mathrm{id}_F$ で Milnor 束は自明となり $S^3 - K \cong F \times S^1$. ここで $K = f^{-1}(0) \cap S^3$. また $\zeta(t) = (1 - t)^{-\chi(F)}$ となる.

10.2 混合射影曲線

C を $\mathbb{P}^2$ に埋め込められたコンパクトな Riemann 面, g を C の種数, q を埋め込み次数とする. 次の不等式は Thom 不等式として知られている.

$$g \geq \frac{(q-1)(q-2)}{2}.$$

いくつかの証明が知られている. 例えば Kronheimer-Mrowka, [35] を見られたい. われわれの目的は混合射影曲線の潤沢さを示すことである. その一例として与えられた g に対して, 常に $q = 1$ で実現できることを, 実際の方程式で示そう. 詳細は [81, 80] を見よ.

10.2.1 補助アフィン曲線

まず次のアフィン曲線を考えよう. $r \geq j \geq 0$ とする.

$$h_{q,r,j}(\mathbf{w}, \bar{\mathbf{w}}) = (w_1^{q+j}\bar{w}_1^j + w_2^{q+j}\bar{w}_2^j)(w_1^{r-j} - \alpha w_2^{r-j})(\bar{w}_1^{r-j} - \beta \bar{w}_2^{r-j}).$$

ここで $\alpha, \beta \in \mathbb{C}^*$ は一般的に選ぶ. 明らかに $h_{q,r,j}$ は強義混合斉次多項式でラディアル次数は $q + 2r$, 極次数は q である. $h_{q,r,j}$ の Milnor ファイバーを $H_{q,r,j} := h_{q,r,j}^{-1}(1)$ とおく.

命題 10.8 ([78]) 1. $r_{q,r,j}$ をアフィン曲線 $C = h_{q,r,j}^{-1}(0)$ の定義するリンクの成分数とする. $r_{q,r,j}$ は $\mathbb{P}^1$ の中での $h_{q,r,j} = 0$ の点の個数と一致する. すなわち $r_{q,r,j} = q + 2(r - j)$.

2.

$$\chi(H_{q,r,j}^*) = -qr_{q,r,j}, \quad \chi(H_{q,r,j}) = -qr_{q,r,j} + 2q,$$
$$\chi(H_{q,r,j}) = -q((q-2) + 2(r - j)).$$

$H_{q,r,j}$ は連結だからホモトピー型は S^1 の $-\chi(H_{q,r,j}) + 1$ 個の 1 点和である. Milnor 数は次のように与えられる.

$$\mu(h_{q,r,j}) = q((q-2) + 2(r - j)) + 1.$$

222　第 10 章　Thom 不等式と混合射影曲線

証明　$h_{q,r,j}$ の最初の因子の定義するリンクの成分数は定理 8.15 より $w_1^q + w_2^q = 0$ のそれと一致するので q. これから (1) が従う. (2) の等式は巡回被覆から従う. □

10.3　2 つの射影曲線

2 変数混合多項式 $h_{q,r,j}$ を使って 2 つの射影曲線を定義しよう.

10.3.1　ジョイン型曲線

ジョイン型多項式を考える.

$$f_{q,r,j}(\mathbf{z}, \bar{\mathbf{z}}) = h_{q,r,j}(\mathbf{w}, \bar{\mathbf{w}}) + z_3^{q+r} \bar{z}_3^r, \quad \mathbf{w} = (z_1, z_2). \tag{10.3}$$

Milnor ファイバー $F_{q,r,j} = f_{q,r,j}^{-1}(1)$ はジョイン定理（定理 8.10, [55]）によって S^2 の $(q-1)\mu(h_{q,r,j})$ 個の 1 点和であるので

命題 10.9　$F_{q,r,j}, H_{q,r,j}$ は次の等式を満たす.

$$\chi(F_{q,r,j}) = -(q-1)\chi(H_{q,r,j}) + q$$
$$= q(q-1)(q-2) + 2q(q-1)(r-j) + q$$

を満たす.

$C_{q,r,j}$ を $\{f_{q,r,j}(\mathbf{z}, \bar{\mathbf{z}}) = 0\}$ で定義される射影曲線とすると, 系 10.6 から

$$g(C_{q,r,j}) = \frac{(q-1)(q-2)}{2} + (q-1)(r-j) \geq \frac{(q-1)(q-2)}{2}$$

を得る. 特に $q = 2$ のとき,

$$g(C_{2,r,j}) = (r-j) \geq 0$$

ですべての種数がとれる. $q = 2, r = g, j = 0$ として

系 10.10　一般的な常数 α, β に対してすなわち任意の種数 g の Riemann 面は極次数 2 のジョイン型混合射影曲線

$$h_{2,g,0}(\mathbf{w}, \bar{\mathbf{w}}) + z_3^{2+g}\bar{z}_3^{\,g} =$$
$$(w_1^2 + w_2^2)(w_1^g - \alpha w_2^g)(\bar{w}_1^g - \beta\bar{w}_2^g) + z_3^{2+g}\bar{z}_3^{\,g} = 0$$

で表せる.

このジョイン型多項式では $q = 1$ だと種数は 0 となる. したがって $q = 1$ で埋め込むには別の混合多項式が必要となる.

10.3.2 ねじれジョイン型多項式

本項ではジョイン型の亜系の多項式を考察する. $f(\mathbf{z}, \bar{\mathbf{z}})$ を混合擬斉次多項式, $Q = {}^t(q_1, \ldots, q_n)$, $P = {}^t(p_1, \ldots, p_n)$ をそれぞれラディアル, 極重さベクトルとし, d, q をその次数とする. 正規化した重さベクトルは $Q' = {}^t(q_1/d, \ldots, q_n/d)$ と $P' = {}^t(p_1/q, \ldots, p_n/q)$ であった. 次のジョインねじれ混合多項式を考える.

$$g(\mathbf{z}, \bar{\mathbf{z}}, w, \bar{w}) = f(\mathbf{z}, \bar{\mathbf{z}}) + \bar{z}_n w^a \bar{w}^b, \quad a > b.$$

g は混合擬斉次多項式でその正規化した w の重さは（それぞれラディアル重さ $\bar{q}_{n+1}$ および極重さ $\bar{p}_{n+1}$ とする）

$$\frac{q_n}{d} + (a+b)\bar{q}_{n+1} = 1, \quad -\frac{p_n}{q} + (a-b)\bar{p}_{n+1} = 1$$

の解として与えられる.

$$q_n < d, \quad p_n/q > 0$$

と仮定しておくと $\bar{q}_{n+1}, \bar{p}_{n+1}$ は正の有理数である.

補題 10.11（[80]） $n \geq 2$ かつ f は 1-利便と仮定する. $\phi(\mathbf{z}) = (\mathbf{z}, f(\mathbf{z}, \bar{\mathbf{z}}))$ で定義される自然な写像 $\phi : \mathbb{C}^{*n} \setminus F_f^* \to \mathbb{C}^{*n} \times (\mathbb{C} \setminus \{1\})$ を考える. そのとき

$$\phi_\sharp : \pi_1(\mathbb{C}^{*n} \setminus F_f^*) \cong \pi_1(\mathbb{C}^{*n} \times (\mathbb{C} \setminus \{1\})) \cong \mathbb{Z}^n \times \mathbb{Z}$$

224　第 10 章　Thom 不等式と混合射影曲線

は同型写像.

証明　次の記号を準備する.

$$D_\delta := \{\eta \in \mathbb{C} \mid |\eta| \leq \delta\}, \quad S_\delta(1) = \{\eta \in \mathbb{C} \mid |\eta - 1| = \delta\}.$$

$\hat{f}$ を f の $\mathbb{C}^{*n}$ への制限とする.

$\hat{f} : \mathbb{C}^{*n} \setminus f^{-1}(0) \to \mathbb{C}^*$ が局所自明なファイバー束であることと包含写像 $X := D_{1-\varepsilon} \cup S_\varepsilon(1) \hookrightarrow \mathbb{C} \setminus \{1\}$, $0 < \varepsilon \ll 1$ は変位レトラクトであることより

$$\iota : \hat{f}^{-1}(X) = \hat{f}^{-1}(D_{1-\varepsilon}) \cup \hat{f}^{-1}(S_\varepsilon(1)) \subset \mathbb{C}^{*n} \setminus F_f^*$$

も変位レトラクトである.

一方

$$\hat{f}^{-1}(S_\varepsilon(1)) \cong \hat{f}^{-1}(1 - \varepsilon) \times S_\varepsilon(1) \cong F_f^* \times S_\varepsilon(1)$$

$$\pi_1(\hat{f}^{-1}(S_\varepsilon(1))) \cong \pi_1(F_f^*) \times \mathbb{Z}.$$

f の 1-利便性より準同型写像 $i_\sharp : \pi_1(F_f^*) \to \pi_1(\mathbb{C}^{*n})$ は全射である. さらに $\hat{f}^{-1}(D_{1-\varepsilon})$ は $\mathbb{C}^{*n}$ にホモトピックであるので

$$\hat{f}^{-1}(D_{1-\varepsilon} \cup S_\varepsilon(1)) = \hat{f}^{-1}(D_{1-\varepsilon}) \cup \hat{f}^{-1}(S_\varepsilon(1)),$$

$$\hat{f}^{-1}(D_{1-\varepsilon}) \cap \hat{f}^{-1}(S_\varepsilon(1)) = \hat{f}^{-1}(1 - \varepsilon) \cong F_f^*$$

から主張は van Kampen の補題を上の分解に適用すれば従う.

$$
\begin{array}{ccc}
\pi_1(\hat{f}^{-1}(1 - \varepsilon)) & \longrightarrow & \pi_1(\hat{f}^{-1}(D_{1-\varepsilon})) \cong \mathbb{Z}^n \\
\downarrow & & \downarrow \\
\begin{array}{c}\pi_1(\hat{f}^{-1}(S_\varepsilon(1))) \\ \cong \pi_1(\hat{f}^{-1}(1 - \varepsilon)) \times \mathbb{Z}\end{array} & \longrightarrow & \pi_1(\hat{f}^{-1}(D_{1-\varepsilon} \cup S_\varepsilon(1)))
\end{array}
$$

□

$f_n := f|_{\mathbb{C}^n \cap \{z_n = 0\}}$ とし $F_{f_n} := f_n^{-1}(1) = F_f \cap \{z_n = 0\} \subset \mathbb{C}^{n-1}$ とおく.

10.3 2つの射影曲線

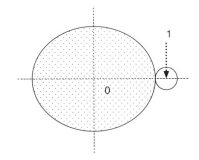

図 10.1 $X \subset \mathbb{C} - \{1\}$

定理 10.12 ([80]) $n \geq 2$ で f は 1-利便とする. $g(\mathbf{z}, \bar{\mathbf{z}}, w, \bar{w}) = f(\mathbf{z}, \bar{\mathbf{z}}) + \bar{z}_n w^a \bar{w}^b$ を上のように定義する. そのとき

1. g の Milnor ファイバー $F_g = g^{-1}(1)$ は単連結である.
2. F_g の Euler 標数は次のように与えられる.

$$\chi(F_g) = -(a-b-1)\chi(F_f) + (a-b)\chi(F_{f_n}).$$

証明 まず $F_g^* := F_g \cap \mathbb{C}^{*(n+1)}$ と $(\mathbf{z}, w) \mapsto \mathbf{z}$ で定義される射影 $\pi : F_g^* \to (\mathbb{C}^*)^n$ を考える. π の像は $\mathbb{C}^{*n} \setminus F_f^*$ で $\pi : F_g^* \to \mathbb{C}^{*n} \setminus F_f^*$ は $(a-b)$-巡回被覆である. 実際ファイバー $\pi^{-1}(\mathbf{z})$ は

$$\pi^{-1}(\mathbf{z}) = \left\{ (\mathbf{z}, w) \,\middle|\, w^a \bar{w}^b = \frac{1 - f(\mathbf{z}, \bar{\mathbf{z}})}{\bar{z}_n} \right\}$$

となる. したがって $\pi_\sharp : \pi_1(F_g^*) \to \pi_1(\mathbb{C}^{*n} \setminus F_f^*)$ は単射で

$$\pi_1((\mathbb{C}^*)^n \setminus F_f^*)/\pi_\sharp(\pi_1(F_g^*)) \cong \mathbb{Z}/(a-b)\mathbb{Z}$$

となる. 一方補題 10.11 から $\pi_1(\mathbb{C}^{*n} \setminus F_f^*) \cong \mathbb{Z}^{n+1}$ であるし $\mathbb{Z}^{n+1}$ の有限指数の部分群は階数 $n+1$ の自由 Abel 群であるので, $\pi_1(F_g^*) \cong \mathbb{Z}^{n+1}$. 仮定から $g(\mathbf{z}, \bar{\mathbf{z}}, w, \bar{w})$ も 1-利便なので

$$\iota_\sharp : \pi_1(F_g^*) \to \pi_1(\mathbb{C}^{*(n+1)})$$

は全射である. 準同型写像 $\iota : F_g^* \to \mathbb{C}^{*(n+1)}$ を考える. もし $\iota_\sharp$ が単射でな

226 第 10 章 Thom 不等式と混合射影曲線

ければ $\pi_1(\mathbb{C}^{*(n+1)}) \cong \pi_1(F_g^*)/\mathrm{Ker}\,\iota_\sharp$ は高々階数 n なので階数 $n+1$ の自由 Abel 群にはなれない. ゆえに $\iota_\sharp : \pi_1(F_g^*) \to \pi_1(\mathbb{C}^{*(n+1)})$ は同型写像. さて $\pi_1(\mathbb{C}^{*(n+1)})$ は自然な生成系を持っている. 具体的には

$$\omega_i : S^1 \to \mathbb{C}^{*(n+1)}, \quad t \mapsto (b_1, \ldots, b_{i-1}, \varepsilon \exp(2\pi t i), b_{i+1}, \ldots, b_{n+1})$$

$b_1, \ldots, b_{n+1} \neq 0$ は定数 $i = 1, \ldots, n+1$. そこで各 i について投げ縄生成元 ω_i' を各因子 $\{z_i = 0\} \subset F_g$ について選べば $\pi_1(F_g^*) \ni [\omega_i'] \mapsto [\omega_i]$ は自明である. ここで $z_{n+1} = w$ とおく. 一方 $F_g^* \to F_g$ は全射で $[\omega_i'] \mapsto 0 \in \pi_1(F_g)$. これは $\pi_1(F_g)$ が自明群であることを示している. 厳密には F_g^* の中で $\{w = 0\}$ が非特異な点を持つことをいう必要があるが, F_{f_n} の点でヤコビアン行列を計算すればすぐわかる (因子 $z_i = 0$ の投げ縄元とは因子の非特異な点 p での直交円板 $D_\varepsilon(p)$ を小さくとりその反時計向きの境界からなる S^1 を基点にループで繋いだ閉曲線で定義されるホモトピー類のことで, 共役を除いて一意的に定まる).

主張 (2) は Euler 数の計算から次のように従う. まず $F_g = F_g^{*\{n\}} \cup F_{g_n}$ と分解する. ここで $F_g^{*\{n\}} := F_g \cap \{z_n \neq 0\}$, $F_{g_n} := F_g \cap \{z_n = 0\}$ とおく. $F_{g_n} \cong F_{f_n} \times \mathbb{C}$ に注意する. さらに $\mathbb{C}^{*\{n\}} := \mathbb{C}^n \cap \{z_n \neq 0\}$, $F_f^{*\{n\}} := F_f \cap \{z_n \neq 0\}$ とおく. 射影 $\pi_n : \mathbb{C}^{n+1} \to \mathbb{C}^n$, $\pi_n(\mathbf{z}, w) = \mathbf{z}$ を考える. $\pi_n^{-1}(F_f) = F_f \times \mathbb{C}$, $F_g^{*\{n\}} \cap \pi_n^{-1}(F_f) = \{(\mathbf{z}, 0) \mid \mathbf{z} \in F_f^{*\{n\}}\}$ に注意すると次の等式を得る.

$$\begin{aligned}
\chi(F_g^{*\{n\}}) &= \chi(F_g^{*\{n\}} \setminus \pi_n^{-1}(F_f)) + \chi(F_g^{*\{n\}} \cap \pi_n^{-1}(F_f)) \\
&= (a-b)\chi(\mathbb{C}^{*\{n\}} \setminus F_f^{*\{n\}}) + \chi(F_f^{*\{n\}}) \\
&= -(a-b-1)\chi(F_f^{*\{n\}}) \\
\chi(F_{g_n}) &= \chi(F_{f_n} \times \mathbb{C}) = \chi(F_{f_n}).
\end{aligned}$$

(2) は Euler 数の加法公式により, 次のように得られる.

$$\chi(F_f) = \chi(F_f^{*\{n\}}) + \chi(F_{f_n}),$$
$$\chi(F_g) = \chi(F_g^{*\{n\}}) + \chi(F_{g_n})$$
$$= -(a-b-1)\chi(F_f^{*\{n\}}) + \chi(F_{f_n})$$
$$= -(a-b-1)(\chi(F_f) - \chi(F_{f_n}) + \chi(F_{f_n})$$
$$= -(a-b-1)(\chi(F_f) - \chi(F_{f_n}) + (a-b)\chi(F_{f_n}).$$

$\square$

10.4 与えられた種数と極次数を持つ射影混合曲線の構成

先に導入した混合多項式

$$h_{q,r,j}(\mathbf{w}, \bar{\mathbf{w}}) := (z_1^{q+j}\bar{z}_1^j + z_2^{q+j}\bar{z}_2^j)(z_1^{r-j} - \alpha z_2^{r-j})(\bar{z}_1^{r-j} - \beta \bar{z}_2^{r-j}),$$
$$\mathbf{w} = (z_1, z_2).$$

$h_{q,r,j}(\mathbf{w}, \bar{\mathbf{w}})$ は 1-利便強混合斉次多項式で $|\alpha|, |\beta| \neq 0, 1$ かつ $|\alpha| \neq |\beta|$ なるものを使って 3 変数強義斉次混合多項式

$$s_{q,r,j}(\mathbf{z}, \bar{\mathbf{z}}) = h_{q,r,j}(\mathbf{w}, \bar{\mathbf{w}}) + \bar{z}_2 z_3^{q+r} \bar{z}_3^{r-1}, \quad \mathbf{z} = (z_1, z_2, z_3)$$

を考える. $F_{q,r,j} = s_{q,r,j}^{-1}(1) \subset \mathbb{C}^3$ を $s_{q,r,j}$ の Milnor ファイバー, $S_{q,r,j} \subset \mathbb{P}^2$ を対応する射影曲線とする.

$$S_{q,r,j} = \{[\mathbf{z}] \in \mathbb{P}^2 \mid s_{q,r,j}(\mathbf{z}, \bar{\mathbf{z}}) = 0\}.$$

$S_{q,r,j}$ の位相不変量は次のようになる.

定理 10.13 1.

$$\chi(F_{q,r,j}) = q(q^2 - q + 1 + 2(r-j)).$$

2. $S_{q,r,j}$ の種数は

$$g(S_{q,r,j}) = \frac{q(q-1)}{2} + (r-j)$$

228　第 10 章　Thom 不等式と混合射影曲線

証明　$H_{q,r,j} = h_{q,r,j}^{-1}(1)$ とおくと命題 10.8 から

$$\chi(H_{q,r,j}) = -q(q-2+2(r-j))$$

$$\chi(H_{q,r,j} \cap \{z_2 = 0\}) = q$$

であるから主張は定理 10.12 より従う.　□

注意 10.14　ここで $H_{q,r,j}$ は非特異なことは命題 8.1 から計算によってチェックされる. 例えば $z_2 \neq 0$ の点ではアフィン座標 $u_1 = z_1/z_2, u_3 = z_3/z_2$ を使うと,

$$h_{q,r,j}(u_1, \bar{u}_1) + u_3^{q+r}\bar{u}_3^{r-1} = 0$$

$$h_{q,r,j}(u_1, \bar{u}_1) = (u_1^{q+j}\bar{u}_1^{j} + 1)(u_1^{r-j} - \alpha)(\bar{u}_1^{r-j} - \beta)$$

で定義されていてこの座標内では非特異である. また $z_2 = 0$ の上では $z_1 = 0$ でアフィン座標 $v_1 = z_1/z_3$, $v_2 = z_2/z_3$ を使うと

$$(u_1^{q+j}\bar{u}_1^{j} + v_2^{q+}\bar{v}_2^{j})(u_1^{r-j} - \alpha v_2^{r-j})(\bar{u}_1^{r-j} - \beta\bar{v}_2^{r-j}) + \bar{v}_2 = 0$$

で定義されていて $(v_1, v_2) = (0,0)$ で非特異である.

10.4.1　極次数 1 の曲線

$q = 1$, $r = g$, $j = 0$ の場合を考える.

$$\begin{cases} h(\mathbf{w}, \bar{\mathbf{w}}) := (z_1 + z_2)(z_1^g - \alpha z_2^g)(\bar{z}_1^g - \beta\bar{z}_2^g) \\ f_g(\mathbf{z}, \bar{\mathbf{z}}) := h(\mathbf{w}, \bar{\mathbf{w}}) + \bar{z}_2 z_3^{g+1}\bar{z}_3^{g-1} \\ S_g := \{[\mathbf{z}] \in \mathbb{P}^2 \mid f_g(\mathbf{z}, \bar{\mathbf{z}}) = 0\}. \end{cases}$$

系 10.15　S_g を上の射影曲線とする. S_g の埋め込み次数は 1 で $g(S_g) = g$.

10.4.2　補　足

射影曲線 $C \subset \mathbb{P}^2$ で種数 g とする. C が複素代数曲線で次数 q なら Plücker の公式から $g = \frac{(q-1)(q-2)}{2}$. 特に q は $x^2 - 3x + 2 - 2g = 0$ の正

の整数根である. 特に $g \geq 1$ に対し q は存在すれば一意である. 混合射影曲線

$$S_{q,r,1} : h_{q,r,1}(\mathbf{w}, \bar{\mathbf{w}}) + \bar{z}_2 z_3^{q+r} \bar{z}_3^{r-1} = 0$$

では

$$g = \frac{q(q-1)}{2} + r - 1.$$

したがって

$$r = g - \frac{q(q-1)}{2} + 1.$$

定理 10.16

$$g \geq \frac{q(q-1)}{2}$$

を満たす (g, q) に対し $S_{q,r,1}, r = g - \frac{q(q-1)}{2} + 1$ は種数 g で次数 q である.

10.5 自明なリンク

正則関数のリンクでは自明なリンクは非特異な場合のみだが混合特異点の場合はたくさんある.

定理 10.17 $f(\mathbf{a}, \bar{\mathbf{z}})$ を原点に孤立特異点を持つ極斉次多項式で極次数が 1 とする. Milnor ファイバーを F, リンクを $K = f^{-1}(0) \cap S_\varepsilon^{2n-1}$ とおく. このときモノドロミーは恒等写像で $S_\varepsilon^{2n-1} \setminus K \cong F \times S^1$. 基本群に関しては

$$\pi_1(S_\varepsilon^{2n-1} \setminus K) \cong \pi_1(F) \times \mathbb{Z}$$

である.

証明 仮定より f は Euler 等式 $f(t\mathbf{z}, \bar{t}\bar{\mathbf{z}})) = t f(\mathbf{z}, \bar{\mathbf{z}})$, $t \in S^1$. したがって $\varphi : F \times S^1 \to S_\varepsilon^{2n-1} \setminus K$ を $\varphi(\mathbf{z}, e^{i\theta}) = e^{i\theta} \mathbf{z}$ と定義すればいい. 逆写像 $\psi : S_\varepsilon^{2n-1} \setminus K \to F \times S^1$ は

230　第 10 章　Thom 不等式と混合射影曲線

$$\psi(\mathbf{z}) = (e^{-i\theta}\mathbf{z}, f(\mathbf{z})/|f(\mathbf{z})|), \quad f(\mathbf{z}) = e^{i\theta}|f(\mathbf{z})|.$$

$\square$

例 **10.18**　$n = 3$ で $f = f_r$, すなわち

$$f(\mathbf{z}) = (z_1 + z_2)(z_1^r - \alpha z_2^r)(\bar{z}_1^r - \beta \bar{z}_2^r) + \bar{z}_2 z_3^{r+1} \bar{z}_3^{r-1}.$$

定理 10.12 より Milnor ファイバーは単連結で $\chi(F) = 1 + 2r$. すなわち F は $2r$ 個の S^2 の 1 点和で

$$S^5 - K \cong F \times S^1, \quad \pi_1(S^5 - K) = \mathbb{Z}.$$

K/S^1 は種数 r の Riemann 面である. K のホモロジーは Wang 完全列から次のように決まる.

$$H_j(K) = \begin{cases} \mathbb{Z} & j = 0, 3 \\ \mathbb{Z}^{2r} & j = 1, 2. \end{cases}$$

10.6　混合特異点と正則関数特異点の比較

最後に混合特異点と複素解析特異点の違いを超曲面で比較してみる.

10.6.1　Milnor ファイバーの連結性

n 変数解析関数 $f(\mathbf{z})$ の Milnor ファイバーは $n-1$ 次元の CW 複体のホモトピー型を持ち,孤立特異点なら特に $n-2$ 連結になる,すなわち $(n-1)$ 次元球面のブーケとなる. この事実は Morse 関数の指数が複素構造から次元の半分以下になることから導かれた(補題 3.18 参照). 混合特異点の場合は超曲面の接平面に複素構造がないので Morse 関数の方法ではヘシアンの計算が難しく,一般には $n-1$ 次元の CW 複体のホモトピー型を持つかどうかは不明である. 孤立特異点の場合でさえ,Milnor ファイバーの連結性に関してさえも一般には同様に不明である.

問題 10.19 一般に孤立特異点をもつ強義非退化な混合多項式 f に関して，f の特異点が実余次元が 2 以上で $f = 0$ の非特異な部分が $f = 0$ で稠密なら局所 Milnor ファイバーは連結であると期待される．これを示せ．

この問題は f が混合強義斉次多項式のときは補題 10.3 から従う．

補題 10.20 ([77]) $f(\mathbf{z}, \bar{\mathbf{z}})$ が太った単体的混合多項式で，k-利便とする．このとき Milnor ファイバー F は $\min(k, n - 2)$-連結である．とくに $k \geq n - 2$ なら F は $(n - 2)$-連結である．

この補題の証明は [77] に譲る．

10.6.2 連結性が知られている例

以下の例は Milnor ファイバーがすべて $n - 2$ 連結で $n - 1$ 次元のホモトピー型（すなわち $n - 1$ 次元球面のブーケのホモトピー型）を持つものである．

1. $f(\mathbf{z}, \bar{\mathbf{z}})$ が孤立特異点を持つ 2 変数の混合擬斉次多項式なら Milnor ファイバー F は開 Riemann 面なので 1 次元のホモトピー型を持つ．
2. $f_1(\mathbf{z}, \bar{\mathbf{z}})$, $f_2(\mathbf{w}, \bar{\mathbf{w}})$ を孤立特異点を持つ n, m 変数の混合擬斉次多項式でそれぞれ $n - 1, m - 1$ 次元球面のブーケのホモトピー型を持つとすると，$n + m$ 変数の混合多項式 $f := f_1 + f_2$ の Milnor ファイバーもジョイン定理から $n + m - 1$ 次元の球面のブーケのホモトピー型をもつ．
3. $f(\mathbf{z}, \bar{\mathbf{z}})$ を k-利便 ($k \geq n - 2$) な単体的混合多項式とすると，Milnor ファイバーは $n - 1$ 次元球面のブーケである．

関連した予想を述べる．

予想 10.21 • $f(\mathbf{z}, \bar{\mathbf{z}})$ を強義混合擬斉次多項式で孤立特異点を持つとすると，Milnor ファイバー F は $n \geq 3$ で単連結だろう．特に混合斉次多項式のとき，V を付随する射影超平面とすると $\pi_1(\mathbb{P}^{n-1} \setminus V) = \mathbb{Z}/q\mathbb{Z}$ だろう．Zariki の切断定理などはこの場合はまったく不明だが，特に $n = 3$ のときは基本的なので繰り返して述べる．

232 第 10 章 Thom 不等式と混合射影曲線

- C が非特異な混合射影曲線とすると $\pi_1(\mathbb{P}^2 \setminus C) \cong \mathbb{Z}/q\mathbb{Z}$ と思われる. これを示せ(成り立たなければ反例を与えよ).
- $f(\mathbf{z}, \bar{\mathbf{z}}), g(\mathbf{w}, \bar{\mathbf{w}})$ をそれぞれ n 変数,m 変数の強義非退化な混合多項式とする. 斉次性を仮定しないでジョイン定理(正則関数の場合の坂本の定理,[94])をこの場合に示せ.
- 同上の仮定の下で F は $(n-2)$ 連結ではないか?
- さらに楽天的な予想として,任意の利便な強義非退化混合解析関数のMilnor ファイバーは $(n-2)$ 連結だろう.

10.6.3 リンクのトポロジーとレンズ方程式

混合特異点のリンクでは §10.5 で見たようにモノドロミーが自明で補空間が直積になるような埋め込みが自明なリンクが現れる. これは混合特異点のリンクが格段に豊富な集合であることを示している. これを 2 変数強義混合斉次多項式のときに詳しく見てみることにする. $f(z_1, z_2, \bar{z}_1, \bar{z}_2)$ を強義非退化で利便な混合斉次多項式で極次数を q,ラディアル次数を $q + 2r$ とおく. $F = f^{-1}(1)$, $h : F \to F$ をモノドロミー写像(ここで $h(z_1, z_2) = (z_1 e^{i2\pi/q}, z_2 e^{i2\pi/q})$ で定義される),V を f が $\mathbb{P}^1$ で定義する零点とすると,命題 10.4 で見たように $\chi(F)$ と V の個数 ρ は f が定めるリンク $K = f^{-1}(0) \cap S^3$ の連結成分の数と一致し,$\chi(F) = (2 - \rho)q$ を満たす. $u = z_1/z_2$ をアフィン座標とすると V の定義混合多項式は次の形になる.

$$g(u) = cu^{q+r}\bar{u}^r + \sum_{i+j < nq+2r, j \le r} c_{i,j} u^i \bar{u}^j.$$

利便の仮定から $c, c_{0,0} \neq 0$. 一般に $g(u) = 0$ の根は q, r で決定されないので符号を考慮して数えれば q だが,根の符号を無視して数えるのは困難である. 唯一完全に知られているのは $r = 1$ のときで,この場合は天文学者たちによって調べられている. すなわち次のような方程式を考える.

$$\bar{u} = \sum_{j=1}^{n} \frac{c_j}{u - \alpha_j}, \quad 通分すれば$$

$$u = \frac{p(u)}{q(u)}, \quad \deg_u p(u) \le n, \ \deg_u q(u) = n.$$

10.6 混合特異点と正則関数特異点の比較 **233**

これはレンズ方程式とよばれている. はるか彼方の星が n 個のブラックホールの領域を通過して地球上で観測されるため星の数がこの方程式の複素根の数に対応するらしい. Rhie は根の数が $5n - 5$ となる具体的な例を与え, 一般には $5n - 5$ 以下になると予想した ([92]). Khavinson-Neumann は複素力学系の固定点理論を使ってこの予想を証明した ([14]). われわれの言葉に直すと上の式を通分して分子の多項式の零点を考えることに同値となる. $q = n - 1$ で次のように言い換えられる ([85]).

定理 10.22 ([85]) $f(z_1, z_2, \bar{z}_1, \bar{z}_2)$ をレンズ方程式からくる強義非退化で利便な混合斉次多項式で極次数を q, ラディアル次数を $q+2$ とする. $g(u) = 0$ の個数は

$$q, q + 2, \ldots, 5q$$

のいずれかである.

例 10.23 $q = 2, r = 1$ のときは可能な零点の個数は $1, 3, 5$ で 5 個零点を持つ例は $h(u, \bar{u}) = \bar{u}(u^2 - 1/2) - u + 1/30$ (Example 13, [85]). $r \geq 2$ のときは完全な分類は知られていないが, $q = 1, r = 2$ のときは少なくとも $7, 9, 11$ が可能である (Example 28,[85]). さらに次の方程式は一般化されたレンズ方程式とよばれる.

$$\bar{z}^r = \frac{p(z)}{q(z)}, \quad \deg_z q(z) = n, \deg_z p(z) \leq n.$$

種々のモジュライ空間

　固定した重さベクトルとラディアル, 極次数を固定して, Milnor ファイバーの位相を考えると, 上の例ですでにわかるようにそのトポロジーは n $= 2$ ですでに一意的ではない. すなわち最大で孤立特異点を持つモジュライ空間の連結成分の個数だけ異なるトポロジーが存在しうる. このことは (共役変数を含まない) 複素多項式ではなかった現象である. 次のクラスを考えよう.

234 第 10 章 Thom 不等式と混合射影曲線

$$L(n+m; n, m) := \{\bar{z}^m q(z) - p(z) \mid \deg_z q(z) = n,$$
$$\deg_z p(z) \le n\},$$
$$L^{hs}(n+m; n, m) := \{r(\bar{z})q(z) - p(z) \mid \deg_{\bar{z}} r(\bar{z}) = m,$$
$$\deg_z q(z) = n, \ \deg_z p(z) \le n\},$$
$$M(n+m; n, m) := \{f(z, \bar{z}) \mid \deg f = n + m, \deg_z f = n,$$
$$\deg_{\bar{z}} f = m\}.$$

ここで $p(z), q(z) \in \mathbb{C}[z], r(\bar{z}) \in \mathbb{C}[\bar{z}]$. $L(n+m; n, m)$ は一般化したレンズ方程式に対応する. $L^{hs}(n+m; n, m)$ は調和的にスプリットする一般レンズ方程式という. $M(n+m; n, m)$ は一番大きなクラスである. 次の自然な包含関係に注意せよ.

$$L(n+m; n, m) \subset L^{hs}(n+m; n, m) \subset M(n+m; n, m).$$

次の二つの系が知られている.

系 10.24 ([85], 系 26) 調和的にスプリットする一般レンズ多項式 $f \in L^{hs}(n+m; n, m)$ に対しその零点の個数の集合は $\{n+m-2, n+m, \ldots, 5n+m-6\}$ を含む.

さらに $M(n+m; n, m)$ の中では

系 10.25 ([85], 系 27) $\{\rho(f) \mid f \in M(n+m; n, m)\}$ の混合多項式 f の零点の個数の集合は $\{n-m, n-m+2, \ldots, n+m-2, \ldots, 5n+m-6\}$ を含む.

問題 10.26 $L^{hs}(n+m; n, m), M(n+m; n, m)$ の零点の個数の集合を決定せよ.

参考文献

[1] N. A'Campo. *La fonction zeta d'une monodromie.* Commentarii Mathematici Helvetici, 50, 233–248, 1975.

[2] A. Akyol and A. Degtyarev. *Geography of irreducible plane sextics.* Proc. Lond. Math. Soc. (3), 111, 2015, 6, 1307–1337.

[3] A. Andreotti and T. Frankel. *The Lefschetz theorem on hyperplane sections.* Annals of Math. 69, 713–717, 1959.

[4] E. Artal. *Sur les couples des Zariski.* J. Algebraic Geometry, 3:223–247, 1994.

[5] E. Artal Bartolo and J. Carmona Ruber. *Zariski pairs, fundamental groups and Alexander polynomials.* J. Math. Soc. Japan, 50(3): 521–543, 1998.

[6] E. Artal, J. Carmona, J. Cogolludo and H. Tokunaga. *Sextics with singular points in special position.* J. Knot Theory Ramifications. Vol. 10, No.4, 547–578, 2001.

[7] E. Artal, J. Cogolludo and H. Tokunaga. *A survey on Zariski pairs.* in Algebraic Geometry in East Asia-Hanoi 2005. Advanced Studies in Pure Math. 50, 1–100, 2008

[8] V.I. Arnold, S.M. Gusein-Zade, A.N. Varchenko. *Singularities of Differentiable maps.* Vol. 1 and 2, Monographs Math. 82–83. Birkhäuser, Boston 1988.

236 参考文献

[9] J. Bochnak, M. Coste, and M.-F. Roy. *Real algebraic geometry*, volume 36 of Ergebnisse der Mathematik und ihrer Grenzgebiete (3) [Results in Mathematics and Related Areas (3)]. Springer-Verlag, Berlin, 1998. Translated from the 1987 French original, Revised by the authors.

[10] K. Brauner. *Klassifikation der Singularitäten algebroider Kurven.* Abh. math. Semin. Hambourg Univ. 6, 1928

[11] E. Brieskorn. *Beispiele zur Differentialtopologie von Singularitäten.* Invent. Math., 2: 1–14, 1966.

[12] E. Brieskorn. *Die Monodromie der isolierten Singularitäten von Hyperflächen.* Manuscripta Math., 2:103–161, 1970.

[13] E. Brieskorn and H. Knörrer, *Ebene Algebraic Kurven,* Barkhäuser (1981), Basel-Boston-Stuttgart.

[14] D. Khavinson, G. Neumann. *On the number of zeros of certain rational harmonic functions,* Proc. Amer. Math. Soc. 134, No. 6, 666–675, 2008.

[15] A. Degtyarev. *On deformations of singular plane sextics.* J. Algebraic Geom., 17, 2008, 1, 101–135.

[16] A. Dimca. *Singularities and topology of hypersurfaces*, Springer-Verlag, 1992.

[17] F. Ehlers. *Eine Klasse komplexer Mannigfaltigkeiten und die Auflösung einer isolierter Singularitäten.* Math. Ann. 218,127–156, 1975.

[18] C. Eyral and M. Oka. *On the fundamental groups of non-generic $\mathbb{R}$-join type curves.* 137–157, in Bridging Algebra, Geometry, and Topology. Springer Proceedings in Mathematics and Statistics 96, 2014.

[19] C. Eyral and M. Oka. *Fundamental groups of the complements of certain plane non-tame torus sextics.* Topology Appl. Vol. 153, No. 11, 1705–1721, 2006.

[20] C. Eyral and M. Oka. *Non-compact Newton boundary and Whitney equisingularity for non-isolated singularities,* Adv. Math., 316, 2017, 94–113.

[21] C. Eyral and M. Oka. *Whitney regularity and Thom condition for families of non-isolated mixed singularities.* arXiv:1607.03741v1.

参考文献　　**237**

[22] R. Crowell and H. Fox. *Introduction to knot theory*, Graduate Texts in Mathematics, No. 57. Springer-Verlag, New York,1977.

[23] W. Fulton. *On the fundamental group of the complement of a node curve*. Ann. of Math. (2), 111(2):407–409, 1980.

[24] C. Gibson, K. Wirthmüller, A. du Plessis, E. Looijenga. *Topological stability of smooth mappings*, Lecture Notes in Mathematics No552, Springer-Verlag, Berlin-New York, 1976.

[25] H. Grauert. *Ein Theorem der analytischen Garbentheorie und die Modulräume komplexer Strukturen*. Inst. Hautes Études Sci. Publ. Math.. No. 5, 1960, 64.

[26] P. Griffiths and J. Harris. *Principles of algebraic geometry*. John Wiley & Sons Inc. New York. 1994.

[27] R. Gunning, H. Rossi. *Analytic functions of several complex variables*. 1965, Prentice-Hall.

[28] H. Hamm. *Lokale topologische Eigenschaften komplexer Räume*. Math. Ann., 191:235–252, 1971.

[29] H.A. Hamm and D.T. Lê. *Un théorème de Zariski du type de Lefschetz*. Ann. Sci. École Norm. Sup. (4), 6:317–355, 1973.

[30] J. Harris. *On the Severi problem*. Invent. Math., 84(3):445–461, 1986.

[31] H. Hironaka. *Stratification and flatness*. In Real and complex singularities (Proc. Ninth Nordic Summer School/NAVF Sympos. Math., Oslo, 1976), pages 199–265. Sijthoff and Noordhoff, Alphen aan den Rijn, 1977.

[32] F. Hirzebruch and K.H. Mayer. *O(n)-Mannigfaltigkeiten, exotische Sphären und Singularitäten*. Lecture Notes in Mathematics, No. 57. Springer-Verlag, Berlin, 1968.

[33] K. Inaba, M. Kawashima and M. Oka. *Topology of mixed hypersurfaces of cyclic type*. to appear in *J. Math. Soc. Japan*.

[34] M. Kato and Y. Matsumoto. *On the connectivity of the Milnor fiber of a holomorphic function at a critical point*. Manifolds-Tokyo 1973 (Proc.

238　参考文献

Internat. Conf., Tokyo, 1973), pp. 131136. Univ. Tokyo Press, Tokyo, 1975.

[35] P.B. Kronheimer and T.S. Mrowka. *The genus of embedded surfaces in the projective plane.* Math. Res. Lett., 1(6):797–808, 1994.

[36] A.G. Kouchnirenko, *Polyèdres de Newton et nombres de Milnor.* Invent. Math. 32, 1–31, 1976.

[37] M.A. Kervaire and J.W. Milnor. *Groups of homotopy spheres. I.* Ann. of Math. (2), 77:504–537, 1963.

[38] H.B. Laufer. *Normal Two-Dimensional Singularities,* Annals of Math. Studies 71, 1971, Princeton Univ. Press, Princeton.

[39] D.T. Lê. *Sur un critre d'quisingularité.* C.R. Acad. Sci. Paris Sr. A-B, 272 1971 A138–A140.

[40] D.T. Lê *Calcul du nombre de cycles évanouissants d'une hypersurface complexe.* Ann. Inst. Fourier, Vol.23,no. 4, 261–270, 1973.

[41] D.T. Lê and M. Oka *On the Resolution Complexity of Plane Curves.* Kodai J. Math. 1–36,18, 1995.

[42] D.T. Lê and C.P. Ramanujam. *Invariance of Milnor's number implies the invariance of the topological type.* Amer. J. Math., 98, No.1,67–78, 1976

[43] J. Levine. *Polynomial invarinats of knots of codimension two.* Ann. of Math. 537–554, 1966.

[44] A. Libgober. *Alexander polynomial of plane algebraic curves and cyclic multiple planes.* Duke Math. J., 49, No.4, 833–851, 1982.

[45] A. Libgober. *Alexander invariants of plane algebraic curves.* In Singularities, Part 2 (Arcata, Calif., 1981), volume 40 of Proc. Sympos. Pure Math., pages 135–143. Amer. Math. Soc., Providence, RI, 1983.

[46] A. Libgober. *Fundamental groups of the complements to plane singular curves.* In Algebraic geometry, Bowdoin, 1985, volume 46, Part II of Proc. Symp. Pure Math., pages 29–45. Amer. Math. Soc., Providence, RI, 1987.

参考文献　**239**

[47] A. Libgober. *Characteristic varieties of algebraic curves*, in Applications of algebraic geometry to coding theory, physics and computation (Eilat, 2001), NATO Sci. Ser. II Math. Phys. Chem., 36, 215–254, Kluwer Acad. Publ. 2001.

[48] E.J.N. Looijenga. *Isolated Singular Points on Complete Intersections*. London Math. Soc. Lecture Note Series 77, Cambridge University Press, 1984.

[49] F. Loeser and M. Vaquié. *Le polynôme d'Alexander d'une courbe plane projective*. Topology, 29(2):163–173, 1990.

[50] J. Mather. *Notes on topological stability*. Bull. Amer. Math. Soc. (N.S.), 49(4):475–506, 2012.

[51] J. Milnor. *Construction of universal bundles. II*. Ann. of Math. (2), 63:430–436, 1956.

[52] J. Milnor. *Singular points of complex hypersurfaces*. Annals of Mathematics Studies, No. 61. Princeton University Press, Princeton, N.J., 1968.

[53] J. Milnor. *Lectures on the h-cobordism theorem*. Princeton University Press, Princeton, N.J. 1965.

[54] J. Milnor and P. Orlik. *Isolated singularities defined by weighted homogeneous polynomials*. Topology, 9:385–393, 1970.

[55] J.L. Cisneros-Molina. *Join theorem for polar weighted homogeneous singularities*. In Singularities II, volume 475 of *Contemp. Math.*, 43–59. Amer. Math. Soc., Providence, RI, 2008.

[56] D. Mumford. *The topology of normal singularities of an algebraic surface and a criterion for simplicity*. Inst. Hautes Études Sci. Publ. Math., (9):5–22, 1961.

[57] M.V. Nori. *Zariski's conjecture and related problems*. Ann. Sci. École Norm. Sup. (4), 16(2):305–344, 1983.

[58] T. Oda. *Convex bodies and algebraic geometry*, Ergebnisse der Mathematik und ihrer Grenzgebiete (3) [Results in Mathematics and Related Areas (3)], 15, Springer-Verlag, Berlin. 1988.

240　参考文献

[59] M. Oka. *On the homotopy types of hypersurfaces defined by weighted homogeneous polynomials.* Topology, 12:19–32, 1973.

[60] M. Oka. *Some plane curves whose complements have non-abelian fundamental groups.* Math. Ann., 218(1):55–65, 1975.

[61] M. Oka. *On the fundamental group of the complement of a reducible curve in P^2.* J. London Math. Soc. (2). Vol. 12, No.2, 239–252,1975/76.

[62] M. Oka. *On the fundamental group of the complement of certain plane curves.* J. Math. Soc. Japan. Vol.30,No. 4, 579–597, 1978.

[63] Oka, Mutsuo. *On the topology of the Newton boundary II.* J. Math. Soc. Japan. 34, 541–549, 1982.

[64] M. Oka *On the resolution of Two-dimensional Singularities,* Proc. Japan Acad.,Ser. A 60, 174–177, 1984.

[65] M. Oka. *On the Resolution of Hypersurface Singularities.* In Complex Analytic Singularities, Advanced Study in Pure Mathematics, No. 8, North-Holland, Amsterdam-New York-Oxford, 405–436, 1986.

[66] M. Oka *Principal zeta-function of non-degenerate complete intersection singularity,* J. Fac. Sci., Univ. of Tokyo, 37, No. 1, 11–32, 1990

[67] M. Oka. *Symmetric plane curves with nodes and cusps.* J. Math. Soc. Japan, Vol. 44,No. 3,375–414, 1992.

[68] M. Oka. *Geometry of plane curves via toroidal resolution.* 95–121, Algebraic Geometry and Singularities. Progress in Math. 134, 1996, Birkhäuser.

[69] M. Oka. *Two transforms of plane curves and their fundamental groups.* J. Math. Sci. Univ. Tokyo. 3 (1996), 399–443.

[70] M. Oka. *Non-degenerate complete intersection singularity.* Hermann, Paris, 1997.

[71] M. Oka. *Geometry of cuspidal sextics and their dual curves.* Singularities-Sapporo 1998, 245–277, Adv. Stud. Pure Math., 29, Kinokuniya, Tokyo, 2000.

[72] M. Oka. *On Fermat curves and maximal nodal curves.* Michigan Math. J. 53 (2005), no. 2, 459–477

[73] M. Oka. *A survey on Alexander polynomials of plane curves*, in Singularités Franco-Japonaises. Sémin. Congr. 10,209–232, 2005.

[74] M. Oka. *Zariski pairs on sextics. I.* Vietnam J. Math. Vol. 33, 81–92, 2005.

[75] M. Oka. *Zariski pairs on sextics. II.* Singularity theory. 837–863, 2007. World Sci. Publ., Hackensack, NJ.

[76] M. Oka. *Tangential Alexander polynomials and non-reduced degeneration.* in Singularities in geometry and topology. 669–704,2007. World Sci. Publ., Hackensack, NJ.

[77] M. Oka. T*opology of polar weighted homogeneous hypersurfaces.* Kodai Math. J.,2008 ,Vol.31, No.2,163–182

[78] M. Oka. *Non-degenerate mixed functions.* Kodai Math. J., 33(1):1–62, 2010.

[79] M. Oka. *Introduction to plane curve singularities. Toric resolution tower and Puiseux pairs.* Arrangements, local systems and singularities, 209245, Progr. Math., 283, Birkhuser Verlag, Basel, 2010.

[80] M. Oka. O*n mixed plane curves of polar degree 1.* The Japanese-Australian Workshop on Real and Complex Singularities-JARCS III, 6774, Proc. Centre Math. Appl. Austral. Nat. Univ., 43, Austral. Nat. Univ., Canberra, 2010.

[81] M. Oka. *On mixed projective curves.* Singularities in geometry and topology, 133–147, IRMA Lect. Math. Theor. Phys., 20, Eur. Math. Soc., Zürich,2012.

[82] M. Oka. *On mixed Brieskorn variety.* Topology of algebraic varieties and singularities. 389–399, Contemp. Math., 538, Amer. Math. Soc., Providence, RI, 2011.

[83] M. Oka. *Mixed functions of strongly polar weighted homogeneous face type.* Singularities in Geometry and Topology 2011, Advanced Study in Pure Math. 66, 173–202, 2015.

[84] M. Oka. *On Milnor fibrations, a_f-condition and boundary stability.* Kodai J. Math. Vol. 38, 2015, 581–603.

[85] M. Oka. *On the roots of an extended Lens equation and an application.* arXiv:1505.03576

[86] M. Oka and D.T. Pho. *Classification of sextics of torus type.* Tokyo J. Math. 25 (2002), no. 2, 399433.

[87] M. Oka and K. Sakamoto. *Product theorem of the fundamental group of a reducible curve.* J. Math. Soc. Japan, 30(4):599–602, 1978.

[88] P. Orlik and P. Wagreich. *Singularities of algebraic surfaces with C^* action.* Math. Ann., 193, 1971, 121–135.

[89] F. Pham. *Formules de Picard-Lefschetz généralisées et ramification des intégrales.* Bull. Soc. Math. France, 93:333–367, 1965.

[90] D.T. Pho. *Alexander polynomials of certain dual of smooth quartics.* Proc. Japan Acad. Ser. A Math. Sci. 89 (2013), no. 9, 119–122.

[91] R. Randell. *Milnor fibers and Alexander polynomials of plane curves.* Singularities, Part 2 (Arcata, Calif., 1981). Amer. Math. Soc., 415–419, 1983.

[92] S.H. Rhie. *n-point Gravitational Lenses with $5(n-1)$ Images.* arXiv:astro-ph/0305166, May 2003.

[93] M.A.S. Ruas, J. Seade, and A. Verjovsky. *On real singularities with a Milnor fibration.* In Trends in singularities, Trends Math., pages 191–213. Birkhäuser, Basel, 2002.

[94] K. Sakamoto. *Milnor fiberings and their characteristic maps.* In Manifolds-Tokyo 1973 (Proc. Internat. Conf., Tokyo, 1973), 145–150. Univ. Tokyo Press, Tokyo, 1975.

[95] M. Sebastiani and R. Thom. *Un résultat sur la monodromie.* Invent. Math., 13:90–96, 1971.

[96] M. Shiota. *Geometry of Subvanalytic and semialgebraic Sets.* Birkh auser, Progress in Mathematics, Vol.150, 1997

[97] E.H. Spanier. *Algebraic topology*, MacGraw Hill,1966.

[98] N. Steenrod. *The topology of Fibre Bundles.* Princeton Univ. Press, 1951.

[99] R. Thom. *Sur l'homologie des variétés algébriques réelles.* Differential and Combinatorial Topology (A Symposium in Honor of Marston Morse), Princeton Univ. Press, Princeton, N.J., 1965, pp. 255–265

[100] H. Tokunaga *(2,3) torus sextics and the Albanese images of 6-fold cyclic multiple planes.* Kodai Math. J. 22 (1999), no. 2, 222–242.

[101] A.N. Varchenko, *Zeta-function of monodromy and Newton's diagram*, Invent. Math., 37, 253–262, 1976.

[102] B.L. van der Waerden. *Einführung in die algebraische Geometrie.* Dover Publications, New York, N. Y., 1945.

[103] R.J. Walker. *Algebraic curves.* Springer, N.Y.,1949.

[104] C.T.C. Wall. *Duality of singular plane curves.* J. London Math. Soc. (2) 50 (1994), 265–275.

[105] C.T.C. Wall. *Singular Points of Plane Curves*, London Math. Soc. Student Text 63.

[106] H. Whitney. *Elementary structure of real algebraic varieties.* Ann. of Math. (2), 66:545–556, 1957.

[107] H. Whitney. *Tangents to an analytic variety.* Ann. of Math. (2), 81:496–549, 1965.

[108] J.A. Wolf. *Differentiable fibre spaces and mappings compatible with Riemannian metrics.* Michigan Math. J., 11:65–70, 1964.

[109] O. Zariski. *On the poincaré group of a rational plane curves.* Amer. J. Math., 58:607–619, 1929.

[110] O. Zariski. *On the problem of existence of algebraic functions of two variables possessing a given branch curve.* Amer. J. Math., 51:305–328, 1929.

[111] O. Zariski. *On the Poincaré group of a projective hypersurface.* Ann. of Math., 38:131–141, 1937.

索 引

●英数字

A'Campo の定理, 74
(a_f) 条件, 20
Alexander 多項式, 133
Andoreotti-Frankel, 38
Ehresman, 8
Fox 計算法, 137
Gauss 写像, 155
Milnor ファイバー束, 25, 27, 195
Morse 化, 65
Morse 特異点, 33
μ 一定族, 131
Newton 境界, 77, 181
Newton 非退化, 80
Puiseux 展開, 156
van Kampen 補題, 120
Wang 完全列, 41
Whitney 滑層分割, 14
Zariski 対, 127

●あ行

岡–坂本の定理, 138

●か行

解析的集合, 4

滑層分割, 13
加藤–松本, 38
管状近傍, 16
擬斉次多項式, 47
基本群, 117
既約, 4
極擬斉次多項式, 182
曲線選択補題, 22
許容された正則単体錐分割, 99
結, 10
交点数, 110
混合解析関数, 177
混合射影曲線, 217
コントロールされた管状近傍, 16
コントロールデータ, 16

●さ行

サテライトグラフ, 146
写像度, 44
巡回被覆変換, 148
ジョイン型曲線, 142
ジョイン定理, 55
消滅サイクル, 34
錐, 10
錐構造定理, 21

246　索　引

正規化した重さベクトル, 47
正則細分の方法, 106
正則単体的錐分割, 86
ゼータ関数, 10, 45, 101
接錐, 71
切断定理, 117
双対曲線, 155
双対グラフ, 72
双対 Newton 図形, 97

●た行
大域的非退化, 101
大域ファイバー束, 50
第 1 アイソトピー補題, 15, 18
第 1, 第 2Milnor 束の同値性, 31
退化族, 131
代数的集合, 3
第 2 アイソトピー補題, 19
単体的混合多項式, 187
単体的錐分割, 85
デバイザー, 48
トーリック準同型写像, 87
トーリック爆発射, 87
特異点, 3
特異点解消グラフ, 111

特異点解消複雑指数, 111
特異点の解消, 69
トーリック Milnor 束, 50

●な行
ねじれジョイン型多項式, 223

●は行
爆発射, 70
非退化, 78
非退化超曲面, 99
標準的関係式, 122
変曲点, 159
ペンシル方法, 118

●ま行
面関数, 78
モノドロミー, 9

●ら行
ラディアル擬斉次多項式, 182
利便性, 90
利便な正則単体錐細分, 98
レンズ方程式, 232

著　者
岡　睦雄（おか むつお）
東京工業大学名誉教授

現代数学シリーズ編者
谷島　賢二（やじま けんじ）
東京大学名誉教授／学習院大学理学部教授

松本　幸夫（まつもと ゆきお）
東京大学名誉教授

山田　澄生（やまだ すみお）
学習院大学理学部教授

現代数学シリーズ　第 20 巻
複素および混合超曲面特異点入門

平成 30 年 1 月 15 日　発　行

著　者　岡　　　睦　雄

　　　　谷　島　賢　二
編　者　松　本　幸　夫
　　　　山　田　澄　生

発行者　池　田　和　博

発行所　丸善出版株式会社

〒101-0051 東京都千代田区神田神保町二丁目 17 番
編集：電話 (03)3512-3266／FAX (03)3512-3272
営業：電話 (03)3512-3256／FAX (03)3512-3270
http://pub.maruzen.co.jp/

ⓒ Mutsuo Oka, 2018

組版印刷・大日本法令印刷株式会社／製本・株式会社 松岳社

ISBN 978-4-621-30108-1　C 3341　　　　Printed in Japan

JCOPY 〈（社）出版者著作権管理機構 委託出版物〉
本書の無断複写は著作権法上での例外を除き禁じられています．複写
される場合は，そのつど事前に，（社）出版者著作権管理機構（電話
03-3513-6969，FAX 03-3513-6979，e-mail：info@jcopy.or.jp）の許諾
を得てください．